高校经典教材同步辅导丛书

物理学（第七版·上册）同步辅导及习题全解

主　编　金国富　苏志平

中国水利水电出版社
www.waterpub.com.cn
·北京·

内 容 提 要

本书是与高等教育出版社出版，东南大学等七所工科院校编，马文蔚、周雨青、解希顺改编的《物理学》（第七版·上册）一书配套的同步辅导及习题全解。

本书共八章：质点运动学、牛顿运动定律、动量守恒定律和能量守恒定律、刚体转动和流体运动、静电场、静电场中的导体与电介质、恒定磁场、电磁感应 电磁场。本书按教材内容安排全书结构，各章均包括本章知识框架图、考试要点、知识点整理与解析、课后习题全解四部分内容，对各章习题给出详细解答，思路清晰、逻辑性强，循序渐进地帮助读者分析并解决问题。

本书可作为高等院校学生学习“物理学”课程的辅助教材，也可供考研人员和教师备课命题使用。

图书在版编目（CIP）数据

物理学（第七版·上册）同步辅导及习题全解 / 金国富，苏志平主编. -- 北京 : 中国水利水电出版社，2021.12
（高校经典教材同步辅导丛书）
ISBN 978-7-5226-0044-4

Ⅰ. ①物… Ⅱ. ①金… ②苏… Ⅲ. ①物理学－高等学校－教学参考资料 Ⅳ. ①O4

中国版本图书馆CIP数据核字(2021)第202155号

责任编辑：周益丹　　加工编辑：刘　瑜　　封面设计：李　佳

书　　名	高校经典教材同步辅导丛书 物理学（第七版·上册）同步辅导及习题全解 WULIXUE（DI-QI BAN·SHANG CE）TONGBU FUDAO JI XITI QUANJIE
作　　者	主　编　金国富　苏志平
出版发行	中国水利水电出版社 （北京市海淀区玉渊潭南路1号D座　100038） 网址：www.waterpub.com.cn E-mail：mchannel@263.net（万水） sales@waterpub.com.cn 电话：（010）68367658（营销中心）、82562819（万水）
经　　售	全国各地新华书店和相关出版物销售网点
排　　版	北京万水电子信息有限公司
印　　刷	三河市祥宏印务有限公司
规　　格	170mm×227mm　16开本　12.75印张　296千字
版　　次	2021年12月第1版　2021年12月第1次印刷
定　　价	31.80元

前言

由高等教育出版社出版，东南大学等七所工科院校编，马文蔚、周雨青、解希顺改编的《物理学》（第七版·上册）以体系完整、结构严谨、层次清晰、深入浅出的特点成为"物理学"课程的经典教材，被全国许多院校采用。

为了帮助读者更好地学习这门课程、掌握更多的知识，我们根据多年教学经验编写了这本辅导教材，旨在帮助读者理解基本概念、掌握基本知识、学会基本解题方法与解题技巧，进而提高应试能力。

本书作为一种辅助性教材，具有较强的针对性、启发性、指导性和补充性。考虑"物理学"这门课程的特点，我们在内容上作了以下安排。

1. 本章知识框架图。每章的知识框架图系统全面地涵盖了本章的知识点，使学生能一目了然地浏览本章内容的框架结构。

2. 考试要点。每章前面均对本章的知识要点进行了整理，归纳了本章内容涉及的考点，便于读者学习与复习。

3. 知识点整理与解析。对每章知识点作了简练概括，梳理了各知识点之间的脉络联系，突出各章主要定理及重要公式，使读者在各章学习过程中目标明确、有的放矢。

4. 课后习题全解。教材中课后习题丰富、形式多样，可从多个角度帮助读者理解基本概念和基本理论，促使其掌握基本解题方法。我们对教材的课后习题给出了详细的解答。

由于时间仓促及编者水平所限，书中难免有疏漏之处，敬请各位同行和读者批评指正。

编 者

2021 年 8 月

目 录
contents

目录
contents

第一章
质点运动学

本章知识框架图

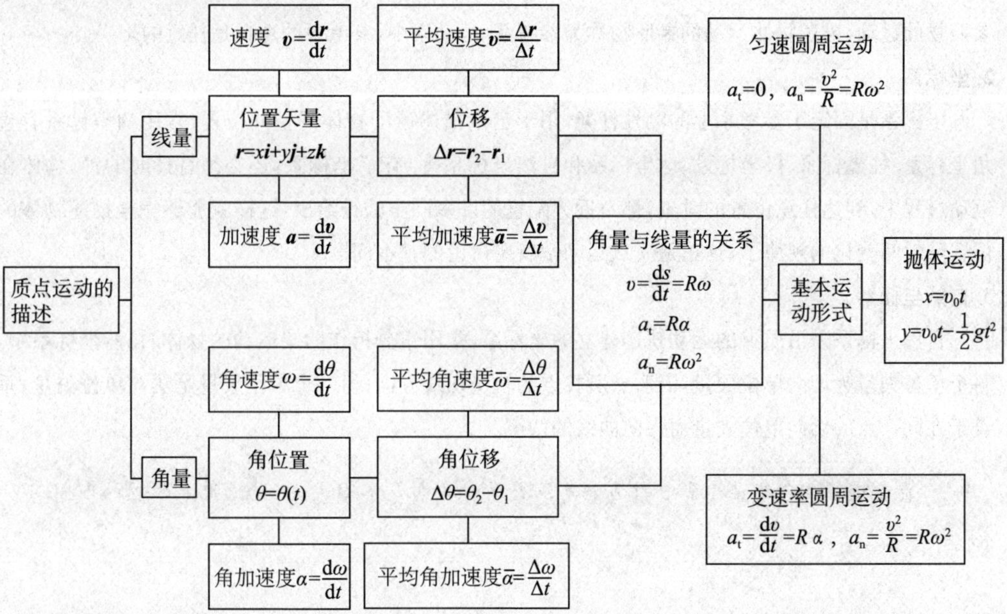

考试要点

1. 质点、参考系、坐标系、时刻和时间等物理概念.

2. 位矢、位移、速度和加速度等描述运动及其变化的一些物理量的定义和性质(相对性、矢量性、叠加性、瞬时性),借助直角坐标系计算质点作平面运动时的上述物理量.

3. 直线运动、抛体运动和圆周运动的基本规律,圆周运动中角量与线量的关系.

4. 速度合成定理,简单的相对运动问题.

知识点整理与解析

在质点运动学中主要涉及质点运动的描述问题.描述运动状态的物理参量有位矢 $\boldsymbol{r}$、位移 $\Delta\boldsymbol{r}$、速度 $\boldsymbol{v}$、加速度 $\boldsymbol{a}$.描述运动规律的有运动方程与运动轨迹.运动状态参量与运动方程之间在数学上是微分与积分的关系.

一、参考系与坐标系

1. 参考系

要对物体的运动进行描述,就必须定一个参照物并把参照物当作静止不动,来描述物体相对于参照物的运动,描述物体运动的参照物称为参考系.运动学中,参考系的选择是任意的.

2. 坐标系

坐标系是固定于参考系上的刚性杆架,用于定量描述运动物体的空间位置,常用的坐标系有直角坐标系、柱坐标系、极坐标系、球坐标系和自然坐标系等.有了坐标系,还必须有计时的钟,物体在运动过程中,到达任意位置的时刻,都由近旁配置的许多同步的钟给出,这样就能够完全描述物体的位置随时间变化的规律了,这正是质点运动学所要讨论的基本问题.

3. 自然坐标系

自然坐标系是沿质点的运动轨迹建立的坐标系,常用于分析作曲线运动的物体.自然坐标系中,一个单位矢量为切向单位矢量,沿质点所在点的轨迹切线方向;另一个单位矢量是法向单位矢量,垂直于在同一点的切向单位矢量而指向曲线的凹侧.

温馨提示 自然坐标系中的两个单位矢量的方向是不固定的,是随质点位置的不同而不同的.

二、描述物体运动的物理参量

1. 位置矢量 $\boldsymbol{r}$

在直角坐标系中,在时刻 t,质点 P 在坐标系里的位置可用位置矢量 $\boldsymbol{r}(t)$ 来表示,位置矢量简称位矢,它是一个有向线段,其始端位于坐标系的原点 O,末端则与质点 P 在时刻 t 的位置相重合,如图 1-1(a) 所示.

2. 位移 $\Delta\boldsymbol{r}$

位移是指质点在一段时间 Δt 内的位置矢量的增量.在图 1-1(b) 中,物体从点 A 运动到点 B,则

位移 $\Delta \boldsymbol{r}$ 等于末时刻点 B 的位矢减去初时刻点 A 的位矢，即

$$\Delta \boldsymbol{r}=\boldsymbol{r}_2-\boldsymbol{r}_1$$

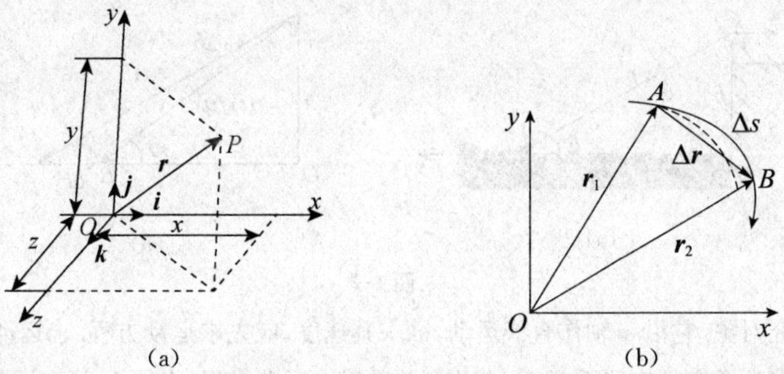

图 1-1

温馨提示 ① 位矢与位移都为矢量；② 质点的位矢与坐标系原点的选取有关，而位移与坐标系原点的选取无关；③ 除非是定方向的直线运动，否则位移的大小与路程 Δs 一般不同，即 $\Delta s \neq |\Delta \boldsymbol{r}|$，但是当 $\Delta t \to 0$ 时，$\Delta s=|\Delta \boldsymbol{r}|$，记为 $\mathrm{d}s=|\mathrm{d}\boldsymbol{r}|$；④ $|\Delta \boldsymbol{r}|$ 与 Δr 也不同，$\Delta r=|\boldsymbol{r}_2|-|\boldsymbol{r}_1|$ 为两位矢的大小之差，即图 1-1(b) 中的 BA 长度；而 $|\Delta \boldsymbol{r}|=|\boldsymbol{r}_2-\boldsymbol{r}_1|$ 为两位矢的矢量差的大小，总有 $|\Delta \boldsymbol{r}| \geqslant \Delta r$，只有在两位矢方向相同时才相等.

3. 速度 $\boldsymbol{v}$

瞬时速度简称速度，速度是矢量，用以定量地描述质点运动的快慢和运动方向. 运动质点在时刻 t 的速度为

$$\boldsymbol{v}=\lim_{\Delta t \to 0}\frac{\Delta \boldsymbol{r}}{\Delta t}=\frac{\mathrm{d}\boldsymbol{r}}{\mathrm{d}t}$$

即速度为位矢对时间的一阶导数，方向为轨迹的切线方向. 速度的大小称为速率，它总是一个正量.

温馨提示 平均速率不等于平均速度的大小，即 $|\overline{\boldsymbol{v}}| \neq \overline{v}$. 例如，质点沿圆周运动一周，其位移为 $\mathbf{0}$，平均速度为 $\mathbf{0}$，因此平均速度的大小为 0，但平均速率不为 0. 同时 $|\Delta \boldsymbol{v}|$ 也一般不等于 Δv，区分方法与 $|\Delta \boldsymbol{r}|$ 和 Δr 相同.

4. 加速度 $\boldsymbol{a}$

加速度是描述质点运动速度变化快慢和方向的物理量，可用公式表示为

$$\begin{aligned}\boldsymbol{a}&=\lim_{\Delta t \to 0}\frac{\Delta \boldsymbol{v}}{\Delta t}=\frac{\mathrm{d}\boldsymbol{v}}{\mathrm{d}t}=\frac{\mathrm{d}v_x}{\mathrm{d}t}\boldsymbol{i}+\frac{\mathrm{d}v_y}{\mathrm{d}t}\boldsymbol{j}+\frac{\mathrm{d}v_z}{\mathrm{d}t}\boldsymbol{k}\\&=\frac{\mathrm{d}^2 x}{\mathrm{d}t^2}\boldsymbol{i}+\frac{\mathrm{d}^2 y}{\mathrm{d}t^2}\boldsymbol{j}+\frac{\mathrm{d}^2 z}{\mathrm{d}t^2}\boldsymbol{k}\end{aligned}$$

位置矢量、位移、速度、加速度等都具有矢量性、瞬时性、叠加性和相对性.

例 1　在离水面高为 h 的岸边，一人用绳拉船靠岸，人拉绳的速率为恒值 v_0，试求船距岸边为 x 时的速度及加速度.

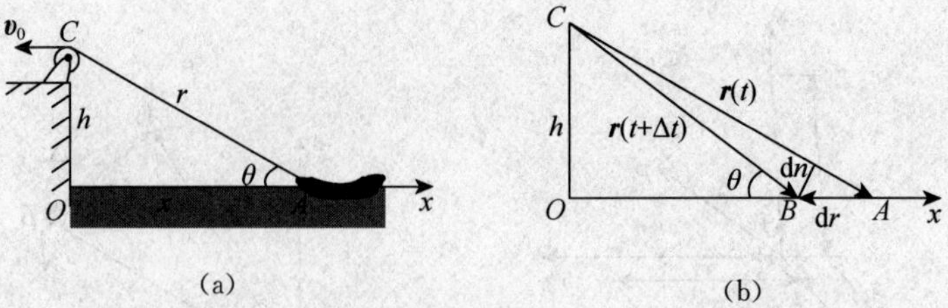

图 1-2

解　以船为研究对象，它沿 x 轴作直线运动，欲求其速度，应先求运动方程. 求运动方程的一种方法是，当物体间相应位置有一定联系时，可由几何关系建立运动方程，由图 1-2(a) 可知几何关系为

$$x(t)=\sqrt{r^2(t)-h^2},$$

对 t 求导可得船速为

$$v=\frac{\mathrm{d}x}{\mathrm{d}t}=\frac{1}{2}\frac{2r\frac{\mathrm{d}r}{\mathrm{d}t}}{\sqrt{r^2-h^2}},$$

式中 $\left|\frac{\mathrm{d}r}{\mathrm{d}t}\right|$ 正是人收绳的速率. 考虑到收绳过程中 r 在减小，故

$$\frac{\mathrm{d}r}{\mathrm{d}t}=-v_0,$$

代入船速方程可得船速为

$$v=-\frac{\sqrt{x^2+h^2}}{x}v_0$$

式中“—”号表明船速与 x 轴正方向相反.

若此题用矢量图解，则物理意义更明确，如图 1-2(b) 所示，若船于时刻 t 在点 A，经 $\mathrm{d}t$ 时间到点 B，船位移为 $\mathrm{d}\boldsymbol{r}$，大小为 $\mathrm{d}x$，此位移可分解为径向（$\boldsymbol{r}$ 方向）和横向（垂直于 $\boldsymbol{r}$ 方向）两个分量，大小分别为 $\mathrm{d}r$ 与 $\mathrm{d}n$.

则小船速度为　$\boldsymbol{v}=\frac{\mathrm{d}\boldsymbol{r}}{\mathrm{d}t}$，速率为 $v=\frac{\mathrm{d}x}{\mathrm{d}t}$.

而拉绳速率为　$\frac{\mathrm{d}r}{\mathrm{d}t}=-v_0$.

由图 1-2(b) 可知 $\mathrm{d}r=\mathrm{d}x\cos\theta$，$\frac{\mathrm{d}r}{\mathrm{d}t}=\frac{\mathrm{d}x}{\mathrm{d}t}\cos\theta$，即 $v_0=v\cos\theta$，考虑到小船速度的方向与 x 轴正方向相反，得

$$v=-\frac{v_0}{\cos\theta}=-\frac{\sqrt{x^2+h^2}}{x}v_0$$

将速度对时间求导，可得船的加速度为

$$a = \frac{dv}{dt} = -\frac{h^2 v_0^2}{x^3}$$

式中“—”号表明加速度沿 x 轴的负方向，而与速度同向，表示船的运动为变加速运动，且越靠近岸，加速度越大，速度也越大.

小结

物理参量	内容	说明
位置矢量（位矢）	$\boldsymbol{r} = \boldsymbol{r}(t)$ 它是从所选定的坐标原点指向质点所在位置的有向线段	位矢是描述质点位置的物理量
运动方程	运动方程在直角坐标系中的表示式为 $\boldsymbol{r} = \boldsymbol{r}(t) = x(t)\boldsymbol{i} + y(t)\boldsymbol{j} + z(t)\boldsymbol{k}$	它给出了任意时刻质点的位置
位移	它是从质点初始时刻位置指向终点时刻位置的有向线段. 位移在直角坐标系中的表示式为 $\Delta\boldsymbol{r} = (x_2 - x_1)\boldsymbol{i} + (y_2 - y_1)\boldsymbol{j} + (z_2 - z_1)\boldsymbol{k}$	位移是描述质点位置变化大小和方向的物理量. 注意 $\|\Delta\boldsymbol{r}\|$ 与 Δr 的区别
速度	平均速度为 $\overline{\boldsymbol{v}} = \frac{\Delta\boldsymbol{r}}{\Delta t}$ 速度（瞬时速度）为 $\boldsymbol{v} = \lim\limits_{\Delta t\to 0}\frac{\Delta\boldsymbol{r}}{\Delta t} = \frac{d\boldsymbol{r}}{dt} = \frac{dx}{dt}\boldsymbol{i} + \frac{dy}{dt}\boldsymbol{j} + \frac{dz}{dt}\boldsymbol{k}$	速度是描述质点位矢变化快慢和方向的物理量. 注意：瞬时速度的大小不等于瞬时速率，平均速度的大小不等于平均速率
加速度	平均加速度为 $\overline{\boldsymbol{a}} = \frac{\Delta\boldsymbol{v}}{\Delta t}$ 加速度（瞬时加速度）为 $\boldsymbol{a} = \lim\limits_{\Delta t\to 0}\frac{\Delta\boldsymbol{v}}{\Delta t} = \frac{d\boldsymbol{v}}{dt} = \frac{d^2\boldsymbol{r}}{dt^2}$ 加速度在直角坐标系中的表示式为 $\boldsymbol{a} = \frac{dv_x}{dt}\boldsymbol{i} + \frac{dv_y}{dt}\boldsymbol{j} + \frac{dv_z}{dt}\boldsymbol{k}$ 加速度在自然坐标系中的表示式为 $\boldsymbol{a} = \frac{dv}{dt}\boldsymbol{e}_t + \frac{v^2}{R}\boldsymbol{e}_n$	加速度是描述质点速度变化快慢和方向的物理量
注释：位置矢量、位移、速度、加速度等都具有矢量性、瞬时性、叠加性和相对性		

三、最简单的曲线运动——圆周运动

质点作平面圆周运动是曲线运动中较为简单的一种运动形式，可用直角坐标系、自然坐标系或平面极坐标系描述，一般用平面极坐标系来描述更为直观. 如图 1-3 所示，某时刻质点位于点 A，它对原点 O 的位矢 $\boldsymbol{r}$ 与 Ox 轴的夹角为 θ，则点 A 的位置可用 (r,θ) 来确定，这种以 (r,θ) 为坐标的坐标系称为平面极坐标系. 圆周运动方程为 $r = R, \theta = \theta(t)$，角位置 $\theta(t)$ 为时间的函数. 直角坐标与极坐标

之间的变换关系为 $x = r\cos\theta$ 和 $y = r\sin\theta$.

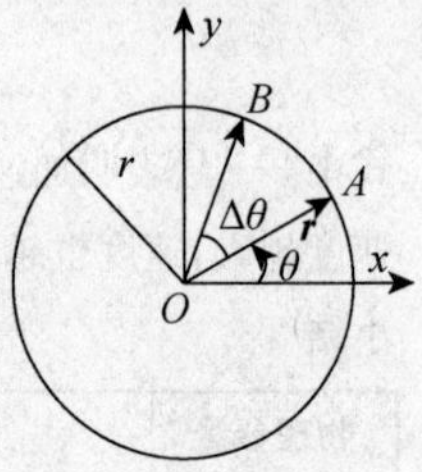

图 1-3

(1) 角速度 $\omega = \dfrac{\mathrm{d}\theta}{\mathrm{d}t}$，描述质点在时刻 t 角的位置变化，国际单位是 rad/s.

(2) 角加速度 $\alpha = \dfrac{\mathrm{d}\omega}{\mathrm{d}t} = \dfrac{\mathrm{d}^2\theta}{\mathrm{d}t^2}$，描述质点在时刻 t 角速度的变化，国际单位是 rad/s^2.

(3) 圆周运动的加速度

1) 切向加速度 $\boldsymbol{a}_\mathrm{t}$ 反映速度大小的变化.

大小：$a_\mathrm{t} = \dfrac{\mathrm{d}v}{\mathrm{d}t}$；方向：沿轨道的切线方向.

2) 法向加速度 $\boldsymbol{a}_\mathrm{n}$ 反映速度方向的变化.

大小：$a_\mathrm{n} = \dfrac{v^2}{R}$；方向：垂直于 $\boldsymbol{v}$ 且指向圆心.

3) 总加速度 $\boldsymbol{a} = \boldsymbol{a}_\mathrm{n} + \boldsymbol{a}_\mathrm{t}$.

大小：$a = \sqrt{a_\mathrm{n}^2 + a_\mathrm{t}^2} = \sqrt{\left(\dfrac{v^2}{R}\right)^2 + \left(\dfrac{\mathrm{d}v}{\mathrm{d}t}\right)^2}$；方向：$\tan\theta = \dfrac{a_\mathrm{n}}{a_\mathrm{t}}$（$\theta$ 为 $\boldsymbol{a}$ 与 $\boldsymbol{a}_\mathrm{t}$ 之间的夹角）.

(4) 圆周运动的角量描述.

1) 角坐标 θ，角位移 $\Delta\theta = \theta_2 - \theta_1$，一般规定，质点若沿逆时针方向转动，则 $\Delta\theta > 0$；若沿顺时针方向转动，则 $\Delta\theta < 0$.

2) 角速度 $\omega = \dfrac{\mathrm{d}\theta}{\mathrm{d}t}$，若 $\omega > 0$，则质点沿逆时针方向转动；若 $\omega < 0$，则质点沿顺时针方向转动.

3) 角加速度 $\alpha = \dfrac{\mathrm{d}\omega}{\mathrm{d}t} = \dfrac{\mathrm{d}^2\theta}{\mathrm{d}t^2}$.

(5) 圆周运动的角量与线量之间的关系.

$s = r\theta, \mathrm{d}s = r\mathrm{d}\theta$.

$v = r\omega$ 或 $\omega = \dfrac{v}{r}$.

$a_\mathrm{t} = r\alpha, a_\mathrm{n} = r\omega^2$.

例 2 瞬时速度 $\boldsymbol{v}$ 的大小 $|\boldsymbol{v}|$ 可以用（　　）来表示：

(A) $\dfrac{\mathrm{d}r}{\mathrm{d}t}$　　(B) $\dfrac{\mathrm{d}|\boldsymbol{r}|}{\mathrm{d}t}$　　(C) $\left|\dfrac{\mathrm{d}\boldsymbol{r}}{\mathrm{d}t}\right|$　　(D) $\left(\dfrac{\mathrm{d}x}{\mathrm{d}t}\right)^2 + \left(\dfrac{\mathrm{d}y}{\mathrm{d}t}\right)^2 + \left(\dfrac{\mathrm{d}z}{\mathrm{d}t}\right)^2$

解题分析　由于速度 $\boldsymbol{v} = \dfrac{\mathrm{d}\boldsymbol{r}}{\mathrm{d}t}$，所以速度 $\boldsymbol{v}$ 的大小为 $\left|\dfrac{\mathrm{d}\boldsymbol{r}}{\mathrm{d}t}\right|$，故应选(C).

例 3 一个质点在作匀速率圆周运动时，（　　）.

(A) 切向加速度改变，法向加速度也改变

(B) 切向加速度不变，法向加速度改变

(C) 切向加速度不变，法向加速度也不变

(D) 切向加速度改变，法向加速度不变

解题分析　质点在作匀速率圆周运动时，其速度的大小不变，则切向加速度 $\boldsymbol{a} = \dfrac{\mathrm{d}\boldsymbol{v}}{\mathrm{d}t} = 0$，而法向加速度大小不变，但方向在改变，故应选(B).

例 4 一质点从静止出发，绕半径为 R 的圆周作匀变速圆周运动，角加速度为 β，当该质点走完

一周回到出发点时，所经历的时间为(　　).

(A) $\frac{2\pi}{\sqrt{\beta}}$　　(B) $\sqrt{\frac{4\pi}{\beta}}$　　(C) $\sqrt{\frac{4\pi R}{\beta}}$　　(D) $\sqrt{\frac{2\pi}{\beta}}$

解题分析　对匀变速圆周运动，其公式与匀加速直线运动相似，由此解之.

解　$\theta=\omega_0 t+\frac{1}{2}\beta t^2$，又因质点从静止出发，$\omega_0=0$，则 $\theta=\frac{1}{2}\beta t^2$，而质点走完一周回到出发点时，$\theta=2\pi$，所以 $2\pi=\frac{1}{2}\beta t^2$，可以解出 $t=\sqrt{\frac{4\pi}{\beta}}$，故选(B).

小结

物理参量	内容	说明
角坐标(角位置)	$\theta=\theta(t)$	描述质点位置的物理量
角位移	$\Delta\theta=\theta_2-\theta_1$	描述质点角位置变化的物理量
角速度	$\omega=\frac{d\theta}{dt}$	描述质点角位置变化快慢的物理量
角加速度	$\alpha=\frac{d\omega}{dt}=\frac{d^2\theta}{dt^2}$	描述质点角速度变化快慢的物理量
线量与角量的关系	$ds=rd\theta$ $v=\frac{ds}{dt}=r\omega$ 切向加速度 $a_t=\frac{dv}{dt}=r\alpha$ 法向加速度 $a_n=\frac{v^2}{r}=r\omega^2$	匀速率圆周运动：角速度 $\omega=$ 常量； 匀变速率圆周运动：角加速度 $\alpha=$ 常量

四、相对运动

1. 时间和空间

物质的运动既离不开空间，也离不开时间，时间表征了物质运动的持续性，自然界的实际过程都具有一定的方向，是不可逆的，时间是单向的，空间反映了物质运动的广延性.

2. 相对运动

物体相对于静态参考系的速度称为绝对速度，物体相对于动态参考系的速度称为相对速度，动态参考系相对于静态参考系的速度称为牵连速度，三者的关系为 $\boldsymbol{v}_{绝}=\boldsymbol{v}_{相}+\boldsymbol{v}_{牵}$.

在物体和动态参考系都无转动的条件下，物体的绝对加速度(对静态参考系而言)等于物体的相对加速度(对动态参考系而言)与牵连加速度(动态参考系对静态参考系)的矢量和，即 $\boldsymbol{a}_{绝}=\boldsymbol{a}_{相}+\boldsymbol{a}_{牵}$.

在牛顿力学范围内，质点的位移、速度和运动轨迹等都与参考系的选择有关系. 常把视为静止的参考系叫作基本参考系(S 系)，相对基本参考系以速度 $\boldsymbol{u}$ 匀速运动的参考系叫作运动参考系(S' 系).

在某个时间段 Δt 内，质点在 S 系看来位移为 $\Delta\boldsymbol{r}$，称为绝对位移；质点在 S' 系看来位移为 $\Delta\boldsymbol{r}'$，称为相对位移；并且在此时间内 S' 系相对于 S 系的位移为 $\Delta\boldsymbol{D}$，称为牵连位移.

质点相对于 S 系的速度 $\boldsymbol{v}$ 称为绝对速度；质点相对于 S' 系的速度 $\boldsymbol{v}'$ 称为相对速度；$\boldsymbol{u}$ 称为牵连速度. 它们之间满足伽利略变换式

$$\Delta\boldsymbol{r}=\Delta\boldsymbol{r}'+\Delta\boldsymbol{D},\boldsymbol{v}=\boldsymbol{v}'+\boldsymbol{u}$$

温馨提示 求解相对运动题目的步骤：① 从题意中找出三个对象，一般地面为基本参考系；② 由题意锁定所要求的对象，剩下的一个对象为运动参考系；③ 确定所求的是相对值（相对速率、相对位矢）还是绝对值（绝对速率、绝对位矢）；④ 利用矢量的合成（在图上利用矢量三角形法则）求解.

小结：相对运动.

项目	内容	说明
速度变换公式	质点相对于基本参考系 S 的速度为 $\boldsymbol{v}$，相对于运动参考系 S' 的速度为 $\boldsymbol{v}'$，S' 系相对于 S 系的平动速度为 $\boldsymbol{u}$，则 $\boldsymbol{v}=\boldsymbol{v}'+\boldsymbol{u}$	$\boldsymbol{v}$ 叫作绝对速度，$\boldsymbol{v}'$ 叫作相对速度，$\boldsymbol{u}$ 叫作牵连速度

小结：运动学求解的两类问题及解题方法.

项目	内容	说明
第一类问题	由已知的运动方程求速度和加速度	用求导法
第二类问题	由已知质点的速度或加速度及初始条件求质点的运动方程	用积分法
注释：在实际求解中，可由题目的已知条件和要求解的物理量判断属于哪一类问题. 不同类型的问题采用不同的方法求解. 另外，应选择合适的坐标系，一般采用直角坐标系，但对圆周运动或曲线运动有时采用自然坐标系更方便进行数学运算		

课后习题全解

1-1 **逻辑推理** 质点在 t 至 $(t+\Delta t)$ 时间内沿曲线从点 P 运动到点 P'，其中路程 $\Delta s=\overset{\frown}{PP'}$，位移大小为 $|\Delta\boldsymbol{r}|=\overline{PP'}$，而 $\Delta r=|\boldsymbol{r}'|-|\boldsymbol{r}|$ 表示质点位矢大小的变化量.

解题过程 (1) 当 $\Delta t\to 0$ 时，点 P' 无限趋近点 P，则有 $|\mathrm{d}\boldsymbol{r}|=\mathrm{d}s$，但却不等于 $\mathrm{d}r$. 故选(B).

(2) 由于 $|\Delta\boldsymbol{r}|\neq\Delta s$，故 $\left|\dfrac{\Delta\boldsymbol{r}}{\Delta t}\right|\neq\dfrac{\Delta s}{\Delta t}$，即 $|\overline{\boldsymbol{v}}|\neq\overline{v}$. 但由于 $|\mathrm{d}\boldsymbol{r}|=\mathrm{d}s$，故 $\left|\dfrac{\mathrm{d}\boldsymbol{r}}{\mathrm{d}t}\right|\neq\dfrac{\mathrm{d}s}{\mathrm{d}t}$，即 $|\boldsymbol{v}|=v$. 故选(C).

1-2 **解题过程** 在自然坐标系中速度大小可用公式 $v=\dfrac{\mathrm{d}s}{\mathrm{d}t}$ 进行计算，在直角坐标系中则可由公式 $v=\sqrt{\left(\dfrac{\mathrm{d}x}{dt}\right)^2+\left(\dfrac{\mathrm{d}y}{\mathrm{d}t}\right)^2}$ 求解，故选(D).

1-3 **解题过程** $\left|\dfrac{\mathrm{d}\boldsymbol{v}}{\mathrm{d}t}\right|$ 表示加速度的大小而不是切向加速度 a_t 的大小，因此只有式(3) 表达是正确的，故选(D).

1-4 解题过程 质点在作圆周运动时,切向加速度为 **0** 矢量,不变;而法向加速度方向始终要指向圆心,所以一定改变,故选(B).

* **1-5** 知识点窍 速率公式:$v = \dfrac{\mathrm{d}x}{\mathrm{d}t}$;

几何关系:$x^2 = l^2 - h^2$.

逻辑推理 通过几何关系写出经过的时间 t、船与岸的水平距离 x 与绳长 l 及滑轮水平高度 h 之间的关系,然后对时间求导,可以得到收绳速率与小船速率的关系.

解题过程 列出船与岸边水平距离 x 的表达式

$$x^2 = l^2 - h^2,$$

上式对时间求导得

$$2x\frac{\mathrm{d}x}{\mathrm{d}t} = -2vl,$$

则 $v = \dfrac{\mathrm{d}x}{\mathrm{d}t} = -\dfrac{v_0 l}{(l^2 - h^2)^{\frac{1}{2}}} = -v\left[1 - \left(\dfrac{h}{l}\right)^2\right]^{-\frac{1}{2}} = \dfrac{v_0}{\cos\theta}$.

负号表示船运动速度的方向与 x 轴方向相反. 由上式可判断小船作变加速运动,故选(C).

1-6 知识点窍 位移公式:$\boldsymbol{r} = \boldsymbol{r}_2 - \boldsymbol{r}_1 = (x_2 - x_1)\boldsymbol{i} + (y_2 - y_1)\boldsymbol{j} + (z_2 - z_1)\boldsymbol{k}$.

逻辑推理 位移可由位移矢量求解.

求路程时,要先求出运动方向发生改变的时刻,再分段求位移,最后求位移绝对值的和.

运动方向发生改变的时刻可由运动方程的一阶导数为零来确定.

解题过程 (1) 由 $x = 2 + 6t^2 - 2t^3$ 得

$$x_4\Big|_{t=4\ \mathrm{s}} = 2 + 6\times 4^2 - 2\times 4^3 = -30,\quad x_0\Big|_{t=0} = 2.$$

质点在前 4 s 内的位移大小为 $\Delta x = x_4 - x_0 = -30 - 2 = -32$ m.

(2) 求路程要注意在题设时间内运动方向发生了改变,由 $\dfrac{\mathrm{d}x}{\mathrm{d}t} = 0$ 得

$$12t - 6t^2 = 0$$

解得 $t_1 = 2$ s,$t_2 = 0$(不合题意,舍去).

$0 \sim 2$ s 内的路程为 $\Delta s_1 = | x_2 - x_0 | = 8$ m,

$2 \sim 4$ s 内的路程为 $\Delta s_2 = | x_4 - x_2 | = 40$ m,

所以所求路程为 $s = \Delta s_1 + \Delta s_2 = 48$ m.

(3) $t = 4$ s 时 $v = \dfrac{\mathrm{d}x}{\mathrm{d}t}\Big|_{t=4\ \mathrm{s}} = -48\ \mathrm{m\cdot s^{-1}}$,$a = \dfrac{\mathrm{d}^2x}{\mathrm{d}t^2}\Big|_{t=4\ \mathrm{s}} = -36\ \mathrm{m\cdot s^{-2}}$.

1-7 解题过程 $A \to B$ 段:$a_{AB} = k_{AB} = \dfrac{v_B - v_A}{t_B - t_A} = 20\ \mathrm{m\cdot s^{-2}}$ ①

$$x_{AB} = x_0 + v_0 t + \frac{1}{2}at^2 = -20t + 10t^2 \quad ②$$

$B \to C$段:$a_{BC} = k_{BC} = 0$ ③

$$x_{BC} = x_B + v_0 t + \frac{1}{2}at^2$$

$$= (-20)\times 2 + 10\times 4 + 20(t-2) = 20(t-2)$$ ④

其中 x_B 为 $t = 2$ s 时的 x 坐标.

$C \to D$段:$a_{CD} = k_{CD} = \dfrac{v_D - v_C}{t_D - t_C} = -10\ \text{m}\cdot\text{s}^{-2}$ ⑤

$$x_{CD} = x_C + v_0 t + \frac{1}{2}at^2$$

$$= 40 + 20(t-4) + \frac{1}{2}\times(-10)\times(t-4)^2$$

$$= -5t^2 + 60t - 120$$ ⑥

其中 x_C 为 $t = 4$ s 时的 x 坐标.

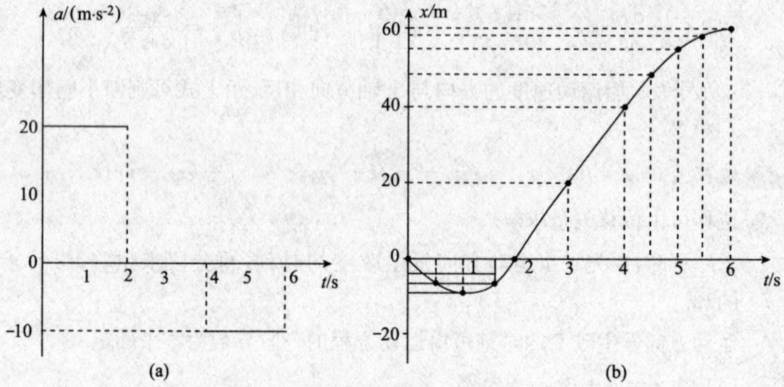

图解 1-7

由式 ①、③、⑤ 可作图解 1-7(a),由式 ②、④、⑥ 可作图解 1-7(b).

1-8 知识点窍 轨迹方程、运动方程、位移表达式.

解题过程 (1) 由质点的运动方程,可写出质点轨迹的参数方程

$$\begin{cases} x = 2t \\ y = 2 - t^2 \end{cases} \Rightarrow t = \frac{x}{2} \Rightarrow y = 2 - \left(\frac{x}{2}\right)^2$$

$$= 2 - \frac{x^2}{4}$$

则轨迹为抛物线,如图解 1-8 所示.

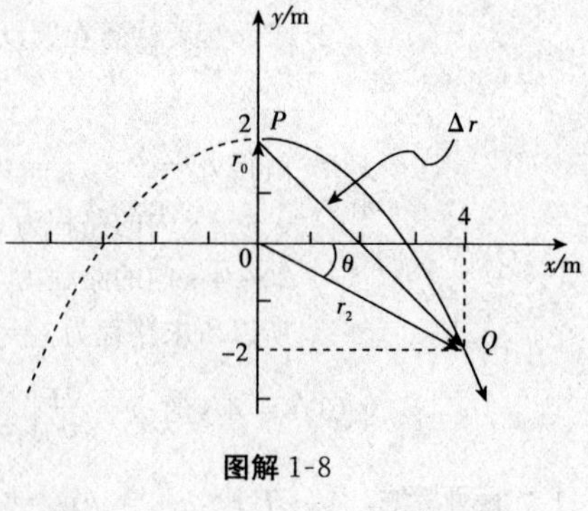

图解 1-8

(2) 将 $t = 0$,$t = 2$ s 分别代入运动方程,可得该时刻质点所在位置分别为

$\boldsymbol{r}(0) = 2\times 0\boldsymbol{i} + (2 - 0^2)\boldsymbol{j} = 2\boldsymbol{j}$ m,

$\boldsymbol{r}(2) = 2\times 2\boldsymbol{i} + (2 - 2^2)\boldsymbol{j} = (4\boldsymbol{i} - 2\boldsymbol{j})$m.

(3) 位移为

$\Delta \boldsymbol{r} = \boldsymbol{r}(2) - \boldsymbol{r}(0) = 4\boldsymbol{i} - 2\boldsymbol{j} - 2\boldsymbol{j} = (4\boldsymbol{i} - 4\boldsymbol{j})\text{m}$,

径向增量为

$\Delta r = |\boldsymbol{r}(2)| - |\boldsymbol{r}(0)| = (\sqrt{16+4} - \sqrt{4}) = 2.47\ \text{m}$.

(4) 质点在任意时刻的速度为 $\boldsymbol{v} = \frac{\text{d}\boldsymbol{r}}{\text{d}t} = 2\boldsymbol{i} - 2t\boldsymbol{j}$，$|\boldsymbol{v}| = \sqrt{2^2 + (2t)^2} = 2\sqrt{1+t^2}$.

所以 2 s 内质点经过的路程为 $s = \int_0^2 |\boldsymbol{v}|\,\text{d}t = \int_0^2 2\sqrt{1+t^2}\,\text{d}t = 5.91\ \text{m}$.

1-9 **逻辑推理** 由运动方程的分量式可分别求出速度、加速度的分量，由运动合成算出速度和加速度的大小和方向.

解题过程 (1) 在 x、y 方向上的分速度的大小分别为

$$\begin{cases} v_x = \frac{\text{d}x}{\text{d}t} = -10 + 60t \\ v_y = \frac{\text{d}y}{\text{d}t} = 15 - 40t \end{cases}$$

$t = 0$ 时，$v_{0x} = -10\ \text{m}\cdot\text{s}^{-1}$，$v_{0y} = 15\ \text{m}\cdot\text{s}^{-1}$，

所以初速 $v_0 = \sqrt{v_{0x}^2 + v_{0y}^2} = 18\ \text{m}\cdot\text{s}^{-1}$.

设 $\boldsymbol{v}_0$ 与 y 轴正向角为 θ，则

$\tan\theta = \frac{|v_{0x}|}{|v_{0y}|} = \frac{2}{3}$，$\theta = \arctan\frac{2}{3} = 33.69^\circ = 33^\circ 41'$，

$\boldsymbol{v}_0$ 与 x 轴夹角 $\alpha = 90^\circ + \theta = 90^\circ + 33^\circ 41' = 123^\circ 41'$.

(2) 加速度在 x、y 方向上的分量分别为

$$\alpha_x = \frac{\text{d}v_x}{\text{d}t} = 60\ \text{m}\cdot\text{s}^{-2}$$

$$\alpha_y = \frac{\text{d}v_y}{\text{d}t} = -40\ \text{m}\cdot\text{s}^{-2},$$

加速度大小为 $a = \sqrt{a_x{}^2 + a_y{}^2} = 72.1\ \text{m}\cdot\text{s}^{-2}$.

设 $\boldsymbol{a}$ 与 x 轴正向夹角为 φ，则 $\tan\varphi = \frac{-40}{60} = -\frac{2}{3}$，

所以 $\varphi = \arctan\left(-\frac{2}{3}\right) = -33^\circ 41'$.

1-10 **知识点窍** 匀速圆周运动的基本公式：$\theta = \omega t$.

位矢公式：$\boldsymbol{r}(t) = x(t)\boldsymbol{i} + y(t)\boldsymbol{j}$.

速度公式：$\boldsymbol{v}(t) = \frac{\text{d}\boldsymbol{r}}{\text{d}t} = \frac{\text{d}x}{\text{d}t}\boldsymbol{i} + \frac{\text{d}y}{\text{d}t}\boldsymbol{j}$.

加速度公式：$\boldsymbol{a}(t) = \frac{\text{d}^2\boldsymbol{r}}{\text{d}t^2}$.

逻辑推理 由匀速圆周运动的基本公式求出 t 时刻的角度 θ，再由几何关系(如图解 1-10 所示)求出点 P 坐标(x, y)，进而写出位矢方程. 对位矢方程求一、二阶导数，可求出速度矢量和加速度矢量.

解题过程 (1) 由初始条件 $t=0$ 时 $\theta=0$，设经过 t 时刻后到达点 P，则 $\theta=\omega t=\frac{2\pi}{T}=0.1\pi t$，

所以

$x=R\sin\theta=3\sin 0.1\pi t$，

$y=R(1-\cos\theta)=3(1-\cos 0.1\pi t)$.

所以质点 P 的位矢为 $\boldsymbol{r}=x\boldsymbol{i}+y\boldsymbol{j}$，则

$$\boldsymbol{r}(t)=3\sin 0.1\pi t\boldsymbol{i}+3[1-\cos(0.1\pi t)]\boldsymbol{j}.$$

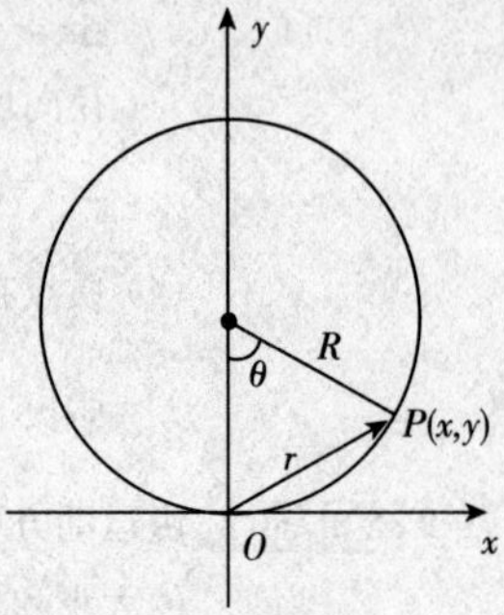

图解 1-10

(2) 5 s 时的速度和加速度分别为

$$\boldsymbol{v}=\left.\frac{\mathrm{d}\boldsymbol{r}}{\mathrm{d}t}\right|_{t=5\text{ s}}=[3\times 0.1\pi\cos(0.1\pi t)\boldsymbol{i}+3\times 0.1\pi\sin(0.1\pi t)\boldsymbol{j}]_{t=5\text{ s}}=0.3\pi\boldsymbol{j}\ \mathrm{m\cdot s^{-1}},$$

$$\boldsymbol{a}=\left.\frac{\mathrm{d}^2\boldsymbol{r}}{\mathrm{d}t^2}\right|_{t=5\text{ s}}=[-3\times(0.1\pi)^2\sin(0.1\pi t)\boldsymbol{i}+3\times(0.1\pi)^2\cos(0.1\pi t)\boldsymbol{j}]_{t=5\text{ s}}=-0.03\pi^2\boldsymbol{i}\ \mathrm{m\cdot s^{-2}}.$$

1-11 **知识点窍** 运动方程为 $\boldsymbol{r}=x(t)\boldsymbol{i}+y(t)\boldsymbol{j}$，轨迹方程为 $y=y(x)$.

逻辑推理 分别求解 x 方向与 y 方向的运动方程，然后得到总的运动方程以及轨迹方程.

解题过程 (1) 由题意有 $v_y=v_0$，则 $y=v_0t$，又 $v_x=by=bv_0t$，所以

$$x=\int_0^t v_x\mathrm{d}t=\int_0^t bv_0t\mathrm{d}t=\frac{1}{2}bv_0t^2$$

故气球的运动方程为

$$\boldsymbol{r}=x(t)\boldsymbol{i}+y(t)\boldsymbol{j}=\frac{1}{2}bv_0t^2\boldsymbol{i}+v_0t\boldsymbol{j}.$$

(2) 消去 $x(t)$ 与 $y(t)$ 中的 t，得到气球的轨迹方程为 $x=\frac{b}{2v_0}y^2$.

1-12 **知识点窍** 匀加速直线运动方程为 $\boldsymbol{r}=\boldsymbol{r}_0+\boldsymbol{v}_0t+\frac{1}{2}\boldsymbol{a}t^2$.

逻辑推理 在相对运动中，选择合适的坐标，由匀加速直线运动公式求解.

解题过程 (1) 以升降机为参考系，竖直向下为 y 轴正向，对于螺丝的初始条件为 $t=0$ 时，$v_0=0$，而螺丝相对于升降机的加速度为 $a=a_{升}+g$，由匀加速直线运动方程得

$$h=0+\frac{1}{2}(a_{升}+g)t^2,$$

即 $t=\sqrt{\frac{2h}{g+a_{升}}}=0.705$ s.

(2) 在 $t=0.705$ s 时，升降机上升的高度为

$$y=v_0t+\frac{1}{2}at^2,$$

所以螺丝相对于柱子的下降距离为

$$\Delta h = h - y = 0.716 \text{ m}.$$

1-13 知识点窍 利用初速度为 0 的匀加速直线运动的规律进行求解.

逻辑推理 由$\frac{1}{2}at_1^2 = s_1, \frac{1}{2}at_2^2 = 2s_1, \cdots, \frac{1}{2}at_n^2 = ns_1$,得到

$$t_1 = \sqrt{\frac{2s_1}{a}}, t_2 = \sqrt{2}\cdot\sqrt{\frac{2s_1}{a}}, \cdots, t_n = \sqrt{n}\cdot\sqrt{\frac{2s_1}{a}}.$$

得到通过第一个 s,第 2 个 s,…,第 n 个 s 所用时间之比为 $t_1 : (t_2 - t_1) : \cdots : (t_n - t_{n-1}) = 1 : (\sqrt{2}-1) : (\sqrt{3}-\sqrt{2}) : \cdots : (\sqrt{n}-\sqrt{n-1})$.

解题过程 由题意知,所求为第九节车厢驶过观察者的时间,根据上面的规律不难得到

$$\Delta t = (\sqrt{9}-\sqrt{8})t_0 = 0.69 \text{ s}$$

其中 t_0 为第一节车厢驶过观察者的时间,即 4.0 s.

1-14 知识点窍 位矢方程.

逻辑推理 建立影长与时间的函数关系,即影子端点的位矢方程.

解题过程 如图解 1-14 所示,由题意设旗杆的高度为 h,在地面的影子为 l,同时设太阳绕地面转动的角速度为 ω,则可得

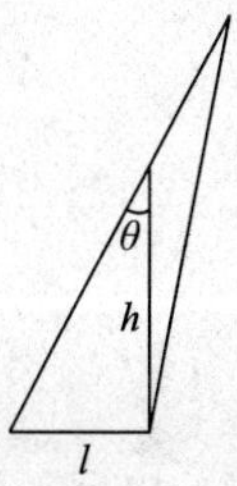

图解 1-14

$$\tan\theta = \frac{l}{h} = \tan\omega t,$$

所以 $l = h\tan\omega t$.

下午 2:00 影子的速度大小为

$$v_{2:00} = \frac{dl}{dt} = \frac{d(h + \tan\omega t)}{dt} = 1.94\times10^{-3}\text{ m}\cdot\text{s}^{-1},$$

根据题意得 $l = h\tan\omega t = 20$ m,则

$$t = \frac{1}{\omega}\arctan\frac{l}{t} = 1.08\times10^4\text{ s} = 3\text{ h},$$

即可以知当下午 3:00 的时候,杆影将伸展至 20.0 m.

1-15 知识点窍 同前两题,不同处质点作平面曲线运动.

逻辑推理 由叠加原理求得运动方程的两个分量式 $x(t)$ 和 $y(t)$.

解题过程 (1) 根据题中已知条件可得

$$\boldsymbol{a} = 6\boldsymbol{i} + 4\boldsymbol{j}$$

对上式两边从 0 到 t 积分,则

$$\boldsymbol{v} = 6t\boldsymbol{i} + 4t\boldsymbol{j}$$

再对上式从 0 到 10 积分,得到

$$\boldsymbol{r} = (3t^2 + 10)\boldsymbol{i} + 2t^2\boldsymbol{j}.$$

(2) 由(1) 可看出质点运动方程为 $3y - 2x + 20 = 0$,

质点在 Oxy 平面上的轨迹方程如图解 1-15 所示.

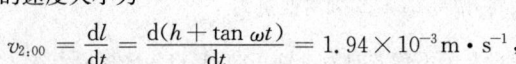

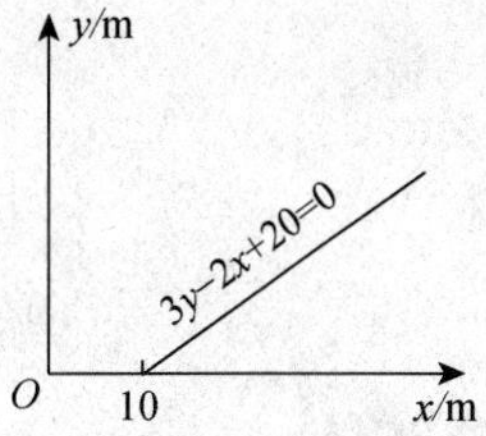

图解 1-15

1-16 知识点窍 运动学问题,用积分方法解.

逻辑推理 由 $a=\dfrac{dv}{dt}$ 和 $v=\dfrac{dx}{dt}$ 可得 $dv=a dt$ 和 $dx=v dt$. 如 $a=a(t)$ 或 $v=v(t)$，则可两边直接积分.

解题过程 由运动学的方程可知

$$a=\frac{d^2x}{dt^2}=4-t^2$$

对方程两边积分可得

$$v=4t-\frac{1}{3}t^3+c_1$$

再对方程积分可得

$$x=2t^2-\frac{1}{12}t^4+c_1t+c_2$$

当 $t=3\ s, x=9\ m, v=2\ m\cdot s^{-1}$ 时，代入以上两式中得

$$\begin{cases}2=4\times3-\dfrac{1}{3}\times3^3+c_1\\ 9=2\times3^2-\dfrac{1}{12}\times3^4+3c_1+c_2\end{cases}\Rightarrow\begin{cases}c_1=-1\\ c_2=\dfrac{3}{4}\end{cases}$$

所以质点的运动方程为 $x=2t^2-\dfrac{1}{12}t^4-t+\dfrac{3}{4}$.

1-17 **知识点窍** 运动学问题，用积分方法解.

逻辑推理 将 $dv=a(v)dt$ 分离变量为$\dfrac{dv}{a(v)}$.

解题过程 设石子下落方向为 y 轴正向，起点为坐标原点.

(1) 由题意知

$$a=\frac{dv}{dt}=A-Bv$$

分离变量并两边积分，得

$$\int_0^v\frac{dv}{A-Bv}=\int_0^t dt$$

则石子速度为 $v=\dfrac{A}{B}(1-e^{-Bt})$,

当 $t\to\infty$ 时，$v\to\dfrac{A}{B}$ 为一常量.

(2) 由于 $v=\dfrac{dy}{dt}=\dfrac{A}{B}(1-e^{-Bt})$，则由初始条件得

$$\int_0^y dy=\int_0^t\frac{A}{B}(1-e^{-Bt})dt$$

因此石子运动方程为 $y=\dfrac{A}{B}t+\dfrac{A}{B^2}(e^{-Bt}-1)$.

1-18 **知识点窍** 已知加速度与位移的关系，求速度与位移的关系，列微分方程求解.

逻辑推理 求解不显含自变量的二阶方程.

解题过程 由于 $a=\frac{dv}{dt}=\frac{d^2x}{dt^2}=2+6x^2$，令 $v=\frac{dx}{dt}$，则

$$\frac{d^2x}{dt^2}=\frac{dv}{dt}=\frac{dv}{dx}\cdot\frac{dx}{dt}=v\cdot\frac{dv}{dx},$$

代入原方程 $v\cdot\frac{dv}{dx}=2+6x^2\Rightarrow v dv=(2+6x^2)dx$ 中，两边积分，得

$$\frac{1}{2}v^2=2x+2x^3+2c\Rightarrow v=2\sqrt{x+x^3+c},$$

又 $x=0, v=0\Rightarrow c=0$，所以 $v=2\sqrt{x+x^3}\,(m\cdot s^{-1})$.

1-19 知识点窍 运动方程的矢量式，即 $\boldsymbol{r}=\boldsymbol{v}_0t+\frac{1}{2}\boldsymbol{g}t^2$；正弦定理.

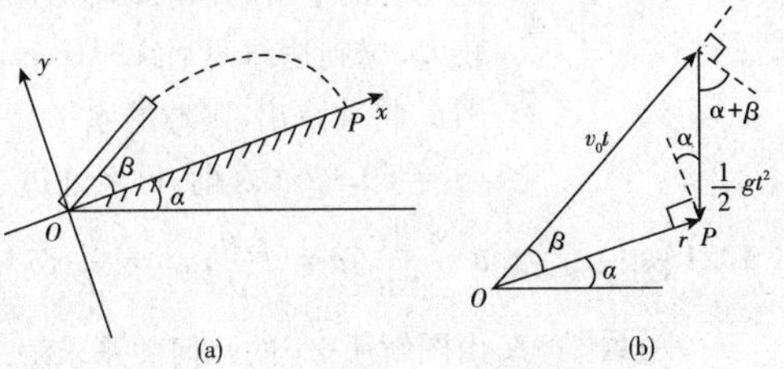

图解 1-19

逻辑推理 建立如图解 1-19(a) 所示的坐标系，则炮弹在 x 和 y 两个方向的分运动均为匀减速直线运动，其初速度分别为 $v_0\cos\beta$ 和 $v_0\sin\beta$，其加速度分别为 $g\sin\alpha$ 和 $g\cos\alpha$. 在此坐标系中炮弹落地时，应有 $y=0$，则 $x=OP$. 如欲使炮弹垂直击中坡面，则应满足 $v_x=0$，直接列出有关运动方程的速度方程，即可求解.

解题过程 (1) 本题考查运动方程 $s=v_0t+\frac{1}{2}at^2$，由题意知，要求 OP 距离，只要求出方程令纵坐标为 0，便可求得，即

$$y=v_0t\sin\beta-\frac{1}{2}gt^2\cos\alpha=0, \qquad ①$$

横坐标为

$$x=v_0t\cos\beta-\frac{1}{2}gt^2\sin\alpha, \qquad ②$$

① 代入 ② 得

$$|OP|=\frac{2v_0^2\sin\beta}{g\cos^2\alpha}\cos(\alpha+\beta).$$

(2) 欲使炮弹能垂直击中坡面，必须使 x 方向速度为 0，纵坐标为 0，则

$$\begin{cases}v_x=v_0\cos\beta-gt\sin\alpha=0,\\ y=0,\end{cases}$$

由此可得 $\tan\beta=\frac{1}{2\tan\alpha}$，且与 v_0 无关.

1-20 知识点窍 斜抛运动轨迹方程为 $y=x\tan\alpha-\frac{g}{2v_0^2\cos^2\alpha}x^2$.

逻辑推理 球在空中的运动可看作斜抛运动. 其运动路径由轨迹方程描述. 球直接踢进球门就是对竖直方向的变量 y 的限制条件，即 $0\leqslant y\leqslant 3.44$ m. 将水平距离 $x=25.0$ m，初速度 $v_0=20.0\ m\cdot s^{-1}$ 及 $0\leqslant y\leqslant 3.44$ m 代入轨迹方程，即可求出对应的球离地时的速度与地面所成的角度范围.

解题过程 设足球运动员以 θ 角踢出足球，则足球被踢出后在空中将作抛体运动，以水平方向为

x 轴方向,竖直方向为 y 轴方向,抛出点为坐标原点,所以可得

$$\begin{cases} x = vt\cos\theta \\ y = vt\sin\theta - \dfrac{1}{2}gt^2 \end{cases}$$

因为 $v_{x0} = vt\cos\theta, v_{y0} = vt\sin\theta$,将 $x = 25.0\ \mathrm{m}, v_0 = 20.0\ \mathrm{m\cdot s^{-1}}$ 及 $0 \leqslant y \leqslant 3.44\ \mathrm{m}$ 代入斜抛运动的轨迹方程,消 t 后得 $y = x\tan\alpha - \dfrac{g}{2v_0^2\cos^2\alpha}x^2$,可解得 $18.89° \leqslant \theta_1 \leqslant 27.92°$,$69.92° \leqslant \theta_2 \leqslant 71.11°$.

此题有两个解,其物理意义为:若以较小的角度范围 θ_1 将球踢出,则球的水平分速度较大,球到达球门上缘时($\theta = 27.92°$),还未达到运动的最高点;若以较大的角度范围 θ_2 将球踢出,则球的水平分速度较小,球在空中运动的时间较长,球到达球门上缘($\theta = 69.92°$)之前,已经通过了最高点.

1-21 **知识点窍** $\boldsymbol{a} = \dfrac{\mathrm{d}\boldsymbol{v}}{\mathrm{d}t}, \overline{\boldsymbol{a}} = \dfrac{\Delta\boldsymbol{v}}{\Delta t}, a_n = \dfrac{v^2}{R}, \overline{a} = \dfrac{|\Delta\boldsymbol{v}|}{\Delta t}$.

逻辑推理 由图解 1-21 的几何关系求解.

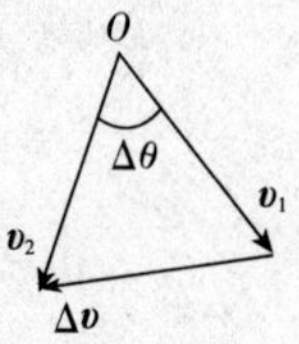

图解 1-21

解题过程 (1) 由向量的矢量法则知 $\Delta\boldsymbol{v} = \boldsymbol{v}_2 - \boldsymbol{v}_1$,并且根据

$$\left.\begin{array}{l} \boldsymbol{a} = \dfrac{\mathrm{d}\boldsymbol{v}}{\mathrm{d}t} \\ \overline{\boldsymbol{a}} = \dfrac{\Delta\boldsymbol{v}}{\Delta t} \end{array}\right\} \Rightarrow \overline{a} = \frac{|\Delta\boldsymbol{v}|}{\Delta t},$$

而 $\Delta t = \dfrac{\Delta s}{v} = \dfrac{\Delta\theta R}{v}$, $|\Delta\boldsymbol{v}|^2 = v_1^2 + v_2^2 - 2v_1v^2\cos\Delta\theta$,因此

$$\overline{a} = \frac{|\Delta\boldsymbol{v}|}{\Delta t} = v^2\sqrt{2(1-\cos\Delta\theta)}/(\Delta\theta R).$$

(2) 由题意将给出的角度代入(1)求出的平均加速度中,得

$$\overline{a_1} \approx 0.9003\frac{v^2}{R}, \overline{a_2} \approx 0.9886\frac{v^2}{R},$$

$$\overline{a_3} \approx 0.9987\frac{v^2}{R}, \overline{a_4} \approx 1.000\frac{v^2}{R}.$$

由此可见,当 $\Delta\theta \to 0$ 时,匀速圆周运动的平均加速度趋于 $\dfrac{v^2}{R}$,即其向心加速度也是瞬时加速度.

1-22 **知识点窍** 平均速度公式:$\overline{\boldsymbol{v}} = \dfrac{\Delta\boldsymbol{r}}{\Delta t}$;

切向加速度公式:$\boldsymbol{a}_t = \dfrac{\mathrm{d}v}{\mathrm{d}t}\boldsymbol{e}_t$;

法向加速度公式:$\boldsymbol{a}_n = \dfrac{v^2}{r}\boldsymbol{e}_n$ 或 $\boldsymbol{a}_n = \sqrt{a^2 - a_t^2}\,\boldsymbol{e}_n$.

逻辑推理 由运动方程直接写出分量式 $x = x(t)$ 和 $y = y(t)$,消去 t,即得轨迹方程,由 t_2 和 t_1 时位矢之差与时间差的比值即可求出平均速度. 切向加速度反映质点在切线方向速度大小的变化率,而法向加速度反映质点速度方向的改变,两者之矢量和为总加速度.

解题过程 (1) 由 $\boldsymbol{r}=2.0t\,\boldsymbol{i}+(19.0-2.0t^2)\boldsymbol{j}$ 得分量式为 $x=2.0t, y=19.0-2.0t^2$，

消去 t 得轨迹方程为 $y=19.0-0.5x^2$.

(2) 由 $\boldsymbol{r}_1\Big|_{t=1.0\text{ s}}=2.0\boldsymbol{i}+17.0\boldsymbol{j}, \boldsymbol{r}_2\Big|_{t=2.0\text{ s}}=4.0\boldsymbol{i}+11.0\boldsymbol{j}$ 可解得

$$\overline{\boldsymbol{v}}=\frac{\Delta\boldsymbol{r}}{\Delta t}=\frac{\boldsymbol{r}_2-\boldsymbol{r}_1}{t_2-t_1}=2.0\boldsymbol{i}-6.0\boldsymbol{j}.$$

(3) t 时刻的速度和加速度表达式分别为

$$\boldsymbol{v}(t)=v_x\boldsymbol{i}+v_y\boldsymbol{j}=\frac{\mathrm{d}x}{\mathrm{d}t}\boldsymbol{i}+\frac{\mathrm{d}y}{\mathrm{d}t}\boldsymbol{j}=2.0\boldsymbol{i}-4.0t\boldsymbol{j},$$

$$\boldsymbol{a}(t)=\frac{\mathrm{d}^2x}{\mathrm{d}t^2}\boldsymbol{i}+\frac{\mathrm{d}^2y}{\mathrm{d}t^2}\boldsymbol{j}=-4.0\boldsymbol{j},$$

$t=1.0$ s时的速度为 $\boldsymbol{v}(t)\Big|_{t=1\text{ s}}=2.0\boldsymbol{i}-4.0\boldsymbol{j}$,

$t=1.0$ s时的切向加速度为

$$\boldsymbol{a}_{\mathrm{t}}\Big|_{t=1\text{ s}}=\frac{\mathrm{d}v}{\mathrm{d}t}\boldsymbol{e}_{\mathrm{t}}=\frac{\mathrm{d}}{\mathrm{d}t}(\sqrt{v_x^2+v_y^2})\boldsymbol{e}_{\mathrm{t}}=3.58\boldsymbol{e}_{\mathrm{t}}\ \mathrm{m\cdot s^{-2}},$$

$t=1.0$s时的法向加速度为

$$\boldsymbol{a}_{\mathrm{n}}\Big|_{t=1\text{ s}}=\sqrt{a^2-a_{\mathrm{t}}^2}\,\boldsymbol{e}_{\mathrm{n}}=1.79\boldsymbol{e}_{\mathrm{n}}\ \mathrm{m\cdot s^{-2}}.$$

(4) $t=1.0$ s时质点的速度大小为

$$v=\sqrt{v_x^2+v_y^2}=4.47\ \mathrm{m\cdot s^{-1}},$$

则 $\rho=\dfrac{v^2}{a_{\mathrm{n}}}=11.17$ m.

1-23 **知识点窍** 平抛运动的水平位移公式：$x=vt$；

平抛运动的竖直位移公式：$y=\dfrac{1}{2}gt^2$.

逻辑推理 物体作平抛运动可分解为水平方向的匀速直线运动和竖直方向的自由落体运动，而且两个方向的运动具有等时性. 物体在运动过程中的合加速度就是重力加速度，将其沿切线方向和法线方向分解，就可求出切向加速度和法向加速度.

解题过程 (1) 如图解 1-23 所示，以抛出点为原点建立坐标系

$$\begin{cases}x=v_0t\\ y=-\dfrac{1}{2}gt^2\end{cases}$$

当 $y=-100$ m时，可求得目标在飞机正下方前的距离

为 $x=v_0\sqrt{-\dfrac{2y}{g}}=452$ m.

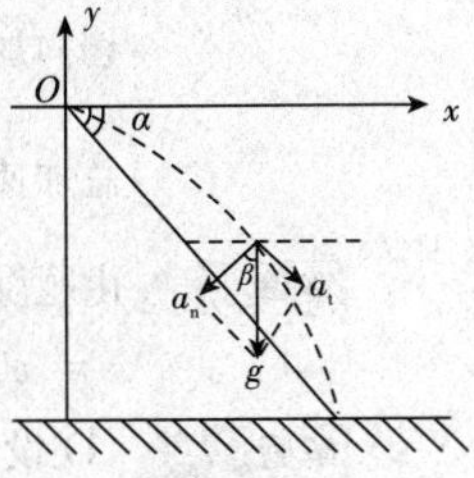

图解 1-23

(2) 所求角度为 $\alpha=\arctan\dfrac{-y}{x}=12.5°$.

(3) 设 t 时刻，$\boldsymbol{v}$ 与 x 轴夹角为 β，则 $\beta=\arctan\dfrac{v_y}{v_x}=\arctan\dfrac{gt}{v_0}$，$t=2$ s 时，

$\beta = \arctan 0.196$，所以 $a_t = g\sin\beta = 1.88\ \text{m}\cdot\text{s}^{-2}$，$a_n = g\cos\beta = 9.62\ \text{m}\cdot\text{s}^{-2}$.

1-24 知识点窍 在自然坐标系下作圆周运动的物体的速率公式：$v = \frac{ds}{dt}$；

在自然坐标系下作圆周运动的物体的加速度的切向分量式：$a_t = \frac{d^2 s}{dt^2} = \frac{dv}{dt}$；

在自然坐标系下作圆周运动的物体加速度的法向分量式：$a_n = \frac{v^2}{R}$；

总加速度公式：$\boldsymbol{a} = a_t\boldsymbol{e}_t + a_n\boldsymbol{e}_n$；

t 时间内通过的路程：$\Delta s = s_t - s_0$.

逻辑推理 由给定运动方程 $s = s(t)$，对 t 求一阶导数即得速率 v，对速率再求一阶导数即得加速度的切向分量 a_t，由 $a_n = v^2/R$ 求出加速度的法向分量，再求 $\boldsymbol{a}_t$ 与 $\boldsymbol{a}_n$ 的矢量和，即得到质点的总加速度.

解题过程 (1) 质点作圆周运动的速率为 $v = \frac{ds}{dt} = v_0 - bt$，

质点加速度的切向分量为 $a_t = \frac{dv}{dt} = -b$，

质点加速度的法向分量为 $a_n = \frac{v^2}{R} = \frac{(v_0 - bt)^2}{R}$，

由于 $\boldsymbol{a} = a_t\mathbf{e}_t + a_n\boldsymbol{e}_n$（因为 $\boldsymbol{e}_t \perp \boldsymbol{e}_n$），因此总加速度的大小为

$$a = \sqrt{a_n^2 + a_t^2} = \frac{\sqrt{R^2 b^2 + (v_0 - bt)^4}}{R} \tag{①}$$

总加速度的方向与切线之间的夹角为 $\theta = \arctan\frac{a_n}{a_t} = \arctan\left[-\frac{(v_0 - bt)^2}{Rb}\right]$.

(2) 当 $a = b$ 时，代入式 ①，解得 $t = \frac{v_0}{b}$.

(3) 由(2)知加速度达到 b 时，$t = \frac{v_0}{b}$，代入运动方程，得质点经过的路程为 $s_t - s_0 = \frac{v_0^2}{2b}$，质点运行的圈数为 $n = \frac{s}{2\pi R} = \frac{v_0^2}{4\pi Rb}$.

1-25 知识点窍 圆周运动的基本规律：$v = R\omega$.

切向加速度公式：$a_t = \frac{d\theta}{dt}$；法向加速度公式：$a_n = \omega^2 R = \frac{v^2}{R}$.

总加速度计算式：$\boldsymbol{a} = \boldsymbol{a}_t + \boldsymbol{a}_n$；转过角度计算式：$\Delta\theta = \int_{t_0}^{t}\omega dt$.

逻辑推理 由题设条件 $\omega = kt^2$ 及某已知时刻的 v 值可确定比例常数 k，从而确定了 $\omega = \omega(t)$ 及 $v = v(t)$ 的表达式，再由微分或积分法求出各未知量.

解题过程 (1) 设

$$\omega = kt^2 \tag{①}$$

$$v = Rkt^2 \tag{②}$$

$$k = \frac{v}{Rt^2} \tag{③}$$

$t=2$ s时，将 $v=4\ \text{m}\cdot\text{s}^{-1}$ 代入式③得 $k=2\ \text{rad}\cdot\text{s}^{-3}$.

将 $k=2\ \text{rad}\cdot\text{s}^{-3}$ 分别代入式①、②得

$$\omega=2t^2(\text{rad}\cdot\text{s}^{-1}),v=1t^2(\text{m}\cdot\text{s}^{-1}),$$

$t'=0.5$ s时的角速度为

$$\omega'=2\ \text{rad}\cdot\text{s}^{-3}\times(0.5\ \text{s})^2=0.5\ \text{rad}\cdot\text{s}^{-1},$$

$t'=0.5$ s时的切向加速度为

$$a_t=\frac{dv}{dt}=2\ \text{m}\cdot\text{s}^{-3}t=1.0\ \text{m}\cdot\text{s}^{-2},$$

$t'=0.5$ s时的总加速度为

$$\boldsymbol{a}=\boldsymbol{a}_t+\boldsymbol{a}_n,$$

则 $a=\sqrt{a_t^2+a_n^2}=\sqrt{1^2+(\omega^2R)^2}=1.01\ \text{m}\cdot\text{s}^{-2}$.

(2) 在2.0 s内该点转过的角度为

$$\Delta\theta=\theta_2-\theta_0=\int_0^{2\,\text{s}}\omega dt=\int_0^{2\,\text{s}}(2\ \text{rad}\cdot\text{s}^{-3})t^2dt=5.33\ \text{rad}.$$

1-26 **逻辑推理** 由 $\omega=\frac{d\theta}{dt}$ 求出角速度，进而可求出法向加速度 $\boldsymbol{a}_n$，由 $a_t=\frac{dv}{dt}=r\frac{d\omega}{dt}$，可求出切向加速度 a_t，再由 a_n、a_t 及 $a=\sqrt{a_n^2+a_t^2}$ 求出题中待求量.

解题过程 (1) 根据题意得质点的角速度为

$$\omega=\frac{d\theta}{dt}=12t^2$$

$t=2$s时，$a_n=r\omega^2=2.30\times10^2\,\text{m}\cdot\text{s}^{-2}$，$a_t=r\frac{d\omega}{dt}=4.80\ \text{m}\cdot\text{s}^{-2}$.

(2) 由 $a_t=\frac{a}{2}=\frac{1}{2}\sqrt{a_n^2+a_t^2}$ 得

$$a_n^2=3a_t^2$$

即

$$r^2\omega^4=3(r\frac{d\omega}{dt})^2,r^2[12t^2]^4=3(24tr)^2,$$

解得 $t^3=\frac{1}{2\sqrt{3}}$，此时刻的角位置为 $\theta=2+4t^3=3.15$ rad.

(3) 由 $a_n=a_t$，得

$$r[12t^2]^2=r24t$$

解得 $t=0.55$ s.

1-27 **知识点窍** 圆周运动的切向加速度 $a_t=\frac{dv}{dt}$，法向加速度 $a_n=\frac{v^2}{r}$.

逻辑推理 所求的是加速度的大小，无须考虑方向，代入相关分式即可.

解题过程 (1) $v=\frac{ds}{dt}=ct^2$，$ds=ct^2dt$，$\int_0^s ds=\int_0^t ct^2dt$，所以 $s=\frac{1}{3}ct^3$.

(2) $a_t=\frac{dv}{dt}=2ct$，$a_n=\frac{v^2}{R}=\frac{1}{R}c^2t^4$.

1-28 **逻辑推理** 建立如图解 1-28(a) 所示的坐标系，列出雨滴的运动方程并考虑图中所示几何关系，即可求证.

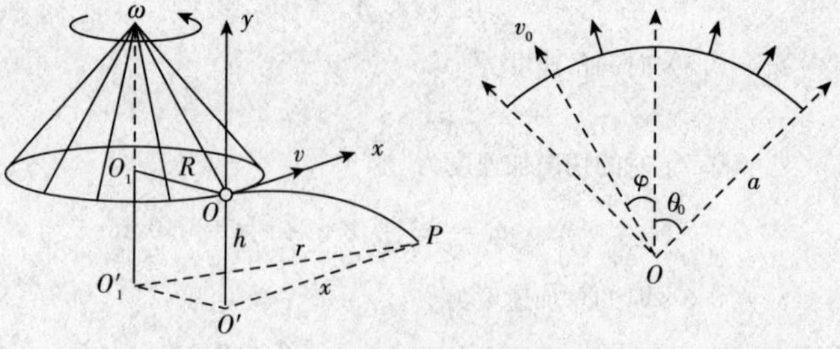

(a) (b)

图解 1-28

解题过程 (1) 当雨伞以角速度 ω 转动时，雨滴就会以速度 v 沿切线方向飞出，并且作平抛运动，这时我们可列方程：

$$\begin{cases} x = vt = R\omega t \\ y = \dfrac{1}{2}gt^2 = h \end{cases} \Rightarrow x = \sqrt{\frac{2R^2\omega^2 h}{g}},$$

并且由以上关系可知 $r = \sqrt{R^2 + x^2} = R\sqrt{1 + \frac{2h}{g}\omega^2}$.

(2) 草坪上或农田灌溉用的旋转式洒水器的方案与上述思想类似，喷头以一定的角度喷出，水滴便作向上的平抛运动，最后落在草坪或农田上，形成一个圆形区域，喷头喷洒的距离可用公式 $s = \dfrac{v_0^2 \sin 2\varphi}{g}$ 进行计算.

1-29 **知识点窍** 伽利略速度变换式：$\boldsymbol{v}_{AK} = \boldsymbol{v}_{AK'} + \boldsymbol{v}_{K'K}$.

逻辑推理 以雨滴为研究对象，其相对于地面的速度 $\boldsymbol{v}_2$ 竖直向下，其相对于火车的速度 $\boldsymbol{v}_2{}'$ 与竖直方向成 75° 角. 火车相对地面的速度 $\boldsymbol{v}_1$ 沿水平方向，由伽利略速度变换式可画出这 3 个速度间的矢量关系. 由几何方法解决此题.

解题过程 由伽利略速度变换式 $\boldsymbol{v} = \boldsymbol{v}_1 + \boldsymbol{u}$，得

$$\boldsymbol{v}_{\text{雨对地}} = \boldsymbol{v}_{\text{雨对车}} + \boldsymbol{u}_{\text{车对地}}$$

设地为参考系，雨对地的速度为 $\boldsymbol{v}_2$，火车对地速度为 $\boldsymbol{v}_1$，雨对车的速度为 $\boldsymbol{v}_2'$，作矢量图得 $v_2 = \dfrac{v_1}{\tan 75°} = 5.36\ \text{m} \cdot \text{s}^{-1}$.

1-30 **知识点窍** 伽利略速度变换式：$\boldsymbol{v}_{AK} = \boldsymbol{v}_{AK'} + \boldsymbol{v}_{K'K}$.

逻辑推理 若要物体不被淋湿，就得在车上观察雨点下落的方向，此时应满足 $\alpha \geqslant \arctan \dfrac{l}{h}$.

选雨点为研究对象，地面为静参考系 s，汽车为动参考系 s'，由速度变换式确定 $\boldsymbol{v}_1$、$\boldsymbol{v}_2$、$\boldsymbol{v}'_2$ 之间的矢量关系，可求出 $\boldsymbol{v}_1$.

解题过程 以地面为参考系，汽车相对地的速度为 $\boldsymbol{v}_1$，雨相对于地的速度为 $\boldsymbol{v}_2$，雨相对于汽车的速度为 $\boldsymbol{v}'_2$，由 $\boldsymbol{v}_{AK} = \boldsymbol{v}_{AK'} + \boldsymbol{v}_{K'K}$ 得

$\boldsymbol{v}_2=\boldsymbol{v}'_2+\boldsymbol{v}_1$，画出矢量图，如图解 1-30 所示，由此图可得 $\tan\alpha=\dfrac{v_1-v_2\sin\theta}{v_2\cos\theta}$.

若要物体不被雨淋中，则应满足

$\alpha\geqslant\arctan\dfrac{l}{h}$，即$\dfrac{v_1-v_2\sin\theta}{v_2\cos\theta}\geqslant\dfrac{l}{h}$，

由此可得 $v_1\geqslant v_2\left(\dfrac{l\cos\theta}{h}+\sin\theta\right)$.

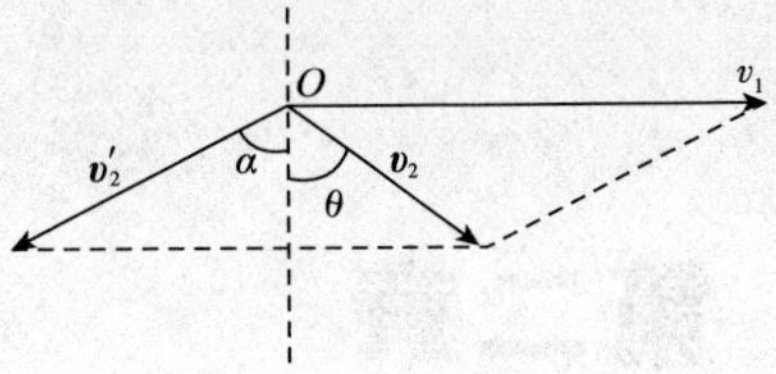

图解 1-30

1-31 知识点窍 伽利略速度变换式：$\boldsymbol{v}_{AK}=\boldsymbol{v}_{AK'}+\boldsymbol{v}_{K'K}$.

逻辑推理 选取船为研究对象，河岸为静参考系 s，流水为动参考系 s'，由速度变换式确定船速 $\boldsymbol{v}$、船相对于流水的速度 $\boldsymbol{v}'$、水速 $\boldsymbol{u}$ 三者之间的关系，通过矢量图解决此题.

解题过程 以河岸为参考系，水对岸的速度为 $\boldsymbol{u}$，人对岸的速度为 $\boldsymbol{v}'$，人对水的速度为 $\boldsymbol{v}$.

(1) 船横渡：$\boldsymbol{v}\perp\boldsymbol{u}$，其矢量关系如图解 1-31 所示.

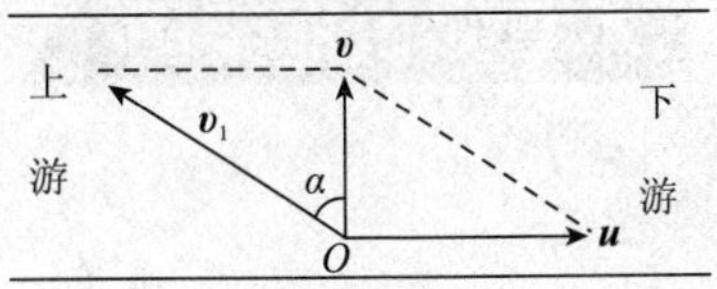

图解 1-31

由图可知 $\alpha=\arcsin\dfrac{u}{v'}=\dfrac{\pi}{6}\text{rad}$，则

$$t=\frac{s}{v}=\frac{s}{v'\cos\alpha}=1.05\times10^3\ \text{s}.$$

(2) 要用最短的时间过河，即 $v'\cos\alpha$ 最大. 由于 v' 一定，所以当 $\alpha=0^\circ$ 时所用时间最短.

最短时间为 $t'=\dfrac{s}{v'}=0.909\times10^3\ \text{s}$，

船到对岸下游 l 处，$l=u\cdot t'=5.0\times10^2\ \text{m}$.

1-32 知识点窍 位置矢量式：$\boldsymbol{r}=x\boldsymbol{i}+y\boldsymbol{j}$；速度变换式：$\boldsymbol{v}=\boldsymbol{v}'+\boldsymbol{u}$；

速度公式：$\boldsymbol{v}=\dfrac{\mathrm{d}\boldsymbol{r}}{\mathrm{d}t}$；加速度公式：$\boldsymbol{a}=\dfrac{\mathrm{d}\boldsymbol{v}}{\mathrm{d}t}$.

逻辑推理 选取 Oxy 平面为静参考系 s，$O'x'y'$ 平面为动参考系 s'.

由 $x=x(t)$，$y=y(t)$ 写出位置矢量式 $\boldsymbol{r}=\boldsymbol{r}(t)$，将 $\boldsymbol{r}=\boldsymbol{r}(t)$ 对 t 求导，求出速度 $\boldsymbol{v}$，再由速度变换式求出 $\boldsymbol{v}'$，再对 $\boldsymbol{v}'$ 求导，确定质点相对 O' 的加速度.

解题过程 在 Oxy 坐标系中，质点的运动轨迹为

$$\boldsymbol{r}=x\boldsymbol{i}+y\boldsymbol{j}=vt\boldsymbol{i}+\frac{1}{2}gt^2\boldsymbol{j}$$

由于 O' 相对于 O 的速度为 $\boldsymbol{v}$，则在 $O'x'y'$ 坐标系中看到的质点运动轨迹为 $\boldsymbol{r}'$，则

$$\boldsymbol{r}=\boldsymbol{r}'+vt\boldsymbol{i},\boldsymbol{r}'=\boldsymbol{r}-vt\boldsymbol{j}=0\boldsymbol{i}+\frac{1}{2}gt^2\boldsymbol{j},$$

在 $O'xy$ 坐标系中，质点的加速度 $\boldsymbol{a}'$ 为

$$\boldsymbol{a}'=\frac{\mathrm{d}^2\boldsymbol{r}'}{\mathrm{d}t^2}=\frac{\mathrm{d}^2 0}{\mathrm{d}t^2}\boldsymbol{i}+\frac{\mathrm{d}^2\left(\frac{1}{2}gt^2\right)}{\mathrm{d}t^2}\boldsymbol{j}=g\boldsymbol{j}.$$

第二章

牛顿运动定律

本章知识框架图

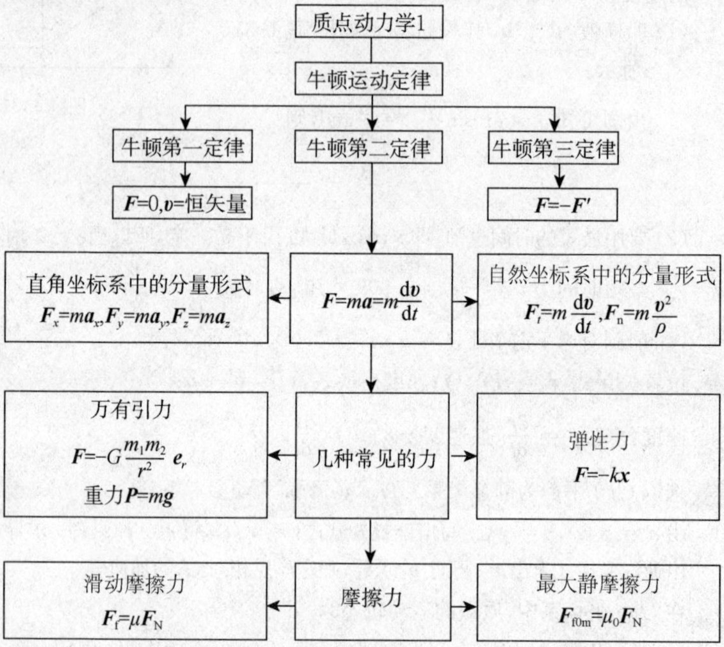

考试要点

1. 在自然坐标系中利用牛顿第二定律解决竖直面内的圆周运动问题.
2. 用微积分方法求解变力作用下的一维质点的动力学问题.
3. 运用隔离体分析法解决复杂情况下物体的动力学问题.
4. 利用万有引力、摩擦力等常见的特殊性质处理相关问题.

知识点整理与解析

一、牛顿运动定律

1. 牛顿第一定律

牛顿第一定律(或称惯性定律):任何物体如果没有受到其他物体的作用,都将保持静止或匀速直线运动的状态.

物体保持它的原有运动状态不变的性质称为物体的惯性,所以牛顿第一定律又称为惯性定律.正因为物体有惯性,所以要使其运动状态发生改变,必须有其他物体的作用,物体间的相互作用称为力.

由于运动只有相对一定的参考系才有意义,因此牛顿第一定律也定义了一种参考系,在这种参考系中观察,一个不受力作用的物体将保持静止或匀速直线运动的状态不变,这就是惯性参考系,简称惯性系. 牛顿运动定律在惯性系中成立,不遵守牛顿第一定律的参考系称为非惯性系.

2. 牛顿第二定律

牛顿第二定律:物体的动量对时间的变化率等于作用于物体的合外力. 牛顿第二定律的数学表达式为 $\boldsymbol{F}=\frac{\mathrm{d}(m\boldsymbol{v})}{\mathrm{d}t}$.

当在惯性参考系中的物体运动速度远小于光速时,物体的质量可视为常量,上式可写为 $\boldsymbol{F}=m\boldsymbol{a}$.

> **温馨提示** $\boldsymbol{F}=m\boldsymbol{a}$ 虽只在物体运动速度远小于光速时才成立,但却是常见形式.

牛顿第二定律是牛顿力学的核心,应用时需注意以下几点.

(1) 牛顿第二定律只适用于质点的运动. 物体的平动可看作质点运动,整个物体的质量就是质点的质量.

(2) 牛顿第二定律所揭示的力和加速度是瞬时对应关系.

(3) 牛顿第二定律同时揭示了质量是物体惯性大小的量度,此质量也叫作物体的惯性质量,理论意义上区别于引力质量,仅数值上相等.

(4) 力的叠加原理:如果有几个力同时作用在一个物体上,实验证明,物体的加速度是这些力单独作用时所产生的加速度的矢量和,即 $\boldsymbol{F}=\sum_i \boldsymbol{F}_i=m\boldsymbol{a}=m\sum_i \boldsymbol{a}_i$.

(5) 不同坐标系中的表达.

1) 直角坐标系中,$\boldsymbol{F}=ma_x\boldsymbol{i}+ma_y\boldsymbol{j}+ma_z\boldsymbol{k}$,分量式为$\begin{cases}F_x=ma_x\\F_y=ma_y\\F_z=ma_z\end{cases}$;

2）自然坐标系中，$\boldsymbol{F}=m\boldsymbol{a}=m(\boldsymbol{a}_t+\boldsymbol{a}_n)$，分量式为$\begin{cases}\boldsymbol{F}_t=m\boldsymbol{a}_t=m\dfrac{dv}{dt}\boldsymbol{e}_t\\ \boldsymbol{F}_n=m\boldsymbol{a}_n=\dfrac{mv^2}{\rho}\boldsymbol{e}_n\end{cases}$.

3. 牛顿第三定律

牛顿第三定律：两个物体之间的作用力和反作用力作用在同一直线上，大小相等而方向相反.

牛顿第三定律指出，对于每一个力而言，必有一个大小相等、方向相反的反作用力存在. 所有力都是成对的，不存在脱离物体的力，一物体受力必有施加这种作用的施力物体. 这两个力是同种性质的力，分别作用在不同物体上，并同时存在、同时消失.

小结：牛顿运动定律.

名称	内容	说明
牛顿第一定律	$\boldsymbol{F}=0$ 时， $\boldsymbol{u}$ 为恒矢量	牛顿第一定律包含两个重要概念： (1) 任何物体都具有一种保持其原有运动状态不变的性质 —— 惯性， (2) 力是改变物体运动状态的原因
牛顿第二定律	$\boldsymbol{F}=\dfrac{d(m\boldsymbol{v})}{dt}$， 当 m 为常量时， $\boldsymbol{F}=m\dfrac{d\boldsymbol{v}}{dt}=m\boldsymbol{a}$	(1) 直角坐标系中的分量形式为 $F_x=ma_x, F_y=ma_y, F_z=ma_z$， (2) 自然坐标系中的分量形式为 $F_t=m\dfrac{dv}{dt}, F_n=m\dfrac{v^2}{\rho}$
牛顿第三定律	$\boldsymbol{F}=-\boldsymbol{F}'$	作用力与反作用力总是同时存在、同时消失，分别作用在两个不同的物体上，属于同性质的力
注释：把牛顿第一定律成立的参考系统称为惯性系，把牛顿第一定律不成立的参考系称为非惯性性系；牛顿第二定律与牛顿第一定律一样，仅适用于惯性系		

二、几种常见的力

1. 万有引力

万有引力是存在于任意两个物体之间的由质量引起的相互吸引力，力的作用线约在两物体质心的连线上，其大小与两物体的质量成正比，与两物体的距离平方成反比. 以 m_1 和 m_2 表示这两个物体的质量，r 表示两者之间的距离，则相互吸引的力为 $F=G\dfrac{m_1m_2}{r^2}$；如用矢量形式表示，则为

$$\boldsymbol{F}=-G\frac{m_1m_2}{r^2}\boldsymbol{e}_r,$$

式中：$\boldsymbol{e}_r$ 是质量为 m_1 的物体指向质量为 m_2 的物体的单位矢量，此力是作用在质量为 m_2 物体上的；负号表示力的方向与 $\boldsymbol{e}_r$ 相反，即是吸引力；G 称为万有引力常数. 这就是万有引力定律的数学表达式，严格地说，该式是对两质点而言的. 万有引力存在的实验证明和引力常数 G 的测定是卡文迪许于 1798 年完成的.

现在被公认的 G 值是 $G=(6.6720\pm0.0041)\times10^{-11}\ \mathrm{N\cdot m^2\cdot kg^{-2}}$. 在粒子相互作用的微观世界

里，万有引力是最弱的一种力.

温馨提示 重力是指物体在行星及其他天体表面所受到的引力，我们平常所说的重力是指地球对物体的万有引力. 地球重力的方向通常是指向地心. 同一物体的重力在地面附近的空间里变化甚小，一般计算时取重力加速度 $g = 9.80\ \mathrm{m \cdot s^{-2}}$.

2. 弹性力

弹性力是在外力作用下弹性物体形变后所产生的一种力. 弹性力的特点是它在变形体上所做的功并不转化为热能，而是转化为势能.

弹性力是自然界中广泛存在的一种力，如弹簧变形时产生的力、细绳中的张力、扭转柱体在扭转角很小时所受的力等都是弹性力.

例 如图 2-1 所示，绳子通过两个定滑轮，在其两端分别挂一个质量为 m 的完全相同的物体，初始时它们处于同一高度，如果使右边的物体在平衡位置附近来回摆动，则左边的物体将(E).

(A) 向上运动 (B) 向下匀速运动

(C) 向下加速运动 (D) 保持不动

(E) 时而向上，时而向下运动

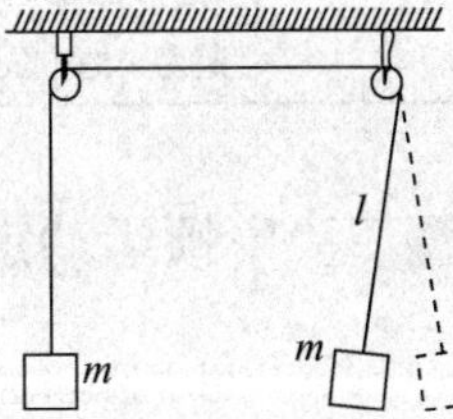

图 2-1

3. 摩擦力

摩擦有两种，即干摩擦和湿摩擦. 固体表面之间的摩擦称为干摩擦(外摩擦)，液体内部或液体与固体之间的摩擦称为湿摩擦(内摩擦). 干摩擦又分为滚动摩擦、滑动摩擦和静摩擦三种.

当相互接触的两个物体间有相对滑动时，会出现一种阻止物体间相对滑动的表面接触力，这个力沿接触面切向与相对运动速度方向相反，这种力称为滑动摩擦力. 滑动摩擦力不但与物体材料、表面情况及正压力有关，一般还与相对速度有关. 实验表明，当相对滑动速度不是太大或太小时，滑动摩擦力的大小与滑动速度无关，而与正压力 F_N 成正比，即 $F_f = \mu F_N$，μ 称为滑动摩擦因数，与接触面的材料和表面状态有关，注意 F_f 与宏观接触面积无关.

相互接触的两个物体相对静止，当外力作用使它们产生相对滑动趋势时，在接触面之间存在的摩擦力称为静摩擦力，其方向与相对滑动趋势方向相反.

静摩擦力 F_{f0} 的数值介于 0 与最大静摩擦力之间，实验表明，最大静摩擦力 F_{f0m} 与接触面间的正压力 F_N 成正比，而与宏观接触面积无关，即 $F_{f0m} = \mu_0 F_N$，μ_0 称为静摩擦因数，由接触物体的材料和表面情况决定，静摩擦力 F_{f0} 可以表示为 $|F_{f0}| \leqslant \mu_0 F_N$ 或 $-\mu_0 F_N \leqslant F_{f0} \leqslant \mu_0 F_N$.

例 如图 2-2 所示，如果用水平压力 $\boldsymbol{F}$ 把一个物体压着靠在粗糙的竖直墙面使其保持静止，则在 $\boldsymbol{F}$ 逐渐增大时，物体所受到的静摩擦力 f(　　).

(A) 恒为零

(B) 不为零，但保持不变

(C) 随 $\boldsymbol{F}$ 成正比增大

(D) 开始随 $\boldsymbol{F}$ 增大，达到某一最大值后就保持不变

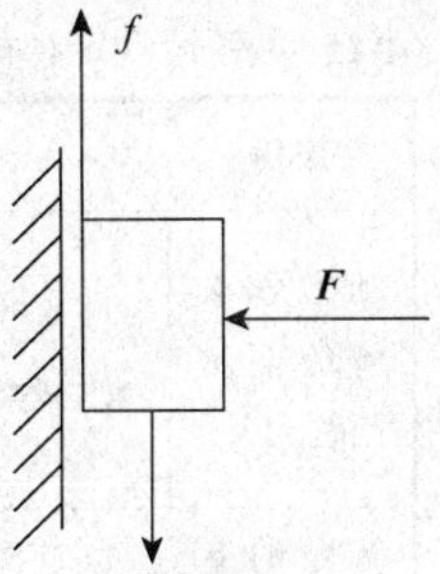

图 2-2

解题分析 如图 2-2 所示，在竖直方向物体处于静止状态，在竖直方向物体只受到重力和静摩擦力作用，二者方向相反，因此物体所受静摩擦力的大小必等于重力的大小，故选(B).

小结:几种常见力的应用.

物理量	内容	说明
重力	地球对地面附近物体的万有引力	重力 $\boldsymbol{P}=m\boldsymbol{g}$
弹性力	两物体相互接触，彼此发生弹性形变时产生的力，如弹簧弹性力、支持力、压力、张力等	弹簧弹性力 $\boldsymbol{F}=-k\boldsymbol{x}$
摩擦力	两物体相互接触，当物体之间有相对滑动或相对滑动趋势时，产生的阻碍相对滑动或相对滑动趋势的力称为摩擦力. 摩擦力的方向总是与物体相对运动(或相对运动趋势)的方向相反	最大静摩擦力 $F_{f0m}=\mu_0 F_N$， 滑动摩擦力 $F_f=\mu F_N$， 静摩擦力 $0\leqslant F_{f0}\leqslant F_{f0m}$

三、牛顿运动定律的应用举例

(1) 应用牛顿运动定律求解问题时，首先选择研究对象，正确分析物体所受的合外力，再选择合适的坐标系，列出力的各分量运动方程，再求解. 常选用直角坐标系、自然坐标系.

(2) 应用动量定理求解问题时，常见的有两种形式:一种是已知力和作用时间，由定义式求得力的冲量，进一步由合外力的冲量求得动量的增量;另一种是由初、末态动量的改变求合外力的冲量.

(3) 功与能:变力做功问题是计算功的基本问题，在计算中可根据力的不同而选取不同坐标系. 在计算与速度、能量有关的问题时，一般应用功能原理求解，必须正确选取研究对象，并注意保守力做功与势能的关系.

在实际解题过程中，首先考虑能否用功能原理(或机械能守恒定律)求解;其次考虑动量定理(或动量守恒);再考虑牛顿运动定律. 因为功、能都是标量，而且都是状态量，只考虑初态、末态，可以不考虑过程，而动量是矢量，要复杂一些. 用牛顿运动定律解题时要注意的是:矢量关系式应采用矢量法则来处理，而在个别情况下还可考虑角动量定理(角动量守恒)，并注意动量守恒与角动量守恒的条件 . 动量守恒的条件是质点系所受的合外力为零，而角动量守恒的条件是质点系所受的合外力矩为零. 动量守恒和角动量守恒通常应用于碰撞过程中，动量守恒常应用于平动问题，角动量守恒常应用于转动问题.

小结:牛顿运动定律的应用.

应用	内容	说明
动力学求解的两类问题	第一类问题:已知物体受力，求物体运动状态或运动方程， 第二类问题:已知物体运动状态或运动方程，求物体受力	第一类问题: $\boldsymbol{F}=m\boldsymbol{a}\to\boldsymbol{a}\to\boldsymbol{v}\to\boldsymbol{r}$，用积分法求， 第二类问题: $\boldsymbol{r}\to\boldsymbol{v}\to\boldsymbol{a}\to\boldsymbol{F}=m\boldsymbol{a}$，用求导法求
解题的基本思路	(1) 选择研究物体;(2) 分析受力;(3) 建立适当的坐标系; (4) 列方程(一般用分量式);(5) 解方程求解;(6) 讨论	用隔离体法画出受力图

课后习题全解

2-1 逻辑推理 正确分析物体刚离开斜面瞬间的受力情况和状态特征.

解题过程 物体刚脱离斜面时,物体不受支持力,受力如图解 2-1 所示,惯性力 ma 与 a 的方向相反,在 F_T 和 mg 作用下保持原有加速状态,由此可得加速度的大小为 $a = g\cot\theta$,故选(D).

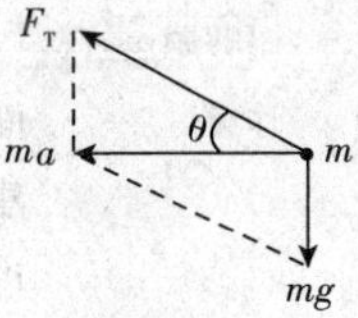

图解 2-1

2-2 解题过程 由题意知,物体一直保持静止状态,故静摩擦力与重力大小相等,方向相反,并保持不变,故选(A).

2-3 解题过程 汽车应在水平面内作匀速率圆周运动,所需向心力由路面与轮胎间的静摩擦力提供,能够提供的最大向心力应为 μF_N. 由此可算得汽车转弯的最大速率应为 $v = \sqrt{\mu Rg}$. 因此只要汽车转弯时的实际速率不大于此值,均能保证汽车不侧向打滑. 应选(C).

2-4 解题过程 由图解 2-4 可知,物体仅受支持力和重力的作用,作加速运动. 切向加速度不为零,所以总加速度方向不指向圆心,因此(A) 错误.

物体沿垂直轨道方向受力为 $P\cos\theta + m\dfrac{v^2}{R} = F_N$,随着 θ 的减小,$P\cos\theta$ 增加,v 增加,$m\dfrac{v^2}{R}$ 也增加,所以支持力 F_N 增加,因此(B) 正确.

所受到的合外力大小变化,方向都与物体所在位置有关,是不断改变的,因此(C)、(D) 均不正确. 故选(B).

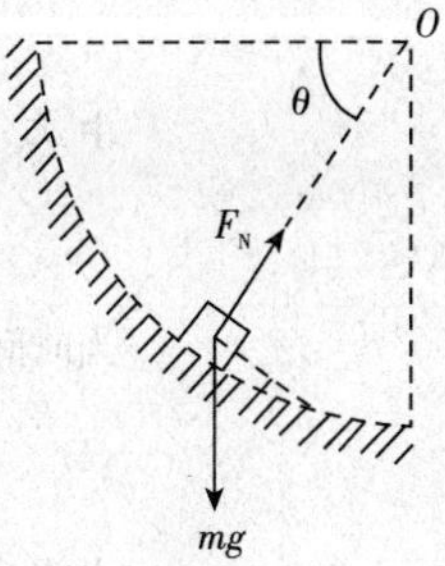

图解 2-4

2-5 逻辑推理 考虑对 A、B 两物体加上惯性力后,以电梯为参考系进行求解.

解题过程 A、B 两物体受力情况如图解 2-5 所示,图中 a' 为 A、B 两物体相对电梯的加速度,ma' 为惯性力. 以电梯这个非惯性参考系进行求解,对 A、B 两物体应用牛顿第二定律,可解得 $F_T = \dfrac{5}{8}mg$. 故选(A).

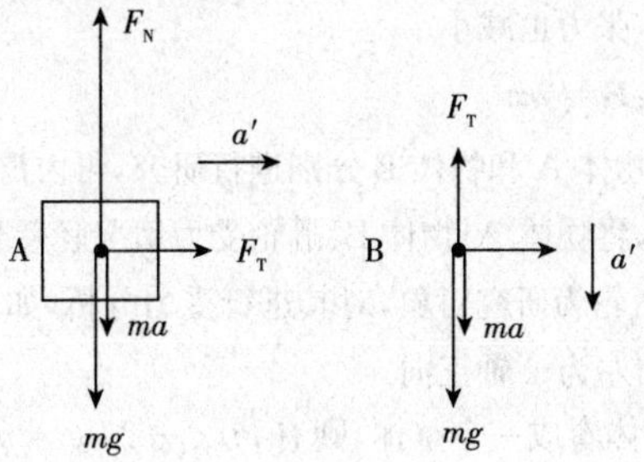

图解 2-5

2-6 知识点窍 牛顿第二定律：$\boldsymbol{F} = m\boldsymbol{a}$.

匀变速直线运动公式：$s = v_0 t + \frac{1}{2}at^2$.

逻辑推理 运动学与动力学问题的结合，对物体进行受力分析后结合题意用牛顿第二定律及运动学原理求解.

解题过程 以物体为研究对象，对其进行受力分析，以沿斜面向下为 x 轴正向，垂直斜面向上为 y 轴正向，建立如图解 2-6 所示的坐标系. 由牛顿第二定律可知

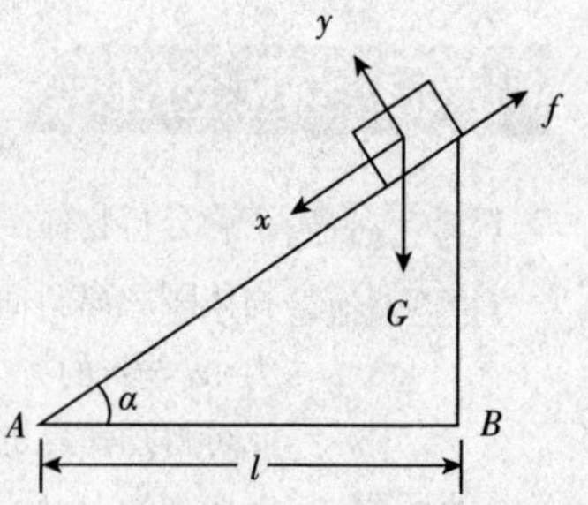

图解 2-6

x 轴方向 $\quad mg\sin\alpha - f = ma_x \quad$ ①

y 轴方向 $\quad N - mg\cos\alpha = ma_y \quad$ ②

根据题意知 $\begin{cases} f = \mu N \\ a_y = 0 \end{cases} \quad$ ③

设物体滑到底端所用的时间为 t，由匀变速直线运动规律得

$$x = \frac{l}{\cos\alpha} = \frac{1}{2}a_x f^2 \qquad ④$$

由式 ① ~ ④ 得

$$t = \sqrt{\frac{2l}{g\cos\alpha(\sin\alpha - \mu\cos\alpha)}} \qquad ⑤$$

当时间最短时，即 $t = t_{\min}$ 时，有

$$\frac{\mathrm{d}t}{\mathrm{d}\alpha} = 0 \qquad ⑥$$

由式 ⑥ 得 $\tan 2\alpha = -\frac{1}{\mu}$，$\alpha = 49°$.

此时 $t_{\min} = \sqrt{\frac{2l}{g\cos\alpha(\sin\alpha - \mu\cos\alpha)}} = 0.99\ \mathrm{s}$.

2-7 知识点窍 根据牛顿第二定律求解.

解题过程 根据 $F - mg = ma$，得

$$F = mg + ma = 15 \times 9.8 + 15 \times 7.0 = 252\ \mathrm{N} > 230\ \mathrm{N},$$

因此，提袋子的加速度过大，会使袋子张力过大，造成袋子破坏. 若缓慢提起该袋子，则加速度较小，张力也减小.

2-8 知识点窍 牛顿第二定律：$\boldsymbol{F} = m\boldsymbol{a}$.

逻辑推理 采用隔离法对物体 A 和物体 B 分别进行研究，再由滑轮两侧绳的张力的简单关系列出动力学方程，将物体 A、物体 B、滑轮受力情况联系起来，即可解此题.

解题过程 分别以 A、B、滑轮为研究对象，对其进行受力分析，如图解 2-8 所示，以竖直向下为 y 轴正向，水平向左为 x 轴正向.

将滑轮和 A 物体看成一个整体，则有 $m_A g - 2T_B = m_A a_A$

对 B 物体，则有

$$\begin{cases} T_B - f = m_B a_B \\ N - m_B g = 0 \\ f = \mu N \end{cases}$$

即 $T_B - \mu m_B g = m_B a_B$.

又 $a_B = 2a_A$，联立解得 $F_f = \dfrac{mg - 5ma_A}{2} = 7.2\ \text{N}$.

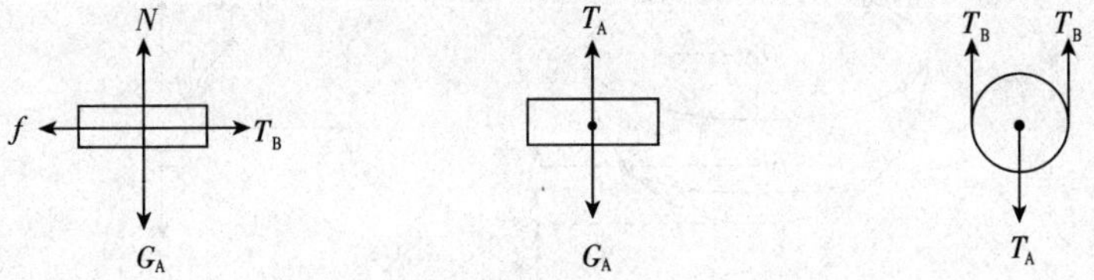

图解 2-8

2-9 知识点窍 牛顿第二定律 $\boldsymbol{F}_{合} = m\boldsymbol{a}$；动量守恒定律 $p_0 = p$.

位移公式 $s = vt$；在匀加速直线运动中 $v = \dfrac{v_0 + v_t}{2}$.

逻辑推理 取地面为参考系，分别对 A(木块)、B(木块) 进行受力分析，可列出动力学方程. 由 A、B 组成的系统在水平方向动量守恒，因此可确定末速度. 由平均速度可以求出 A、B 各自的位移，两者之差即为所求.

解题过程 如图解 2-9 所示，以地面为参考系，对 A、B 进行受力分析.

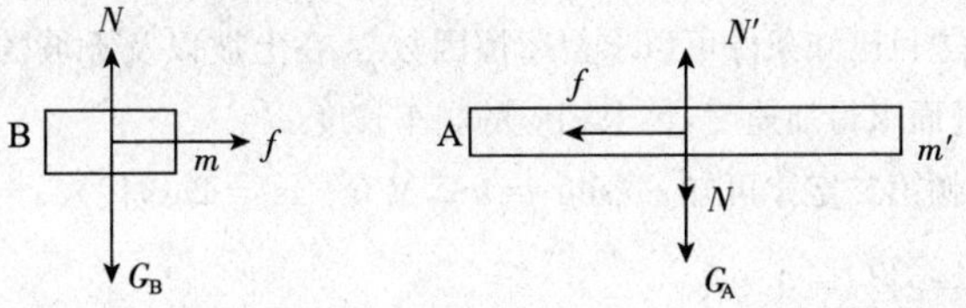

图解 2-9

对 B 有 $f = \mu N = \mu mg$，

对 A 有 $-f = -\mu mg = m'a_A$，

由 A、B 组成的系统动量守恒，即 $(m + m')v_{AB} = m'v'$， ①

得 B 的位移为 $s_B = \bar{v}t = \dfrac{v_{AB}}{2}t$， ②

A 的位移为 $s_A = \bar{v}t = \dfrac{v_{AB} + v'}{2}t$， ③

由此可得 $v_{AB} = a_B t = v' + a_A t \Rightarrow t = \dfrac{v'}{-a_A + a_B} = \dfrac{v'}{\dfrac{\mu mg}{m'} + \dfrac{\mu mg}{m}}$， ④

由式 ①～④ 可得 $s_{相对} = s_A - s_B = \dfrac{m'v'^2}{2\mu g(m' + m)}$.

2-10 知识点窍 匀速圆周运动向心力公式：$F_{向} = m\omega^2 r$.

逻辑推理 小球作匀速圆周运动，其向心力为碗内壁对小球的支持力与其重力的合力. 因小球在水平面内运动，其向心力为水平方向，可将支持力 F_n 沿水平与竖直方向正交分解成两个分力 F_x 和 F_y，其中 $F_{向} = F_x$，F_y 与重力 G 平衡.

解题过程 设球作圆周运动的半径为 r，距碗底高为 h，如图解 2-10(a) 所示，小球的受力图如图解 2-10(b) 所示，以水平向左为 x 轴正向，竖直向上为 y 轴正向，建立坐标系.

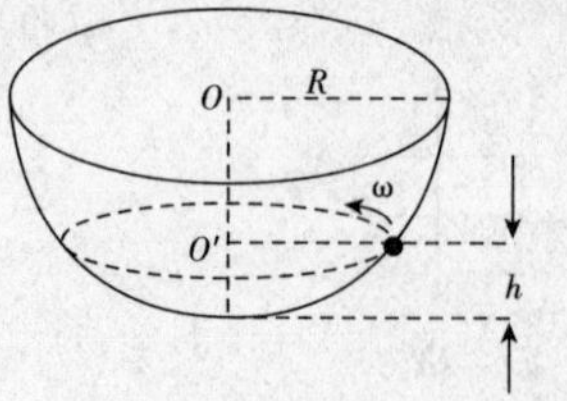

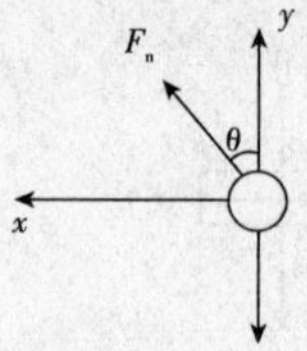

图解 2-10

在 x 方向上有 $F_n\sin\theta = m\omega^2 R\sin\theta$,

在 y 方向上有 $F_n\cos\theta - mg = 0$,

由几何关系得 $\cos\theta = \dfrac{R-h}{R}$,

联立上式可得 $h = R - \dfrac{g}{\omega^2}$.

2-11 **知识点窍** 匀减速直线运动，力的分解.

逻辑推理 通过题目已知条件可以求得摩擦因数 μ，在上坡以及下坡的情形下，先进行力的分解，进而求得加速度，再求相应的刹车长度.

解题过程 由牛顿第二定律可知 $-\mu mg = ma$，又 $0 - v_0^2 = 2as$，代入 $s = 20$ m，$v_0 = 100$ km/h，得 $\mu = \dfrac{v_0^2}{2gs} = 1.97$.

上坡时，有 $-mg\sin\theta - \mu mg\cos\theta = ma$，$0 - v_0^2 = 2a_1 s_1$，

代入 μ,θ 得 $s_1 = -\dfrac{v_0^2}{2a_1} = \dfrac{v_0^2}{2g}\cdot\dfrac{1}{\sin 12^\circ + 1.97\cos 12^\circ} = 18.44$ m.

下坡时，有 $mg\sin\theta - \mu mg\cos\theta = ma_2$，$0 - v_0^2 = 2a_2 s_2$，

代入 μ,θ 得 $s_2 = -\dfrac{v_0^2}{2a_2} = \dfrac{v_0^2}{2g}\cdot\dfrac{1}{1.97\cos 12^\circ - \sin 12^\circ} = 22.90$ m.

即上坡时刹车长度为 18.44 m，下坡时刹车长度为 22.90 m.

2-12 **逻辑推理** 火车转弯时所需的向心力由轨道支持力的水平分量 $F_N\sin\theta$ 提供(式中 θ 角为路面倾角). 火车转弯时必须以规定的速率 v_0 行驶，当火车行驶速率 $v \neq v_0$ 时，如图解 2-12 所示，则会产生两种情况：当 $v > v_0$ 时，外轨将会对车轮产生斜向内的侧压力 F_1，以补偿原向心力的不足；当 $v < v_0$ 时，则内轨对车轮产生斜向外的侧压力 F_2，以抵消多余的向心力.

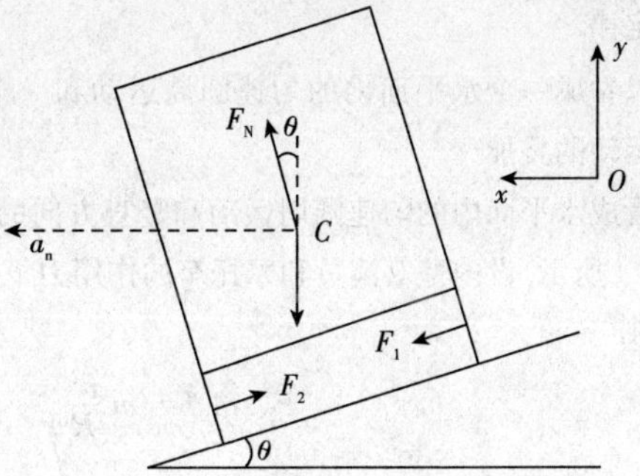

图解 2-12

解题过程 (1) 要使车轮对铁轨内外轨的侧压力均为零，则火车此时处于平衡状态，则得

$$F_N\cos\theta = mg$$

$$F\sin\theta = m\frac{v_0^2}{R}$$

由上式可得 $v_0=\sqrt{gR\tan\theta}$.

(2) $v\neq v_0$ 时可分两种情况：$v>v_0$ 或 $v<v_0$.

1) 当 $v>v_0$ 时，有

$$F\cos\theta + F_N\sin\theta = m\frac{v^2}{R}$$

$$F\cos\theta + mg = F_N\cos\theta$$

联立解得 $F_1 = m\frac{v^2}{R}\cos\theta - mg\sin\theta$.

2) 当 $v<v_0$ 时，有

$$F_N\sin\theta = F\cos\theta + m\frac{v^2}{R}$$

$$F_N\cos\theta + F_2\sin\theta = mg$$

联立解得 $F_2 = mg\sin\theta - m\frac{v^2}{R}\cos\theta$.

2-13 **知识点窍** 万有引力，力的合成.

逻辑推理 将地球与月球看作两个质点，利用万有引力公式求得两者各自对航天器的引力大小，由于上述两引力方向相反，故在地、月之间某点处引力的合力为 0，该点即为所求.

解题过程 假设在距离地球 r 处航天员测不到重力，根据分析知

$$-G\frac{m_E m}{r^2} = -G\frac{m_M m}{(d-r)^2}$$

其中：M_E 为地球的质量，m_M 为月球的质量，d 为地球与月球之间的距离，

且 $m_M=\frac{1}{81}m_E$，解得

$$r = 3.46\times10^5\ \text{km}.$$

2-14 知识点窍 牛顿运动定律.

逻辑推理 此运动可以看成一个水平面内的匀速圆周运动和一个竖直方向上的匀速直线运动的叠加.

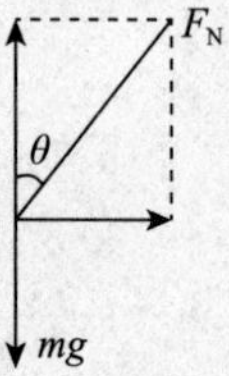

图解 2-14

解题过程 本题可以看成水平面内的匀速圆周运动和竖直方向的匀速直线运动，如图解 2-14 所示. 设内壁对演员和摩托车的作用力 F_N 与竖直方向的夹角为 θ,则

$$F_N \sin\theta = m\frac{v^2}{R}$$

$$F_N \cos\theta = mg$$

$$v' = v\cdot\frac{2\pi R}{\sqrt{(2\pi R)^2+h^2}}$$

联立以上三式可得

$$F_N = m\sqrt{\left(\frac{4\pi^2 Rv^2}{4\pi^2R^2+h^2}\right)^2+g^2}$$

同时夹角 $\theta = \arctan\dfrac{F_N\sin\theta}{F_N\cos\theta} = \arctan\dfrac{4\pi^2Rv^2}{(4\pi^2R^2+h^2)g}$.

2-15 知识点窍 运用积分方法求解.

逻辑推理 求得两个时间段的 $F(t)$ 函数,进而求得加速函数.

解题过程 根据题意,写出受力 F 与时间 t 的关系如下

$$F(t)=\begin{cases}2t, & 0\leqslant t\leqslant 5\\ -5t+35, & 5<t\leqslant 7\end{cases}$$

由动量定理 $\int F\mathrm{d}t = \Delta p$,则 $t=7\mathrm{s}$ 时有

$\int_0^7 F\mathrm{d}t = mv_7 - mv_0$,即 $\int_0^5 2t\mathrm{d}t + \int_5^7(-5t+35t)\mathrm{d}t + mv_0 = mv_7$

解之得 $v_7 = 40\ \mathrm{m\cdot s^{-1}}$.

由牛顿第二定律 $F = am = \dfrac{\mathrm{d}v}{\mathrm{d}t}m$ 可得

$$\frac{\mathrm{d}v}{\mathrm{d}t} = \frac{F}{m} = \begin{cases}2t, & 0\leqslant t\leqslant 5\\ -5t+35, & 5<t\leqslant 7\end{cases}\quad (m=1\ \mathrm{kg})$$

$$v=\begin{cases}t^2-5, & 0\leqslant t\leqslant 5\\ -\dfrac{5}{2}t^2+35t-5, & 5<t\leqslant 7\end{cases}\quad (v_0 = 5\mathrm{m\cdot s^{-1}})$$

又 $\dfrac{\mathrm{d}s}{\mathrm{d}t} = v \Rightarrow \mathrm{d}s = v\mathrm{d}t$,两边积分得

$$\int_{x_0}^{x}\mathrm{d}s = \int_0^7 v\mathrm{d}t = \int_0^5(t^2-5)\mathrm{d}t + \int_5^7\left(-\frac{5}{2}t^2+35t-5\right)\mathrm{d}t = 140(\mathrm{m}),$$

即 $x - x_0 = 140\ \mathrm{m}$,又因 $x_0 = 2\ \mathrm{m}$,故 $x = 142\ \mathrm{m}$.

2-16 知识点窍 牛顿第二定律:$\boldsymbol{F} = m\boldsymbol{a}$,$\boldsymbol{a} = \dfrac{\mathrm{d}\boldsymbol{v}}{\mathrm{d}t}$;速度定义:$\boldsymbol{v} = \dfrac{\mathrm{d}\boldsymbol{r}}{\mathrm{d}t}$.

逻辑推理 由已知受力求物体任一时刻的速度和位置属于动力学的第一类问题.

由 $\boldsymbol{F}=m\boldsymbol{a}$ 及 $\boldsymbol{a}=\frac{\mathrm{d}\boldsymbol{v}}{\mathrm{d}t}$ 列出速度 v 的一阶微分方程. 解此微分方程可得质点的速度 $v(t)$;由速度定义 $\boldsymbol{v}=\frac{\mathrm{d}\boldsymbol{x}}{\mathrm{d}t}$,再用积分法求出质点的位置.

解题过程 根据题意,由牛顿第二定律得

$F=ma=120t+40$,即

$$a=\frac{120t+40}{m}=\frac{120t+40}{10}, \qquad ①$$

由 $a=\frac{\mathrm{d}v}{\mathrm{d}t}$ 得

$$\mathrm{d}v=a\mathrm{d}t \qquad ②$$

将式 ① 代入式 ② 得 $\int_{v_0}^{v}\mathrm{d}v=\int_0^t\frac{120t+40}{10}\mathrm{d}t$,即

$$v-v_0=4t+6t^2 \qquad ③$$

将初始条件:$t=0$ 时,$v_0=6\ \mathrm{m}\cdot\mathrm{s}^{-1}$ 代入式 ③,得

$$v=6+4t+6t^2 \qquad ④$$

又因 $v=\frac{\mathrm{d}x}{\mathrm{d}t}$,即

$$\int v\mathrm{d}t=\int\mathrm{d}x \qquad ⑤$$

将式 ④ 代入式 ⑤ 得 $\int_0^t(6+4t+6t^2)\mathrm{d}t=\int_{x_0}^{x}\mathrm{d}x$,即 $x-x_0=6t+2t^2+2t^3$.

将初始条件:$t_0=0$,$x_0=5.0\ \mathrm{m}$ 代入上式,得 $x=5+6t+2t^2+2t^3$.

2-17 逻辑推理 由 $\boldsymbol{F}=m\boldsymbol{a}$ 及 $\boldsymbol{a}=\frac{\mathrm{d}\boldsymbol{v}}{\mathrm{d}t}$ 可列出速度 $\boldsymbol{v}$ 的一阶微分方程. 分离变量积分并代入初始条件可求出 $\boldsymbol{v}$ 的一般式,再由 $\boldsymbol{v}=\frac{\mathrm{d}\boldsymbol{r}}{\mathrm{d}t}$ 利用分离变量积分法可求出滑行距离.

解题过程 (1) 按题意知 $F=-\alpha t$,考虑 $a=\frac{\mathrm{d}v}{\mathrm{d}t}$,由牛顿第二定律得

$-\alpha t=m\frac{\mathrm{d}v}{\mathrm{d}t}$

对上式分离变量并积分得 $\int_{v_0}^{v}\mathrm{d}v=\int_0^t-\frac{\alpha t}{m}\mathrm{d}t$,

即 $v=v_0-\frac{\alpha}{2m}t^2$,所以 $v=55.0-0.25t^2$.

当 $t=10\ \mathrm{s}$ 时,$v=30.0\ \mathrm{m}\cdot\mathrm{s}^{-1}$.

(2) 由 $v=\frac{\mathrm{d}x}{\mathrm{d}t}$ 及 $t_0=0$ 时 $x_0=0$,分离变量积分得

$$\int_{x_0}^{x}\mathrm{d}x=\int_0^t[55.0-0.25t^2]\mathrm{d}t$$

$$x=55.0t-\frac{0.25}{3}t^3$$

当 $t = 10$ s时,飞机滑行的距离 $x = 467$ m.

2-18 知识点窍 匀变速直线运动速度加速度和位移公式:$2as = v_2^2 - v_1^2$.

牛顿第二定律:$\sum \boldsymbol{F} = m\boldsymbol{a}$,其中,加速度定义为 $\boldsymbol{a} = \dfrac{\mathrm{d}\boldsymbol{v}}{\mathrm{d}t}$,速度定义为 $\boldsymbol{v} = \dfrac{\mathrm{d}\boldsymbol{r}}{\mathrm{d}t}$.

逻辑推理 由自由落体运动规律求出运动员入水时的速度 v_0,这是在水中运动的初始条件,再由运动员在水中运动的动力学方程 $\sum \boldsymbol{F} = m\boldsymbol{a}$ 及 $\boldsymbol{a} = \dfrac{\mathrm{d}\boldsymbol{v}}{\mathrm{d}t} = \dfrac{\mathrm{d}\boldsymbol{v}}{\mathrm{d}y} \cdot \dfrac{\mathrm{d}y}{\mathrm{d}t} = v\dfrac{\mathrm{d}\boldsymbol{v}}{\mathrm{d}y}$,利用积分法可求出 v 与 y 的函数关系.

解题过程 (1) 以竖直向下为 y 轴正向,运动员入水前的速度为 v_0,由匀变速直线运动规律 $2as = v_2^2 - v_1^2$,得 $v_0 = \sqrt{2gh}$.

运动员入水后,对其进行受力分析,如图解 2-18 所示,由牛顿运动定律得

$$mg - F_{\mathrm{f}} - F_{浮} = ma$$

由已知 $mg = F_{浮}$,$F_{\mathrm{f}} = bv^2$,得

$$-bv^2 = ma \qquad ①$$

而

$$a = \frac{\mathrm{d}v}{\mathrm{d}t} = \frac{\mathrm{d}v}{\mathrm{d}y} \cdot \frac{\mathrm{d}y}{\mathrm{d}t} = \frac{v\mathrm{d}v}{\mathrm{d}y} \qquad ②$$

由式①、式②得

$$-bv^2 = mv\frac{\mathrm{d}v}{\mathrm{d}y}$$

移项得 $-\dfrac{b}{m}\mathrm{d}y = \dfrac{\mathrm{d}v}{v}$,两边积分并考虑初始条件,$y_0 = 0$ 时,$v_0 = \sqrt{2gh}$,有

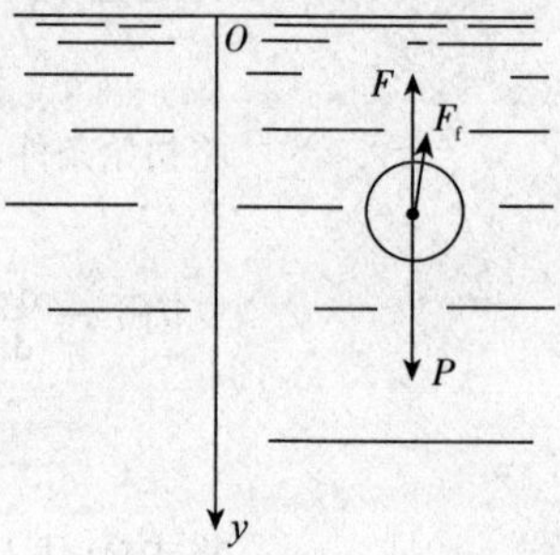

图解 2-18

$$\int_0^y \left(-\frac{b}{m}\right)\mathrm{d}y = \int_{v_0}^{v} \frac{\mathrm{d}v}{v},$$

所以 $v = \sqrt{2gh}\,\mathrm{e}^{\frac{-by}{m}}$.

(2) 将 $\dfrac{b}{m} = 0.4\ \mathrm{m}^{-1}$,$v = \dfrac{1}{10}v_0$ 代入上式,得

$$y = -\frac{m}{b}\ln\frac{v}{v_0} = 5.76\ \mathrm{m}.$$

***2-19** 知识点窍 匀速圆周运动向心力公式:$F_{向} = m\omega^2 r$.

逻辑推理 螺旋桨上各点的角速度相同,把螺旋桨抽象成位于质心的质点,利用匀速圆周运动向心力公式即可求出叶片根部的张力表达式.

解题过程 设叶片根部为原点 O,螺旋桨质心离 O 的距离为 r_c,对质心利用匀速圆周运动向心力公式,得

$$F = mr_c\omega^2 = m\frac{l}{2}\omega^2$$

$$= m\frac{l}{2}(2\pi n)^2 = 2ml\pi^2 n^2 = 2.79 \times 10^5\ \mathrm{N}.$$

2-20 知识点窍 机械能守恒定律：$E = E_p + E_k =$ 常量.

圆周运动的基本公式：$\omega = \dfrac{v}{r}$，$F_{向} = m\dfrac{v^2}{r}$.

逻辑推理 由机械能守恒定律可求出小球在点 C 时的动能，再由动能求出速度、角速度；再由速度求出向心力. 而小球所受的圆轨道的作用力恰好指向圆心，此力与重力沿半径方向的分量的合力即为向心力.

解题过程 由机械能守恒定律 $mgr\cos\alpha = \dfrac{1}{2}mv^2$，可知

$$v = \sqrt{2gr\cos\alpha}$$

所以角速度为 $\omega = \dfrac{v}{r} = \sqrt{\dfrac{2g\cos\alpha}{r}}$，

向心力为 $F_{向} = m\dfrac{v^2}{r} = 2mg\cos\alpha$，

沿法向有 $F_n - mg\cos\alpha = F_{向}$.

所以圆轨道对小球的作用力为 $F_n = 3mg\cos\alpha$.

小球对圆轨道总的作用力为 $F'_n = -3mg\cos\alpha$.

2-21 知识点窍 圆周运动的向心力公式：$F_n = m\dfrac{v^2}{R}$.

圆周运动的切向力公式：$F_t = ma_t = m\dfrac{dv}{dt}$.

摩擦力公式：$F_f = \mu F_n$.

逻辑推理 物体作圆周运动，圆环内侧对物体的支持力 F_n 提供向心力，环与物体间的摩擦力 F_f 使物体产生切向加速度，而摩擦力与支持力成正比，从而把切向和法向两个加速度联系起来.

解题过程 以物体为研究对象，对其进行受力分析，如图解 2-21 所示.

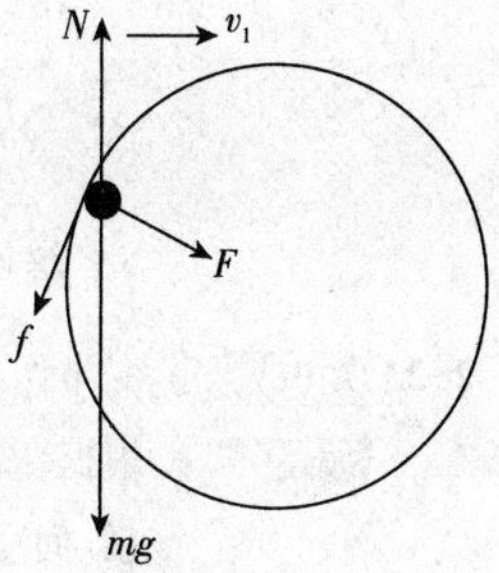

图解 2-21

(1) 在自然坐标系下，对物体进行受力分析，由牛顿运动定律得

$$F_n = m\frac{v^2}{R}\text{(法向)} \quad ①$$

$$F_f = -ma_t = -m\frac{dv}{dt}\text{(切向)} \quad ②$$

$$N - mg = 0\text{(竖直方向)} \quad ③$$

$$F_f = \mu F_n \quad ④$$

联立式 ① ~ ④ 得

$$\mu\frac{v^2}{R} = -\frac{dv}{dt}$$

对上式积分得 $\int_0^t dt = -\dfrac{R}{\mu}\int_{v_0}^{v}\dfrac{dv}{v^2}$，所以 $v = \dfrac{Rv_0}{R + v_0\mu t}$.

(2) 将 $v=\frac{1}{2}v_0$ 代入(1)中,得 $t'=\frac{R}{\mu v_0}$,则物体在这段时间内所经过的路程为

$$s=\int_0^{t'}v\mathrm{d}t=\int_0^{t'}\frac{Rv_0}{R+v_0\mu t}\mathrm{d}t=\frac{R}{\mu}\ln 2.$$

2-22 逻辑推理 物体向上运动所受合力 $F=-mg-kv$,由牛顿第二定律及加速度定义可得到 v 与 t 的一阶微分方程,通过积分及 $v_t=0$ 可求出对应的时间.

最大高度可由动力学方程及微分变换,通过分离变量和积分法求得.

解题过程 以物体为研究对象,对其进行受力分析,如图解 2-22 所示,以竖直向上为 y 轴.

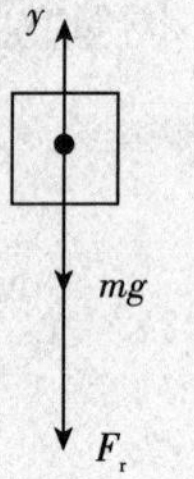

图解 2-22

(1) 由牛顿第二定律,有

$$-mg-kv=ma \quad ①$$

又因

$$a=\frac{\mathrm{d}v}{\mathrm{d}t} \quad ②$$

由式①、式②得

$$-mg-kv=m\frac{\mathrm{d}v}{\mathrm{d}t} \quad ③$$

即 $\mathrm{d}t=\frac{-m}{mg+kv}\mathrm{d}v$,分离变量求积分并考虑最大高度时 $v=0$,则有

$\int_0^t\mathrm{d}t=-m\int_{v_0}^0\frac{\mathrm{d}v}{mg+kv}$,所以 $t=\frac{m}{k}\ln\left(1+\frac{kv_0}{mg}\right)=6.11\ \mathrm{s}$.

(2) 又因为

$$\frac{\mathrm{d}y}{\mathrm{d}t}=\frac{\mathrm{d}y}{\mathrm{d}v}\cdot\frac{\mathrm{d}v}{\mathrm{d}t} \quad ④$$

由式③、式④得 $-mg-kv=mv\frac{\mathrm{d}v}{\mathrm{d}y}$,积分得

$$\int_0^y\mathrm{d}y=-\int_{v_0}^0\frac{mv\mathrm{d}v}{mg+kv}$$

解得 $y=-\frac{m}{k}\left[mg\ln\left(1+\frac{kv_0}{mg}\right)-kv_0\right]$,所以 $y=183\ \mathrm{m}$.

2-23 知识点窍 变力作用下求物体的运动速度,牛顿运动定律.

逻辑推理 根据题设给出的力与位移的关系,利用牛顿第二定律,将其转化为速度与位移的关系,列写微分方程并求解.

解题过程 如图解 2-23 所示,则有

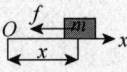

图解 2-23

$$f=ma=m\frac{\mathrm{d}v}{\mathrm{d}t}=m\frac{\mathrm{d}v}{\mathrm{d}x}v$$

$$\Rightarrow -\frac{k}{x^2}\mathrm{d}x=mv\mathrm{d}v$$

$$\Rightarrow\int_A^x-\frac{k}{x^2}\mathrm{d}x=\int_0^v mv\mathrm{d}v$$

$$\Rightarrow \frac{1}{2}mv^2 = \frac{k}{x} - \frac{k}{A} \Rightarrow x = \frac{A}{4} \text{ 时}, v = \sqrt{\frac{6k}{mA}}.$$

本题也可以采用动能定理解决.

2-24 知识点窍 牛顿第二定律：$\sum \boldsymbol{F} = m\boldsymbol{a}$；加速度定义：$\boldsymbol{a} = \frac{\mathrm{d}\boldsymbol{v}}{\mathrm{d}t}$；速度定义：$\boldsymbol{v} = \frac{\mathrm{d}\boldsymbol{r}}{\mathrm{d}t}$.

逻辑推理 物体上升过程中所受重力G与阻力F_r方向相同；而物体下落过程中所受重力G与阻力F_r方向相反. 针对两种情况列出动力学方程，作适当的微分变换，再利用积分法进行求解.

解题过程 以物体为研究对象，对其进行受力分析，以地面为原点，竖直向上为y轴正向，建立Oy坐标系.

(1) 物体上升过程如图解 2-24(a) 所示.

由牛顿运动定律知

$$-(F_r + mg) = ma \qquad ①$$

又因

$$a = \frac{\mathrm{d}v}{\mathrm{d}t} = \frac{\mathrm{d}v}{\mathrm{d}y} \cdot \frac{\mathrm{d}y}{\mathrm{d}t} = v\frac{\mathrm{d}v}{\mathrm{d}y} \qquad ②$$

$$F_r = kmv^2 \qquad ③$$

由式 ①～③ 得

$$-mg - kmv^2 = mv\frac{\mathrm{d}v}{\mathrm{d}y}$$

即 $\mathrm{d}y = -\frac{v\mathrm{d}v}{g + kv^2}$，两边积分得

$$\int_0^y \mathrm{d}y = \int_{v_0}^v -\frac{v\mathrm{d}v}{g + kv^2}$$

解得 $y = -\frac{1}{2k}\ln\left(\frac{g + kv^2}{g + kv_0^2}\right)$.

物体达到最高处时 $v = 0$，此时 $h = y_{\max} = \frac{1}{2k}\ln\frac{g + kv_0^2}{g}$.

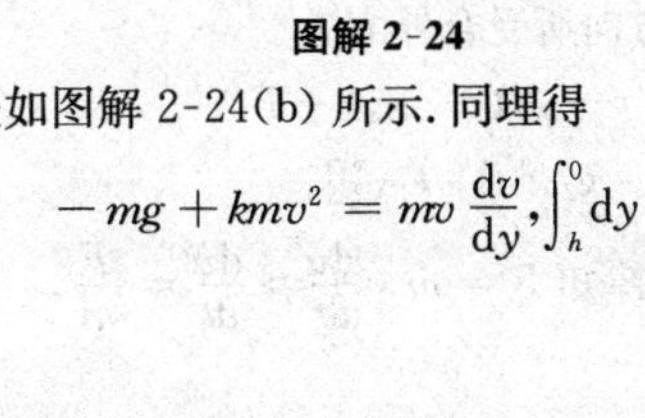

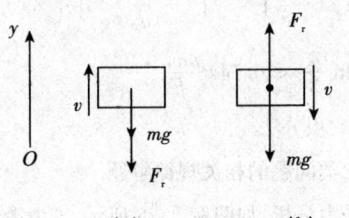

图解 2-24

(2) 物体下落过程如图解 2-24(b) 所示. 同理得

$$-mg + kmv^2 = mv\frac{\mathrm{d}v}{\mathrm{d}y}, \int_h^0 \mathrm{d}y = -\int_0^v \frac{v\mathrm{d}v}{g - kv^2},$$

所以 $v = v_0\left(1+\frac{kv_0^2}{g}\right)^{-\frac{1}{2}}$.

2-25 逻辑推理 由恒力 F、阻力 $f=kv^2$ 及最大速度 v_m 可确定阻力系数 k. 由牛顿第二定律及适当的微分变换可确定 v 与 t 的微分方程和 v 与 x 的微分方程. 利用分离变量法进行积分可使问题得到解决.

解题过程 以摩托车为研究对象，其运动方向为 x 轴正向，对摩托车进行受力分析，如图解 2-25 所示，设 $f=kv^2$.

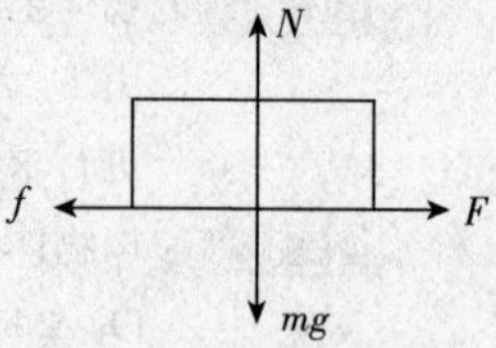

图解 2-25

由牛顿第二定律，在 x 方向，有

$$F-kv^2=ma \quad ①$$

当 $a=0$ 时，$v=v_m$，由此得

$$k=\frac{F}{v_m^2} \quad ②$$

又有

$$a=\frac{dv}{dt} \quad ③$$

由式①～③得

$$dt=\frac{m}{F}\left(1-\frac{v^2}{v_m^2}\right)^{-1}dv \quad ④$$

两边积分并考虑初始条件和所有问题，有

$$\int_0^t dt=\frac{m}{F}\int_0^{\frac{1}{2}v_m}\left(1-\frac{v^2}{v_m^2}\right)^{-1}dv$$

所以 $t=\frac{mv_m}{2F}\ln 3$.

又因为 $\frac{dv}{dt}=\frac{dv}{dx}\frac{dx}{dt}=v\frac{dv}{dx}$，所以式④可转换为

$$dx=\frac{m}{F}v\left(1-\frac{v^2}{v_m^2}\right)^{-1}dv$$

两边积分得 $\int_0^x dx=\frac{m}{F}\int_0^{\frac{1}{2}v_m}v\left(1-\frac{v^2}{v_m^2}\right)^{-1}dv$,

所以 $x=\frac{mv_m^2}{2F}\ln\frac{4}{3}\approx 0.144\frac{mv_m^2}{F}$.

* **2-26** 知识点窍 牛顿第二定律、积分法.

逻辑推理 用运动学第二类问题的相关规律解题.

解题过程 对飞机进行受力分析，如图解 2-26 所示，f 为滑动摩擦力，水平方向所受合外力为

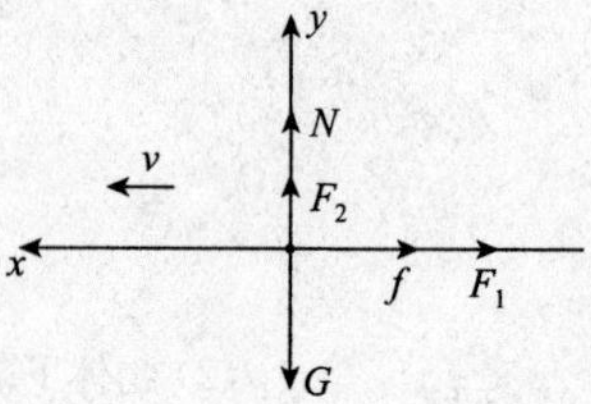

图解 2-26

$$F=-f-F_1=-\mu(G-F_2)-F_1$$
$$=-[\mu(mg-k_2v^2)+k_1v^2] \quad ①$$

由牛顿第二定律知 $F=m\cdot\frac{dv}{dt}\Rightarrow\frac{dv}{dt}=\frac{F}{m}$,

又因为 $v=\frac{dx}{dt}=\frac{dx}{dv}\cdot\frac{dv}{dt}$,所以

$$v=\frac{dx}{dv}\cdot\frac{F}{m}$$

即 $\frac{F}{m}dx=vdv$,将式 ① 代入可得

$$-\frac{\mu(mg-k_2v^2)+k_1v^2}{m}dx=vdv$$

两边积分可得

$$-\int_0^x dx=\int_{v_0}^0\frac{mv}{\mu mg-\mu k_2v^2+k_1v^2}dv$$

求积分,得 $x=\frac{k_2v_0^2}{2g(k_1-\mu k_2)}\ln\left(\frac{k_1}{\mu k_2}\right)$.

2-27 知识点窍 牛顿第二定律.

解题过程 由题意知 $F_0-F_f=ma-\mu mg=ma'$ ①

$$v'^2=2a'L \quad ②$$

联立式 ①、式 ② 并代入题中所给数据,解得木箱撞上车厢挡板时的速度为

$$v'=\sqrt{2(a-\mu g)L}=2.9\ \text{m}\cdot\text{s}^{-1}.$$

***2-28** 知识点窍 牛顿第二定律:$\sum \boldsymbol{F}=m\boldsymbol{a}$.

逻辑推理 在非惯性系中应用牛顿运动定律要加上惯性力. 由非惯性系中牛顿的运动方程求出物体相对电梯的加速度,再由加速度的合成法则求出物体相对地面的加速度和绳的张力.

解题过程 以电梯为参考系,物体 A、B 的受力情况如图解 2-28 所示. 图中,$F_1=m_1a$,$F_2=m_2a$ 为惯性力.

设 a' 为物体相对电梯的加速度,根据牛顿运动定律有

$$m_1g+m_1a-F_{T1}=m_1a' \quad ①$$

$$m_2g+m_2a-F_{T2}=-m_2a' \quad ②$$

(考虑 $F_{T1}=F_{T2}$),联立式 ①、式 ② 可得 $a'=\frac{m_1-m_2}{m_1+m_2}(g+a)$,所以

$$F_{T1}=F_{T2}=\frac{2m_1m_2}{m_1+m_2}(g+a).$$

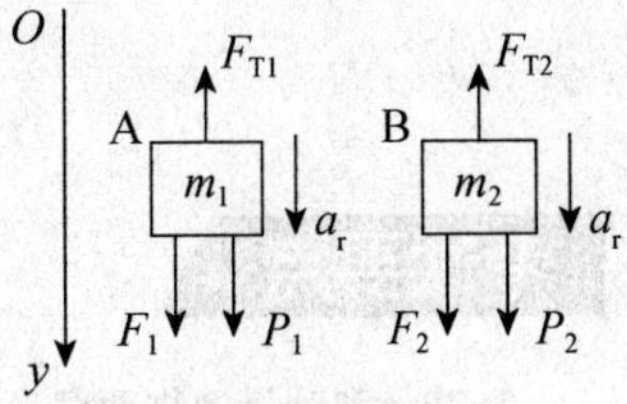

图解 2-28

由加速度的矢量合成可得物体 A、B 相对地面的加速度分别为

$$a_1=a'-a=\frac{(m_1-m_2)g-2m_2a}{m_1+m_2},$$

$$a_2=-(a'+a)=-\frac{2m_1a+(m_1-m_2)g}{m_1+m_2}.$$

第三章

动量守恒定律和能量守恒定律

本章知识框架图

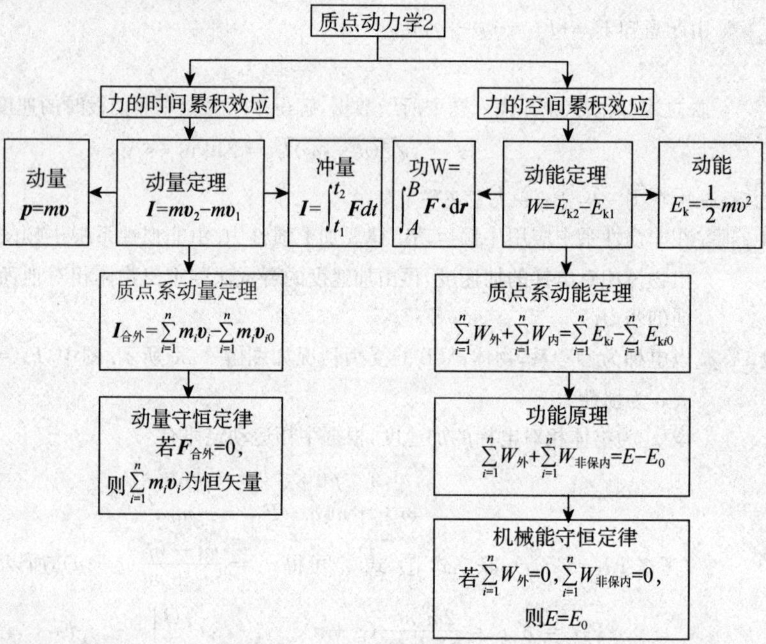

考试要点

1. 冲量和动量的物理意义以及两者的区别和联系.
2. 动量定理和动量守恒定律及其守恒条件及运用.
3. 功和功率的物理意义以及变力做功的计算方法.
4. 保守力做功的特点,动能和势能的概念及它们的计算方法.

5. 功与能的联系及区别，动能定理、功能原理和机械能守恒定律及其守恒条件及应用.

6. 弹性碰撞和完全非弹性碰撞的特征及其所遵循的规律.

知识点整理与解析

一、动量定理和动量守恒定律

1. 质点的动量定理

物体的质量与物体的速度的乘积称为物体的动量，即力 $\boldsymbol{p}=m\boldsymbol{v}$.

力的时间累积效应称为冲量，恒力 $\boldsymbol{F}$ 的冲量等于 $\boldsymbol{F}$ 与力的作用时间 t_2-t_1 的乘积，即冲量 $\boldsymbol{I}=\boldsymbol{F}(t_2-t_1)$，如果物体受到的外力 $\boldsymbol{F}=\boldsymbol{F}(t)$ 是一个变力，取一无限小时间元 $\mathrm{d}t$，在 $\mathrm{d}t$ 时间内外力 $\boldsymbol{F}$ 可视为恒力，那么 $\mathrm{d}t$ 时间内外力 $\boldsymbol{F}$ 的冲量为 $\mathrm{d}\boldsymbol{I}=\boldsymbol{F}(t)\mathrm{d}t$，在 $t_1\rightarrow t_2$ 时间内外力 $\boldsymbol{F}$ 的冲量为 $\boldsymbol{I}=\int_{t_1}^{t_2}\boldsymbol{F}(t)\mathrm{d}t$. 在直角坐标系下其分量式为 $I_x=\int_{t_1}^{t_2}F_x(t)\mathrm{d}t, I_y=\int_{t_1}^{t_2}F_x(t)\mathrm{d}t, I_z=\int_{t_1}^{t_2}F_z(t)\mathrm{d}t$，冲量的单位为 N·s.

牛顿第二定律的动量描述为作用于物体的合外力 $\sum\boldsymbol{F}$ 等于物体的动量对时间的一阶导数，即 $\sum\boldsymbol{F}=\frac{\mathrm{d}\boldsymbol{p}}{\mathrm{d}t}=\frac{\mathrm{d}(m\boldsymbol{v})}{\mathrm{d}t}$. 由此可以看出所谓的质点动量定理，即

$$(\sum\boldsymbol{F})\cdot\mathrm{d}t=\mathrm{d}\boldsymbol{p}=\mathrm{d}(m\boldsymbol{v})\quad\text{（微分形式）}$$

其含义为合外力的元冲量等于物体动量的元增量，即

$$\boldsymbol{I}=\int_{t_1}^{t_2}(\sum\boldsymbol{F})\mathrm{d}t=\boldsymbol{p}_2-\boldsymbol{p}_1=m\boldsymbol{v}_2-m\boldsymbol{v}_1\text{（积分形式）}$$

在研究碰撞和打击的问题中，相互作用物体间的相互作用力往往很大，而相互作用时间又较短，这种相互作用力称为冲力. 碰撞过程中质点动量的改变基本上由冲力的冲量来决定，为了估计冲力的大小，通常引入平均冲力的概念，即平均冲力 $\bar{\boldsymbol{F}}=\frac{\int_{t_1}^{t_2}\boldsymbol{F}(t)\mathrm{d}t}{t_2-t_1}=\frac{\boldsymbol{p}_2-\boldsymbol{p}_1}{t_2-t_1}$.

应注意以下问题：

(1) 动量和冲量都是矢量. 动量与速度同方向；冲量沿动量增量的方向；动量和冲量的量纲相同，为 LMT^{-1}，SI 单位是 $\mathrm{kg}\cdot\mathrm{m}\cdot\mathrm{s}^{-1}$.

(2) 通常力是变量，冲量的方向和大小是由力对时间的积分决定. 只有恒力时，冲量的方向才和力的方向一致，即 $\boldsymbol{I}=\boldsymbol{F}(t_2-t_1)$.

(3) 当质点受多个力作用时，冲量为 $\boldsymbol{I}=\int(\sum_i\boldsymbol{F}_i)\mathrm{d}t=\sum_i\int\boldsymbol{F}_r\mathrm{d}t=\sum_i\boldsymbol{I}_i$，即合外力的冲量等于各分力冲量的和. 在给定的坐标系中每个力都可以用轴向分力的矢量和表示，例如直角坐标系，于是有 $\boldsymbol{I}=\int\boldsymbol{F}\mathrm{d}t=\int(F_x\boldsymbol{i}+F_y\boldsymbol{j}+F_z\boldsymbol{k})\mathrm{d}t=I_x\boldsymbol{i}+I_y\boldsymbol{j}+I_z\boldsymbol{k}$.

(4) 冲量虽然是在研究打击、碰撞等问题时引入的，但并非只有这些问题中才有冲量. 冲量是任何力对时间累积效应的量度.

(5) 动量定理是由牛顿第二定律导出的，因此动量定理也只适用于惯性系.

温馨提示 计算冲量时要特别注意不能漏算重力，只有相互作用力远大于重力时，重力才可以忽略不计.

例 1 一破碎废铸件的碎铸机，锤头质量为 500 kg，从 6 m 高处自由下落撞击废铸件，经 0.005 s 停止，求锤对该废铸件的平均打击力的大小.

解 锤头从 $h=6\ \mathrm{m}$ 高处自由下落，根据自由落体公式 $v^2=2gh$，可以算出锤头撞击到废铸件的速度为

$$v_0=\sqrt{2gh}=(\sqrt{2\times9.8\times6})m\cdot s^{-1}=10.8\ \mathrm{m\cdot s^{-1}}.$$

选锤头为研究对象，视为质点. 锤头碰到废铸件后受到两个作用力，即废铸件对锤头的打击力 $\boldsymbol{F}$ 和重力 $\boldsymbol{G}$，建立如图 3-1 所示的坐标系，根据动量定理可得

$$(G-F)\Delta t=mv-mv_0.$$

锤头末速是 $v=0$，初速 $v_0=10.8\ \mathrm{m\cdot s^{-1}}$，所以

$$F=G+\frac{mv_0}{\Delta t}=\left(500\times9.8+\frac{500\times10.8}{0.005}\right)\mathrm{N}$$

$$=(4.9\times10^3+10.8\times10^5)\mathrm{N}\approx1.08\times10^6\ \mathrm{N}.$$

根据牛顿第三定律，锤头对废铸件的打击力与废铸件对锤头的打击力的大小是相等的，所以锤头对废铸件的打击力也是 1.08×10^6 N，约为锤头本身重量的 220 倍. 因此，在碰撞这类问题中，只要作用时间很短，平均冲力就十分巨大，因此，重力一般可忽略不计.

例 2 如图 3-2 所示，一弹性球质量为 0.2 kg，速度 $v=6\ \mathrm{m\cdot s^{-1}}$，与墙碰撞后弹回，设弹回时速度大小不变，碰撞墙后速度方向与墙的法线方向的夹角都是 θ，且 $\theta=60°$，已知球与墙壁碰撞时间 Δt 为0.01 s，求碰撞时球对墙的平均冲力.

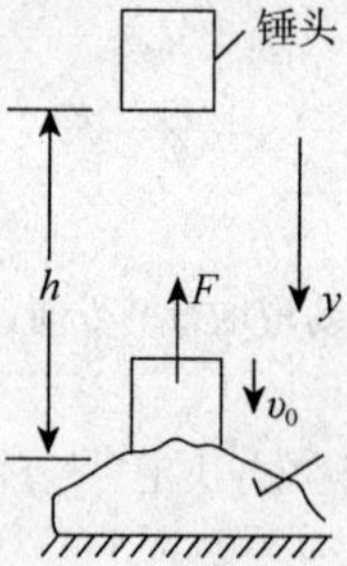

图 3-1

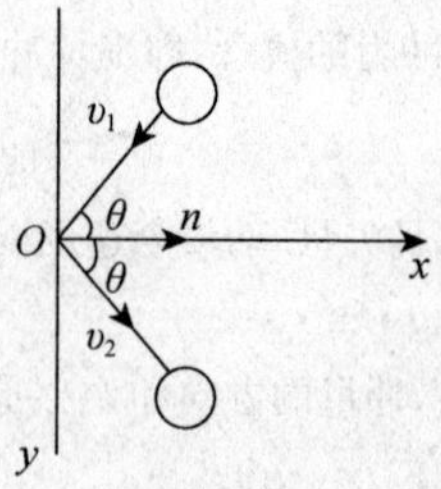

图 3-2

解 选弹性球为研究对象，其受力为重力和墙对球的平均冲力 $\boldsymbol{F}$，碰撞时，由于平均冲力 $\boldsymbol{F}$ 远大于重力，因此，重力可忽略不计，建立如图 3-2 所示的平面直角坐标系，按动量定理，得

$$F_x\Delta t=mv_{2x}-mv_{1x} \qquad ①$$

$$F_y \Delta t = mv_{2y} - mv_{1y}$$

由图 3-2 可知

$$v_{2x} = -v_{1x} = v\cos\theta$$
$$v_{2y} = -v_{1y} = v\sin\theta$$

代入式 ① 可得 $F_x \Delta t = m(v\cos\theta) - m(-v\cos\theta) = 2mv\cos\theta$,所以

$$F_x = \frac{2mv\cos\theta}{\Delta t} = \frac{2\times 0.2\times 6\times \cos 60^\circ}{0.01}\text{N} = 120\ \text{N}.$$

$$F_y \Delta t = m(v\sin\theta) - m(-v\sin\theta) = 2mv\sin\theta = 2\times 0.2\times 6\times \sin 60^\circ = \frac{6\sqrt{3}}{5}\ \text{N}.$$

计算表明,墙对球的平均冲力大小为 120N,方向沿 x 轴正方向,根据牛顿第三定律,球对墙的平均冲力大小为 120 N,方向沿 x 轴负方向.

2. 质点系的动量定理

由于内力成对出现,质点系各内力冲量的矢量和为零,各外力冲量的矢量和等于合外力的冲量,于是可得质点系的动量定理为

$$\boldsymbol{I} = \int_{t_1}^{t_2} \boldsymbol{F}^{\text{ex}} \mathrm{d}t = \sum m_i \boldsymbol{v}_i - \sum m_i \boldsymbol{v}_{i0}.$$

直角坐标系中的分量式为

$$I_x = \sum m_i v_{ix} - \sum m_i v_{i0x},$$
$$I_y = \sum m_i v_{iy} - \sum m_i v_{i0y},$$
$$I_z = \sum m_i v_{iz} - \sum m_i v_{i0z}.$$

温馨提示 作用于质点系的合外力的冲量等于系统总动量的增量,系统动量的变化由外力决定,内力不能改变系统的总动量.

3. 动量守恒定律

如果 $\sum \boldsymbol{F}_i = \boldsymbol{0}$,即系统所受合外力为零,则 $\sum m_i \boldsymbol{v}_i$ 为恒矢量,称为质点系动量守恒定律;如果 $\sum \boldsymbol{F}_i \neq \boldsymbol{0}$,但系统在某方向上所受外力的代数和为零,那么系统的总动量在这一方向上的分量保持不变,即 $\sum m_i v_i$ 为恒量,称为某方向上的动量守恒定律.

对于动量守恒定律使用的几点说明如下:

(1) 动量定理是从牛顿第二定律推导出来的,它仅在惯性系中才成立,因此,动量守恒定律中的各速度应该是相对于同一惯性系.

(2) 动量是一个矢量,系统总动量不变是指系统内各物体动量的矢量和不变,而不是指哪一个物体的动量不变.例如一颗静止放置的定时炸弹,总动量为零.爆炸后,碎片和火药气体等向各个方向飞出,虽然它们都有各自的动量,但各动量的矢量和仍等于零.

(3) 在碰撞问题中,由于参与碰撞的物体相互作用的时间很短,相互作用力很大,一般外力与这种作用力比较可忽略不计,所以在碰撞过程的前后,可认为参与碰撞的物体系统的总动量保持不变.

小结:动量定理和动量守恒定律.

项目	内容	说明
动量	$\boldsymbol{p}=m\boldsymbol{v}$	动量是描述物体运动状态的物理量
冲量	$\boldsymbol{I}=\int_{t_1}^{t_2}\boldsymbol{F}(t)\mathrm{d}t$	冲量的方向是动量增量的方向
质点动量定理	$\int_{t_1}^{t_2}\boldsymbol{F}(t)\mathrm{d}t=m\boldsymbol{v}_2-m\boldsymbol{v}_1$ 在给定时间间隔内,外力作用在质点上的冲量,等于质点在此时间内动量的增量	直角坐标系中的分量形式如下: $I_x=\int_{t_1}^{t_2}F_x\mathrm{d}t=mv_{2x}-mv_{1x}$ $I_y=\int_{t_1}^{t_2}F_y\mathrm{d}t=mv_{2y}-mv_{1y}$ $I_z=\int_{t_1}^{t_2}F_z\mathrm{d}t=mv_{2z}-mv_{1z}$
质点系动量定理	$\boldsymbol{I}=\int_{t_1}^{t_2}\boldsymbol{F}^{\mathrm{ex}}(t)\mathrm{d}t=\boldsymbol{p}-\boldsymbol{p}_0$ 作用于系统的合外力的冲量等于系统动量的增量	在处理碰撞、打击等问题时,由于作用力变化情况甚为复杂,不易求出其冲量;但若知道始、末动量,就可以根据动量定理求出冲量
动量守恒定律	$\boldsymbol{p}=\sum\limits_{i=1}^{n}m_i\boldsymbol{v}_i=$ 恒矢量	动量守恒的条件:系统所受合外力为零;若系统所受合外力虽不为零,但沿某一方向合外力的分量为零,则系统沿该方向动量守恒
注释:对整个系统而言,所有内力的矢量和为零;系统内力虽能改变系统内各质点的动量,但不能改变系统的总动量		

例 3 已知质子的质量 $m_{\mathrm{H}}=1u$(原子质量单位,$1u=1.66105\times10^{-22}$ kg),速度为 $v_{\mathrm{H}}=6\times10^5\ \mathrm{m\cdot s^{-1}}$,水平向右;氦核的质量 $m_{\mathrm{He}}=4u$,速度 $v_{\mathrm{He}}=4\times10^5\ \mathrm{m\cdot s^{-1}}$,竖直向下.若两者相互碰撞,碰后质子速度 $v'_{\mathrm{H}}=6\times10^5\ \mathrm{m\cdot s^{-1}}$,与竖直方向成 37° 夹角,如图 3-3 所示,试求碰撞后氦核的速度.

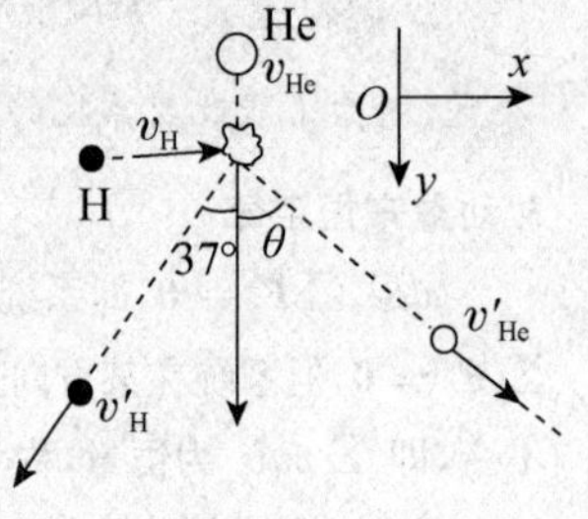

图 3-3

解 建立如图 3-3 所示的坐标系,设碰撞后氦核的速度为 v'_{He},且与 y 轴成 θ 角,根据动量守恒定律,有

$$m_{\mathrm{H}}v_{\mathrm{H}}=-m_{\mathrm{H}}v'_{\mathrm{H}}\sin37^\circ+m_{\mathrm{He}}v'_{\mathrm{He}}\sin\theta \quad ①$$

$$m_{\mathrm{He}}v_{\mathrm{He}}=m_{\mathrm{H}}v'_{\mathrm{H}}\cos37^\circ+m_{\mathrm{He}}v'_{\mathrm{He}}\cos\theta \quad ②$$

由式 ①、式 ② 可解得

$$v'_{\mathrm{He}}\sin\theta=\frac{m_{\mathrm{H}}}{m_{\mathrm{He}}}(v_{\mathrm{H}}+v'_{\mathrm{H}}\sin37^\circ)$$

$$=\frac{1}{4}\times(6\times10^5+6\times10^5\times0.6)\ \mathrm{m\cdot s^{-1}} \quad ③$$

$$=2.4\times10^5\ \mathrm{m\cdot s^{-1}}.$$

$$v'_{\mathrm{He}}\cos\theta=v_{\mathrm{He}}-\frac{m_{\mathrm{H}}}{m_{\mathrm{He}}}v'_{\mathrm{H}}\cos37^\circ \quad (4)$$

$$= 2.8 \times 10^5\ \mathrm{m \cdot s^{-1}}.$$

由式③、式④可解得

$$v'_{\mathrm{He}} = 3.7 \times 10^5\ \mathrm{m \cdot s^{-1}},\theta = 44°36'.$$

二、动能定理

1. 功

功是能量转换和传递的一种量度,是力在空间上的累积效果.

恒力做功:$W = \boldsymbol{F} \cdot \Delta \boldsymbol{r} = F|\Delta \boldsymbol{r}|\cos\theta$,式中$\boldsymbol{F}$为恒力,$|\Delta \boldsymbol{r}|$为位移$\Delta \boldsymbol{r}$的大小,$\theta$为$\boldsymbol{F}$、$\Delta \boldsymbol{r}$间的夹角.

变力做功:$W = \int_A^B \boldsymbol{F} \cdot \mathrm{d}\boldsymbol{r}$,其中元功为$\mathrm{d}W = \boldsymbol{F} \cdot \mathrm{d}\boldsymbol{r}$.在SI(国际单位制)中,功的单位为焦耳(J).

应注意以下几点:

(1) 功是一个标量,没有方向但有正负.由定义式$W = \int_A^B \boldsymbol{F} \cdot \mathrm{d}\boldsymbol{r} \Rightarrow W = \int_A^B |\boldsymbol{F}| \cdot \cos\theta \cdot |\mathrm{d}\boldsymbol{r}|$,正负号由两个矢量之间夹角的余弦$\cos\theta$得到,不可随便乱加;

(2) 在直角坐标系中,功的表达式为$W = \int_A^B \boldsymbol{F} \cdot \mathrm{d}\boldsymbol{r} = \int_A^B (F_x \mathrm{d}x + F_y \mathrm{d}y + F_z \mathrm{d}z)$;

(3) 质点受几个力作用时功的表达式为

$$W = \int_A^B (\boldsymbol{F}_1 + \boldsymbol{F}_2 + \cdots) \cdot \mathrm{d}\boldsymbol{r} = \int_A^B \boldsymbol{F}_1 \cdot \mathrm{d}\boldsymbol{r} + \int_A^B \boldsymbol{F}_2 \cdot \mathrm{d}\boldsymbol{r} + \cdots = W_1 + W_2 + \cdots.$$

温馨提示 质点的位矢与参考系的选取有关,如果质点同时受几个力作用,在说到做功时,必须明确是在哪个参考系中、哪个力、对哪个物体做功.

在很多实际问题中,更重要的是做功的效率或做功的快慢.单位时间内所做的功,或功对于时间的变化率,称为功率.功率用P表示,若$\mathrm{d}t$时间内力$\boldsymbol{F}$做功$\mathrm{d}W$,则有

$$P = \frac{\mathrm{d}W}{\mathrm{d}t} = Fv\cos\theta$$

可见,力所做功的功率等于力$\boldsymbol{F}$同它的作用点的速度矢量$\boldsymbol{v}$的乘积,功率的量纲为$\mathrm{L^2MT^{-3}}$.它的SI单位是$\mathrm{kg \cdot m^2 \cdot s^{-3}}$,即$\mathrm{J \cdot s^{-1}}$,名称为瓦特,符号为W.

2. 质点的动能定理

合外力$\boldsymbol{F}$对物体所做的功为

$$W = \frac{1}{2}mv_2^2 - \frac{1}{2}mv_1^2 = E_{k2} - E_{k1}$$

上式就是动能定理,其微分形式为$\mathrm{d}W = \mathrm{d}E_k$.

温馨提示 从动能定理可以看出,功和能是两个不同的概念,功与物体的状态变化过程相联系,不同的变化过程有不同的功;能量为状态量,与物体某一状态相联系.动能定理方便了我们从能量的角度求解过程复杂功的计算.

例4 在水平的湖面上有3只质量均为M的小船,它们呈一条直线以相同的速率v向前行驶,如图3-4所示,现在中间一只船上以相对于船自身的速率v'分别同时向前、后两只船抛出质量均为m

的物体，物体落在船上不动，不考虑水的阻力，试求物体落在船上后，3 只船的速率各为多少.

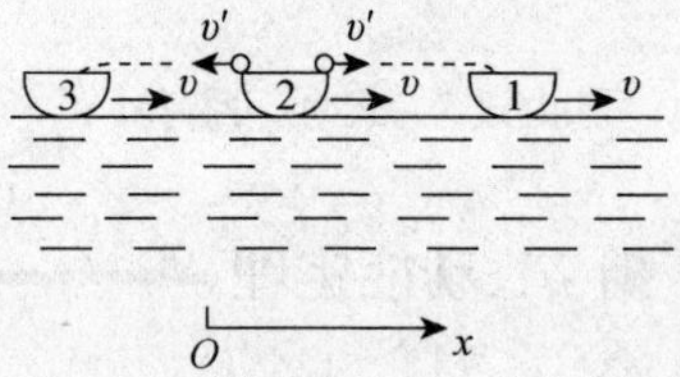

图 3-4

解题分析　以每只船作为一个系统，各个系统的动量都守恒，分别运用动量守恒定律，将经过速度合成后的物体相对湖面的速度代入，就可分别解出物体落在船上后三只船的速率.

解　分别以 3 只船和抛出的物体为研究对象，由于不考虑水的阻力，所以 3 只船及抛出的物体在水平方向所受外力为零，每只船与其相关抛出物满足动量守恒定律的应用条件，以湖面为参考系，建立如图 3-4 所示的坐标，水平向右为坐标的正方向.

以第一只船和抛入物体 m 为研究对象，设此质量为 m 的物体落在船上后船的速度为 v_1，根据速度相对关系及动量守恒定律得

$$Mv+m(v'+v)=(m+M)v_1$$

得到 $v_1=v+\dfrac{m}{m+M}v'$.

类似地，以第三只船及抛入的物体为研究系统，可求出第三只船的速率 v_3，根据

$$Mv+m(v-v')=(m+M)v_3$$

得到 $v_3=v-\dfrac{m}{m+M}v'$.

以第二只船和两个抛出物体为研究对象，设抛出两物体后船的速率为 v_2，抛出前系统总量为

$$p_1=(M-2m)v+2mv=Mv$$

抛出时系统的总动量为

$$p_2=(M-2m)v_2+m(v+v')+m(v-v')$$

根据动量守恒定律得 $p_1=p_2$，即

$$Mv=(M-2m)v_2+m(v+v')+m(v-v')$$

因此 $v_2=v$.

三、功能原理和机械能守恒定律

1. 保守力做功与势能

自然界中存在一类力，其做功只与物体的始、末位置有关，而与过程所经历的路径无关，这类力称为保守力；做功与路径有关的力则称为非保守力. 另一个等价的普遍定义：沿任意闭合回路做功为零的力叫作保守力；否则就是非保守力，或称为耗散力.

因为保守力做功只与始、末位置有关，我们总可以引入某相应的空间位置的函数 E_p，称为势能. 势能定义为，保守力做的功等于势能增量的负值，即 $W=\int_A^B \boldsymbol{F}\cdot \mathrm{d}\boldsymbol{r}=-(E_{p2}-E_{p1})$.

对于势能概念的理解，我们还要注意以下几点：

(1) 势能的值与零势能点的选取有关，而势能差与零势能点的选取无关；

(2) 势能属于相互作用物体组成的系统，如重力势能属于物体与地球组成的系统，这一点与动能不同，动能是属于物体的；

(3) 只有保守力才可以引入势能的概念，保守力做正功，系统的势能减少，保守力做负功，系统的势能增加，对于非保守力不存在势能的概念；

(4) 与动能一样，势能是状态的函数，而势能是坐标的单值函数，依此函数画出的势能随坐标变化的曲线称为势能曲线；

(5) 势能零点的选取是任意的，但选择适当可使问题简化.

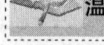

温馨提示 通常情况下：重力势能的零点选在地球表面；弹性势能的零点选在弹簧的原长处；万有引力势能的零点选在无限远处；有限大带电体的电场中，电势能零点选在无限远处.

2. 常用的几种势能

(1) 重力势能. 重力势能为质点在重力场中的势能，如取 y 轴铅垂向上，$y=0$ 的水平面为势能零点位置时，则重力势能 $E_p = mgy$.

(2) 弹性势能. 弹性势能为质点在弹性力场中的势能，如取弹簧的原长处为坐标原点，伸长方向为 x 轴正方向，取弹簧的自然状态为势能零点位置，则质点的弹性势能为 $E_p = \frac{1}{2}kx^2$.

(3) 万有引力势能. 万有引力势能为质点在万有引力场中的势能. 以引力中心为矢径原点，r 为质点与引力中心间的距离，取 $r=\infty$ 为势能零点处，则万有引力势能 $E_p = -G\frac{m'm}{r}$.

3. 质点系的动能定理

质点系中包含两个或两个以上质点的力学系统. 对质点系内的每个质点使用动能定理求和可得质点系动能定理 $W^{ex} + W^{in} = \Delta E_k$.

温馨提示 上式表明，质点系动能的增量等于所受一切外力和内力所做的功之和.

4. 功能原理

质点系在运动的过程中，所有外力所做的功和所有非保守内力所做的功之和等于系统机械能的增量，即 $W^{ex} + W^{in}_{nc} = E - E_0$.

例 5 如图 3-5(a) 所示，一弹簧劲度系数为 k，一端固定在点 A，另一端连一质量为 m 的物体，靠在光滑的半径为 a 的圆柱体表面上，弹簧原长为 AB，在变力 $\boldsymbol{F}$ 作用下，物体极缓慢地沿圆柱体表面从位置 B 移到 C，求力 $\boldsymbol{F}$ 所做的功.

(1) 用积分法计算；

(2) 用功能原理计算.

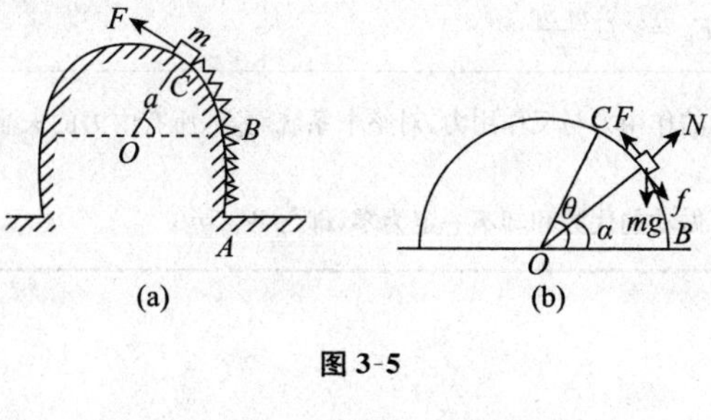

图 3-5

解题分析 进行受力分析. 由于物体缓慢运动，加速度为零，根据牛顿第二定律求出变力 $\boldsymbol{F}$，与弧长公式一起代入功的公式即可求解. 由于物体的动能和非保守内力做功都为零，根据功能原理，从位置 B 到 C 的重力势能和弹性势能的增加也就是力 F 做的功.

解 (1) 物体受力如图 3-5(b) 所示，其中 $\boldsymbol{f}$ 为弹性力，因物体作匀变速运动，则有

$$\begin{cases}\boldsymbol{F}+\boldsymbol{N}+m\boldsymbol{g}+\boldsymbol{f}=\boldsymbol{0}\\ \boldsymbol{F}=-(\boldsymbol{N}+m\boldsymbol{g}+\boldsymbol{f})\\ W=\int\boldsymbol{F}\cdot\mathrm{d}\boldsymbol{s}=0+\int_0^\theta mga\cos\alpha\mathrm{d}\alpha+\int_0^\theta ka\alpha a\,\mathrm{d}\alpha\end{cases}$$

$$=mga\sin\theta+\frac{1}{2}ka^2\theta^2.$$

(2) 根据功能原理，得 $W=E_C-E_B=mga\sin\theta+\frac{1}{2}ka^2\theta^2$.

5. 机械能守恒定律

由功能原理可知，如果一个系统只有保守内力做功，即所受的外力和非保守内力不做功时，系统的机械能保持不变，这称为机械能守恒定律. 机械能守恒的系统称为保守系统，当有非保守力（如摩擦力或阻力）作用时机械能不再守恒，此时机械能的全部或部分将转化成其他形式的能.

温馨提示 机械能守恒定律本质上是牛顿运动定律的一个推论，因此也只适用于惯性系.

小结：功与势能.

物理量名称	内容	说明
功	$W=\int_A^B\boldsymbol{F}\cdot\mathrm{d}\boldsymbol{r}$	若质点同时受到几个力的作用，则合力做的功等于各分力所做功的代数和
保守力的功	$W=\oint\boldsymbol{F}\cdot\mathrm{d}\boldsymbol{r}=0$	保守力做功等于势能增量的负值，即 $W_e=-\Delta E_p=-(E_p)-E_{p0}$
势能	重力势能 $E_p=mgh$ 弹性势能 $E_p=\frac{1}{2}kx^2$ 引力势能 $E_p=-G\frac{m'm}{r}$	势能是与物体位置有关的能量，是状态函数，其大小与势能零点的选取有关
注释：系统的内力都是成对的作用力与反作用力，对整个系统而言，所有内力的矢量和为零，即 $\sum_{i=1}^{n}\boldsymbol{F}_{内}=0$；但是从做功过程来说，所有内力做功的代数和却不一定为零，即 $\sum_{i=1}^{n}W_{内}\neq0$		

小结：动能定理、功能原理、机械能守恒定律.

项目	内容	说明
质点的动能定理	$W=E_{k2}-E_{k1}$	质点的动能 $E_k=\frac{1}{2}mv^2$
质点系的动能定理	$\sum\limits_{i=1}^{n}W_{外}+\sum\limits_{i=1}^{n}W_{内}=\sum\limits_{i=1}^{n}E_{ki}-\sum\limits_{i=1}^{n}E_{ki0}$	质点的位移和速度是与参考系有关的相对量，因此功与动能均随所选的参考系的不同而异，但动能定理在一切惯性系中都成立
功能原理	$\sum\limits_{i=1}^{n}W_{外}+\sum\limits_{i=1}^{n}W_{非保内}=E-E_0$	机械能 $E=E_k+E_p$
机械能守恒定律	$E=E_0$	机械能守恒的条件：作用于质点系的外力与非保守内力不做功
注释：系统的内力不改变系统的总动量，但却能改变系统的总动能		

四、碰撞问题

碰撞在极短时间内完成，碰撞后物体速度发生突变，所以碰撞力远比一般的作用力大，可不计其他力的影响而认为碰撞前后动量守恒. 我们仅讨论两种最简单的碰撞：完全弹性碰撞和完全非弹性碰撞.

1. 完全弹性碰撞

碰撞过程中两物体的总动量守恒，总动能也守恒.

动量守恒：$m_1v_1+m_2v_2=m_1v_{10}+m_2v_{20}$；

动能守恒：$\frac{1}{2}m_1v_{10}^2+\frac{1}{2}m_2v_{20}^2=\frac{1}{2}m_1v_1^2+\frac{1}{2}m_2v_2^2$.

2. 完全非弹性碰撞

碰撞过程中两物体总动量守恒、机械能不守恒，两物体连接在一起运动，末速度相同.

动量守恒：$m_1v_{10}+m_2v_{20}=(m_1+m_2)v$；

损失动能：$\Delta E=E_{k0}-E_k=\frac{m_1m_2(v_{10}-v_{20})^2}{2(m_1+m_2)}$.

小结：碰撞.

碰撞类型	内容	说明
完全弹性碰撞	碰撞后物体的动能之和没有损失	碰撞过程中：动量守恒、动能守恒
非弹性碰撞	碰撞时，由于存在非保守力作用使部分动能转化为其他形式的能量	碰撞过程中：动量守恒、动能不守恒
完全非弹性碰撞	两物体碰撞后以同一速度运动	碰撞过程中：动量守恒、动能不守恒

五、能量守恒定律

能量有各种不同的形式,如机械能、热能、电磁能、原子能等.能量的不同形式可以通过一定的方式互相转换.人们根据大量实验确认能量不可创造,也无法消灭,即不同形式能量之间相互转换时,其量值守恒,这就是自然界普遍存在的能量守恒定律.焦耳热功当量实验是早期确认能量守恒定律的有名实验,而后在宏观领域内建立了能量转换与守恒的热力学第一定律.康普顿效应确认能量守恒定律在微观世界仍然正确,后又逐步认识到能量守恒定律是由时间平移不变性决定的,从而使能量守恒定律成为物理学中的普遍定律.

六、质心和质心运动定理

(1)质心.由 n 个质点组成的质点系,其质心位置可确定为

$$\boldsymbol{r}_C=\frac{m_1\boldsymbol{r}_1+m_2\boldsymbol{r}_2+\cdots+m_i\boldsymbol{r}_i+\cdots m_n\boldsymbol{r}_n}{m_1+m_2+\cdots+m_i+\cdots m_n}=\frac{\sum\limits_{i=1}^{n}m_i\boldsymbol{r}_i}{m'}$$

式中,m' 为质点系内各质点的质量总和;$\boldsymbol{r}_i$ 为第 i 个质点对原点 O 的位矢;$\boldsymbol{r}_C$ 为质心对原点 O 的位矢.

(2) 质心运动定理.系统内各质点的动量的矢量和等于系统质心的速度乘以系统的质量,表达式为

$$m'\boldsymbol{v}_C=\sum_{i=1}^{n}m_i\boldsymbol{v}_i=\sum_{i=1}^{n}\boldsymbol{p}_i.$$

小结:质心运动定理.

项目	内容	说明
质心的位置矢量	$\boldsymbol{r}_C=\frac{\sum\limits_{i=1}^{n}m_i\boldsymbol{r}_i}{m'}$ 或 $\boldsymbol{r}_C=\frac{\int \boldsymbol{r}\mathrm{d}m}{m'}$	质心运动等同于一个质点的运动,这个质点具有质点系总质量 m',它受到的外力为质点系所受的所有外力的矢量和
质心的速度	$\boldsymbol{v}_C=\frac{\mathrm{d}\boldsymbol{r}_C}{\mathrm{d}t}=\frac{\sum\limits_{i=1}^{n}m_i\boldsymbol{v}_i}{m'}$	
质心的加速度	$\boldsymbol{a}_C=\frac{\mathrm{d}\boldsymbol{v}_C}{\mathrm{d}t}=\frac{\sum\limits_{i=1}^{n}m_i\boldsymbol{a}_i}{m'}$	
质心运动定理	$\boldsymbol{F}^{\mathrm{ex}}=m'\boldsymbol{a}_C=m'\frac{\mathrm{d}\boldsymbol{v}_C}{\mathrm{d}t}$	

课后习题全解

3-1 解题过程 根据动量守恒定律,物体内部动量的改变与内力是没有关系的,因为内力总是成对出现,互相作用,保守力可以使物体的动能与势能之间相互转化,但机械能总量保持不变,即机械能的改变与保守内力无关.故本题选(C) 项.

3-2 解题过程 水平方向上系统没有外力作用,故(D) 正确 .

3-3 解题过程 由保守力性质可知，保守力做正功时，系统势能减少，质点经过闭合路径，开始和结束的位置没有变化，所以保守力做功为零，当作用力和反作用力分别作用在两个物体上时，所做功的代数和有可能不为零，故本题选(C).

3-4 解题过程 本题选(D). 因为在弹开过程中，A、B、C、D组成的系统没有受到外力的作用，所以动量守恒，又因A与C,B与D之间有摩擦，在弹开的过程中会做功，因此机械能不一定守恒，故选(D).

3-5 解题过程 子弹在射穿木块过程中，子弹与木块组成的系统动量守恒，但机械能不守恒，子弹克服阻力所做功转化成这个过程产生的热和木块的动能，因此本题选(C).

3-6 知识点窍 动量定理：$\boldsymbol{F}\Delta t = \Delta(m\boldsymbol{v})$.

逻辑推理 飞鸟对飞机的冲力是指在短时间内的平均力. 由于冲击时间 $\Delta t = \dfrac{l}{v}$，冲击前后鸟的动量变化 $\Delta(m\boldsymbol{v})$ 可求，故可应用动量定理求出鸟受的平均冲击力，再由牛顿第三定律可求出飞机受到的冲击力.

解题过程 以飞鸟为研究对象，其初速为零，末速为飞机的速度，由动量定理得

$$\overline{F}\Delta t = mv - 0 \quad ①$$

$$\Delta t = \frac{l}{v} \quad ②$$

由式①、式②得 $\overline{F} = \dfrac{mv^2}{l} = 2.25\times 10^5$ N.

飞鸟对飞机的平均冲击力 $\overline{F'} = -\overline{F} = -2.25\times 10^5$ N，式中负号表示飞机受到的冲击力与飞机的运动方向相反.

由计算结果可知 $\overline{F} = 2.25\times 10^5$ N，为飞鸟所受重力的4.5万倍，可见冲击力是相当大的. 因此高速运动的物体与通常情况下不足以引起危险的物体相碰，可能造成严重的事故.

3-7 知识点窍 匀变速直线运动的速度公式：$v_t = v_0 + at$；动量定理：$\boldsymbol{I} = \int \boldsymbol{F}\mathrm{d}t = \Delta(m\boldsymbol{v})$.

逻辑推理 斜抛运动可看成是水平方向的匀速直线运动和竖直方向的匀减速直线运动的合运动，物体运动到最高点时，竖直分速度 $v_{y1} = 0$，由此可确定其运动时间 Δt_1，回落到发射高度时的运动时间为 $\Delta t_2 = 2\Delta t_1$，竖直分速度 $v_{y1} = -v_0\sin\alpha$，再由动量定理可求出题中两种情况下重力的冲量.

解题过程 (1) 在垂直方向上，物体到达最高点时的动量变化量为

$$\Delta p_1 = 0 - mv\sin\alpha,$$

而重力的冲量等于物体在垂直方向的动量变化量，即

$$I_1 = \Delta p_1 = 0 - mv\sin\alpha = -mv_0\sin\alpha.$$

(2) 同理，物体从发射点到落回至同一水平面的过程中，重力的冲量等于物体竖直方向的动量变化量，即

$$I_2 = \Delta p_2 = mv_2 - mv_1 = -mv_0\sin\alpha - mv_0\sin\alpha = -2mv_0\sin\alpha,$$

负号表示冲量方向向下.

3-8 逻辑推理 由 $I=\int_{t_1}^{t_2}F\mathrm{d}t$ 求变力的冲量.

解题过程 (1) 根据题意可得

$$I=\int_0^2 F_x\,\mathrm{d}t=(30t+2t^2)\mid_0^2=68\ \mathrm{N\cdot s}.$$

(2) 若 $I=300\ \mathrm{N\cdot s}$,则

$$300=\int_0^t F_x\,\mathrm{d}t=(30t+2t^2)\mid_0^2$$

则可得 $t^2+15t-150=0$,解得 $t=6.86\ \mathrm{s}$.

(3) 若 $t=6.86\ \mathrm{s}$,则 $I=300\ \mathrm{N\cdot s}$,根据 $I=m\Delta v$ 得 $I=m(v_2-v_1)$,即

$$300\mathrm{N\cdot s}=10(v_2-10)$$

得 $v_2=40\ \mathrm{m\cdot s^{-1}}$,方向与 v_1 一致.

3-9 知识点窍 动量定理 $F\mathrm{d}t=\mathrm{d}p=\mathrm{d}(mv)$.

逻辑推理 由题意知喷出来的水在射到汽车的表面上后速率降为 0,即有 $F\Delta t=(v_0-0)\Delta m$,推导出 $F=(v_0-0)\dfrac{\Delta m}{\Delta t}$,取极限即得连续量.

解题过程 假设汽车表面对水的反作用力为 $\widetilde{F}$,运用动量定理 $\widetilde{F}\mathrm{d}t=(v_0-0)\mathrm{d}m$,得

$$\widetilde{F}=v_0\frac{\mathrm{d}m}{\mathrm{d}t}=30\ \mathrm{N}.$$

根据牛顿第三定律得 $F=\widetilde{F}=30\ \mathrm{N}$,即水对汽车表面的作用力为 $F=30\ \mathrm{N}$.

3-10 知识点窍 自由落体运动公式:$h=\dfrac{1}{2}gt^2$,

动量定理:$\sum F\Delta t=\Delta mv$.

逻辑推理 考虑整个下落过程,初速度和末速度均为零,因此绳的拉力的冲量与重力的冲量的矢量和为零,分别列出拉力的冲量和重力的冲量的表达式即可求出结果.

解题过程 在人下落的整个过程中,重力的冲量和安全带的冲量相等,但方向相反.设人自由落体那段时间为 t,则 $t=\sqrt{\dfrac{2h}{g}}$,于是得

$$I_{mg}+I_F=mv_2-mv_1=0$$

$$mg(t+0.5)+F\cdot 0.5=0$$

代入 $h=2.0\ \mathrm{m}$,$g=9.8\ \mathrm{m\cdot s^{-2}}$,得

$$m=51.0\ \mathrm{kg}$$

$$F=mg(t+0.5)/0.5=1.14\times10^3\ \mathrm{N}.$$

3-11 逻辑推理 由冲量定义求得 F 的冲量,继而积分.

解题过程 由题意知,根据冲量与动量的关系有

$$\Delta mv=I=\int_0^{\frac{\pi}{2\omega}}-kx\,\mathrm{d}t=\int_0^{\frac{\pi}{2\omega}}-kA\cos\omega t\,\mathrm{d}t=-\frac{kA}{\omega}\sin\omega t\Big|_0^{\frac{\pi}{2\omega}}=-\frac{kA}{\omega}.$$

3-12 知识点窍 动量定理：$\boldsymbol{I}=\boldsymbol{F}\Delta t=\Delta m\boldsymbol{v}$；牛顿第三定律：$\boldsymbol{F}'=-\boldsymbol{F}$.

逻辑推理 水的流速一定，即在 Δt 时间内水流入与流出的质量一定，但水流方向发生改变，因此 $\Delta m\boldsymbol{v}\neq\boldsymbol{0}$，由动量定理可求出管壁对水流的作用力，再由牛顿第三定律就可求出弯管所受的作用力.

解题过程 设弯管部分弧长为 l，在 A 处的质量元 $\mathrm{d}m=\rho S\cdot\mathrm{d}l$，经时间 $\Delta t=\dfrac{l}{v}$ 到达 B 处，则质量元 $\mathrm{d}m$ 所受的冲量为

$$\mathrm{d}\boldsymbol{I}=\mathrm{d}m\cdot(\boldsymbol{v}_B-\boldsymbol{v}_A)=\rho S(\boldsymbol{v}_B-\boldsymbol{v}_A)\mathrm{d}l$$

故弯管内水所受的冲量为

$$\boldsymbol{I}=\int\mathrm{d}\boldsymbol{I}=\int_A^B\rho S(\boldsymbol{v}_B-\boldsymbol{v}_A)\mathrm{d}l=\rho Sl\Delta\boldsymbol{v}$$

式中，$l=v\cdot\Delta t$，$|\Delta\boldsymbol{v}|=|\boldsymbol{v}_B-\boldsymbol{v}_A|=\sqrt{2}v$；$\Delta\boldsymbol{v}$ 方向沿直角角平分线指向圆心 O. 所以 $I=\sqrt{2}\rho S\cdot v^2\Delta t$，方向与 $\Delta\boldsymbol{v}$ 相同.

管壁对水的平均冲力为 $F=\dfrac{I}{\Delta t}=\sqrt{2}\rho Sv^2=2.5\times10^3\ \mathrm{N}$，方向与 $\Delta\boldsymbol{v}$ 相同.

水对管壁的作用力为 $F'=-F=-2.5\times10^3\ \mathrm{N}$，负号表示 $\boldsymbol{F}'$ 的方向与 $\Delta\boldsymbol{v}$ 相反.

3-13 知识点窍 动量守恒定律：$\sum\Delta m\boldsymbol{v}=\boldsymbol{0}$.

逻辑推理 由最高点坐标可求出物体爆炸前的运动时间 t_0 和在最高点时的速度 v_0；爆炸后由第一块碎片竖直下落的时间 t_1 可求出第一块碎片的初速度 v_1. 在爆炸过程中，爆炸力属于内力且远大于重力，此时可不计重力，系统动量守恒. 由动量守恒定律的分量式可解出结果.

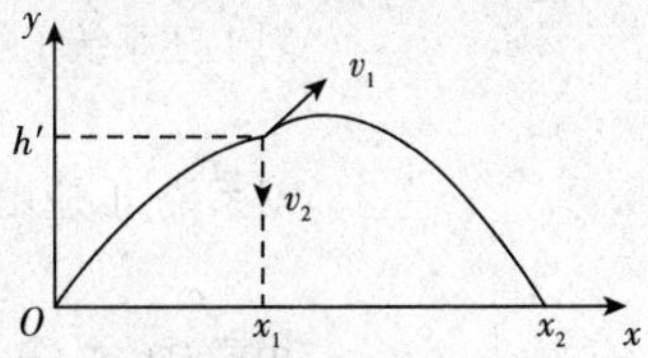

图解 3-13

解题过程 建立如图解 3-13 所示的坐标系，设爆炸后两碎片落地后与抛出点的距离分别为 x_1、x_2. 爆炸前，物体运动的时间为 $t_0=\sqrt{\dfrac{2h}{g}}$，物体在最高点只有水平速度，即 $v_0=\dfrac{x_1}{t_0}$.

爆炸后，第一块碎片的速度为 v_1，经时间 t_1 落地，则 $y_1=h-v_1t_1+\dfrac{1}{2}gt_1^2$，

爆炸前后系统动量守恒，其分量式如下：

x 方向　　$mv_0=\dfrac{1}{2}mv_{2x}$，

y 方向　　$0=\dfrac{1}{2}mv_{2y}-\dfrac{1}{2}mv_1$，

爆炸后，第二块碎片作斜抛运动，经时间 t_2 落地，则

$$x_2=x_1+v_{2x}t_2,\ y_2=h+v_{2y}t_2-\frac{1}{2}gt_2^2,$$

落地时，$y_2=0$.

联立以上各式，得 $x_2=500\ \mathrm{m}$.

3-14 **知识点窍** 动量定理.

逻辑推理 明确物理概念即可. 在给定时间间隔内，外力作用在质点上的冲量等于质点在此时间内动量的增量（改变量）.

解题过程 如图解 3-14 所示，根据动量定理，有

$$\boldsymbol{I}=\boldsymbol{F}\Delta t=\boldsymbol{p}_2-\boldsymbol{p}_1,$$

$$|\boldsymbol{F}|\Delta t=|\boldsymbol{p}_2-\boldsymbol{p}_1|$$

$$=\sqrt{p_1^2+p_2^2-2p_1p_2\cos\theta}=17.61\ \mathrm{N\cdot s},$$

$$|\boldsymbol{F}|=\frac{17.61\ \mathrm{N\cdot s}}{\Delta t}=\frac{17.61}{0.02}\ \mathrm{N}=881\ \mathrm{N}.$$

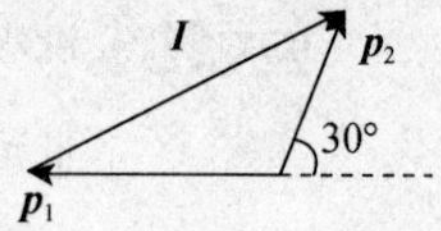

图解 3-14

3-15 **知识点窍** 动量守恒定律：$\boldsymbol{p}$ 为恒矢量.

逻辑推理 选择搬出重物后的 A 船与从 B 船搬入的重物为一个系统（系统 I），对该系统来说在水平方向无外力作用，可用动量守恒定律求解. 同理取搬出重物后的 B 船与从 A 船搬入的重物为一个系统（系统 Ⅱ），该系统也同样满足动量守恒的条件.

解题过程 由于忽略水对船的阻力，故满足水平方向的动量守恒定律.

设两船的初速分别为 v_{A0}、v_{B0}，末速为 v_{At}、v_{Bt}，原来的质量分别为 M_A、M_B，转移的质量为 m.

对上述系统 I 应用动量守恒定律，则

$$(M_A-m)v_{A0}+mv_{B0}=M_Av_{At} \qquad ①$$

对系统 Ⅱ 应用动量守恒定律，则

$$(M_B-m)v_{B0}+mv_{A0}=M_Bv_{Bt} \qquad ②$$

由式 ①、式 ② 及 $v_{At}=0$，$v_{Bt}=3.4\ \mathrm{m\cdot s^{-1}}$，得

$$v_{A0}=\frac{-M_Bmv_{Bt}}{(M_B-m)(M_A-m)-m^2}$$

$$v_{B0}=\frac{(M_A-m)M_Bv_{Bt}}{(M_A-m)(M_B-m)-m^2}$$

将已知数据代入，得

$$v_{A0}=-0.4\ \mathrm{m\cdot s^{-1}}$$ （负号表示与 B 船的速度方向相反），

$$v_{B0}=3.6\ \mathrm{m\cdot s^{-1}}.$$

3-16 **知识点窍** 动量守恒定律：$\boldsymbol{p}=\sum m\boldsymbol{v}_i=$ 恒矢量.

逻辑推理 人向前跳可视为斜抛运动. 由初始条件可求出在最高点人物分离前的速度和从最高点下落到地面的时间.

在最高点，人物分离满足动量守恒的条件，由此可求出分离后人的速度的增量 Δv，从而求出跳跃增加的距离.

解题过程 取如图解 3-16 所示的坐标，把人与物视为一个系统，当人跳跃到最高点处，向左抛物的过程中满足动量守恒，有

$$(m+m')v_0\cos\alpha=m'v+m(v-u),$$

$$v = v_0\cos\alpha + \frac{m}{m' + m}u.$$

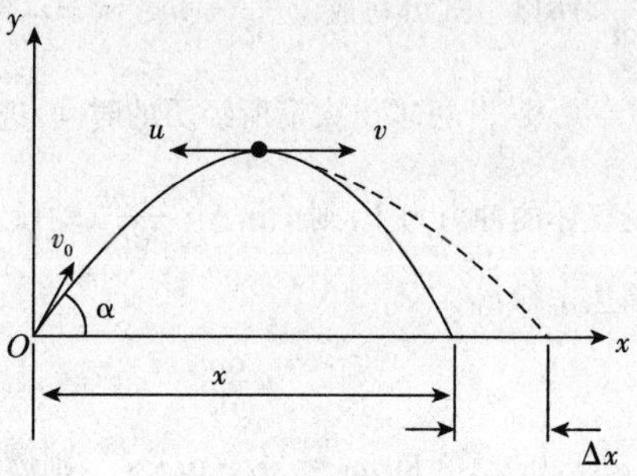

图解 3-16

人从最高点开始水平运动距离为

$$s_1 = \left(v_0\cos\alpha + \frac{m}{m' + m}u\right) \times \frac{v_0\sin\alpha}{g}$$

如果抛物人从最高点开始水平运动的距离为

$$s_2 = v_0\cos\alpha \times \frac{v_0\sin\alpha}{g}$$

则人跳跃后增加的距离为

$$\Delta s = s_1 - s_2 = \frac{mv_0\sin\alpha}{(m' + m)g}u.$$

*3-17 **知识点窍** 力的平衡条件：$\sum \boldsymbol{F} = \boldsymbol{0}$，

动量定理：$\boldsymbol{F}\mathrm{d}t = \mathrm{d}(m\boldsymbol{v})$.

逻辑推理 求桌面受的压力可转化为求其反作用力，即桌面给绳的支持力. 支持力除了支持已落在桌面上的绳外，还有对 $\mathrm{d}t$ 时间内下落绳的冲力，此力可用动量定理求解.

解题过程 以绳子上端初始位置为坐标原点，竖直向下为 y 轴正向，绳子的线密度为 λ，设在 t 时间内落到桌子上的绳子长为 y，这段绳子所受重力为 $G = mg = \lambda yg$，设 $t \sim t + \mathrm{d}t$ 时间内下落的绳子长为 $\mathrm{d}y$，桌面对绳子的冲力为 F.

由动量定理，有

$$F = \frac{\mathrm{d}p}{\mathrm{d}t} = v\frac{\mathrm{d}m}{\mathrm{d}t} = v\lambda\frac{\mathrm{d}y}{\mathrm{d}t} = v^2\lambda$$

桌面在 $t + \mathrm{d}t$ 时间内所受到的合力为

$$\sum F = G + F = \lambda gy + v^2\lambda$$

又 $v^2 = 2gy$，代入上式得

$$\sum F = 3\lambda yg = 3m'g$$

证毕.

3-18 **知识点窍** 动量定理：$\boldsymbol{F}\mathrm{d}t = \mathrm{d}(m\boldsymbol{v})$，

牛顿第二定律：$\sum \boldsymbol{F} = m\boldsymbol{a}$.

逻辑推理 将火箭及其内部燃料与喷出燃料作为一个系统. 设系统在运动过程中只受重力作

用,但其内部质量发生转移.由动量定理可得$-mg\cdot dt = udm' + mdv$,而燃料排出率为$\frac{dm'}{dt}=-\frac{dm}{dt}$,所以上式可写成$u\frac{dm}{dt}-mg = ma$,再由所给条件便可求出$\frac{dm}{dt}$.

由质量比$\frac{m_0}{m}=6$及$\frac{dm}{dt}$可求出火箭所经历的时间,进而求出火箭的最后速率.

解题过程 (1) 设火箭受气体的冲力为F,则$|F|=\frac{udm}{dt}$(动量定理).

由牛顿第二定律得

$$u\frac{dm}{dt}-mg = ma \quad ①$$

考虑$m_0 = 5.0\times 10^5\ kg, a_0 = 4.9\ m\cdot s^{-2}$,则燃气排出率为

$$\frac{dm}{dt}=\frac{m_0(g+a_0)}{u}=3.68\times 10^3\ kg\cdot s^{-1}.$$

(2) 将$a=\frac{dv}{dt}$代入式①,分离变量并积分可得

$$\int_{v_0}^{v}dv = u\int_{m_0}^{m}\frac{dm}{m}-\int_0^t g dt,\text{所以}$$

$$v = v_0 - u\ln\frac{m}{m_0}-gt \quad ②$$

由于$\frac{m}{m_0}=\frac{1}{6}$,即经历时间$t$后,有$\frac{m_0-\frac{dm}{dt}\cdot t}{m_0}=\frac{1}{6}$,解得

$$t=\frac{5m_0}{6\frac{dm}{dt}} \quad ③$$

将式③代入式②并考虑初始条件可得火箭的最后速率为

$$v_t = u\ln\frac{m_0}{m}-gt = 2.47\times 10^3\ m\cdot s^{-1}.$$

3-19 逻辑推理 找到力F与位置的关系,继而进一步计算.

解题过程 根据题意,设$F = kx+b$,将$x=0$时,$F=F_0$与$x=L$时,$F=0$代入,得

$$\begin{cases}F_0 = b\\ kL+b=0\end{cases}\Rightarrow\begin{cases}b=F_0\\ k=-\frac{b}{L}=-\frac{F_0}{L}\end{cases}$$

所以$F=-\frac{F_0}{L}x+F_0$,则质点从$x=0$到$x=L$过程中所做的功为

$$W=\int F dx=\int_0^L\left(-\frac{F_0}{L}x+F_0\right)dx=\frac{1}{2}F_0L$$

又由动能定理$W=\frac{1}{2}mv^2-\frac{1}{2}mv_0^2$,则$\frac{1}{2}F_0L=\frac{1}{2}mv^2-0\Rightarrow$质点在$x=L$处的速率$v=\sqrt{\frac{F_0L}{m}}$.

3-20 知识点窍 功的计算式:$W=F\cdot S$.

逻辑推理 绳的张力 $F = 5\text{N}$ 不变，但作用在物体上的力的方向在不断变化，因此在运用功的计算式时，可采用微元法，取拉力的水平分量进行计算.

解题过程 以物体的初始位置为原点，建立如图解 3-20 所示的坐标轴 Ox，当物体移动很小距离 $\mathrm{d}x$ 时，F 对物体做的功为

$$\mathrm{d}W = F\cos\theta \mathrm{d}x \quad ①$$

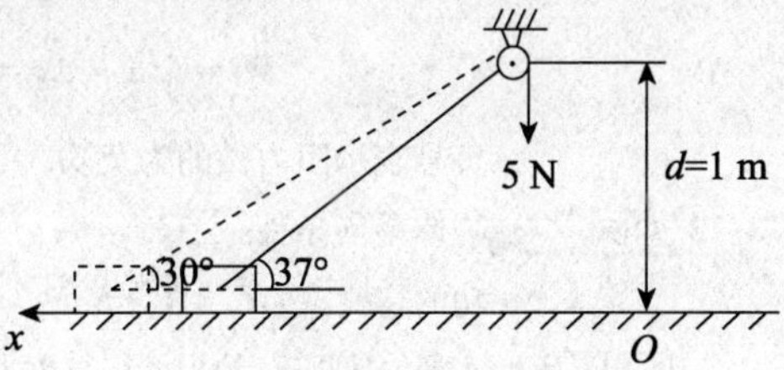

图解 3-20

由于 $x = d\cot 30° - d\cot\theta$，所以

$$\mathrm{d}x = -d \cdot \mathrm{d}(\cot\theta) = d \cdot \frac{\mathrm{d}\theta}{\sin^2\theta}.$$

将 $\mathrm{d}x$ 关系式代入式 ① 并积分得

$$W = \int dF\cos\theta \cdot \frac{\mathrm{d}\theta}{\sin^2\theta} = F \cdot d\int_{\theta_1}^{\theta_2} \frac{\mathrm{d}(\sin\theta)}{\sin\theta}$$

所以 $W = -Fd \cdot \left.\frac{1}{\sin\theta}\right|_{30°}^{37°} = 1.69\ \text{J}.$

3-21 **知识点窍** 能量守恒定律、动量守恒定律、动能定理.

逻辑推理 利用动量守恒定律求得物块的平均速度，进而求得动摩擦因数，利用动能定理和能量守恒定律求功较为方便.

解题过程 (1) 由题意知 $mv_0 = (M+m)\overline{v_0}$，所以

$$\overline{v_0} = 1.4\ \text{m} \cdot \text{s}^{-1}$$

由动能定理得

$$f \cdot s = \frac{1}{2}(M+m)\overline{v_0^2}, f = (m+M)g \cdot \mu$$

于是 $\mu = 0.196$.

(2) $W_1 = \frac{1}{2}m\overline{v_0^2} - \frac{1}{2}mv_0^2 = -703\ \text{J}.$

(3) $W_2 = \frac{1}{2}M\overline{v_0^2} = 1.96\ \text{J}.$

(4) 不相等. 因为木块与子弹之间的相互作用力等值反向，但位移不同，子弹的位移更大，做功更多.

3-22 **知识点窍** 速度定义式：$\boldsymbol{v} = \frac{\mathrm{d}\boldsymbol{r}}{\mathrm{d}t}$；功的定义式：$W = \int \boldsymbol{F} \cdot \mathrm{d}\boldsymbol{r}$.

逻辑推理 已知物体的运动方程，由速度定义式可得速度的表达式，进而求出阻力的表达式. 因阻力是变力，需要用微元法求阻力做的功.

解题过程 根据题意，设物体所受到的阻力 $F = kv^2$，由速度定义式可得

$$v = \frac{\mathrm{d}x}{\mathrm{d}t} = 3ct^2$$

所以

$$F = kv^2 = 9kc^2t^4 \xlongequal{t=(x/c)^{\frac{1}{3}}} 9kc^{\frac{2}{3}}x^{\frac{4}{3}}$$

由功的定义得阻力所做的功为

$$W = \int_0^l \boldsymbol{F} \cdot \mathrm{d}\boldsymbol{x} = -\int_0^l F\mathrm{d}x = -\int_0^l 9kc^{\frac{2}{3}}x^{\frac{4}{3}}\mathrm{d}x = -\frac{27}{7}kc^{\frac{2}{3}}l^{\frac{7}{3}}$$

负号表示阻力做的为负功.

3-23 **知识点窍** 物体平衡条件: $\sum \boldsymbol{F} = \boldsymbol{0}$;

功的定义式: $W = \boldsymbol{F} \cdot \boldsymbol{S}$.

逻辑推理 水桶匀速提升,拉力始终与重力平衡,写出重力随高度变化的表达式也就知道了拉力的表达式,当提升微小高度 $\mathrm{d}y$ 时,所做的功为 $\mathrm{d}W = \boldsymbol{F} \cdot \mathrm{d}\boldsymbol{y}$,积分即可求出拉力做的功.

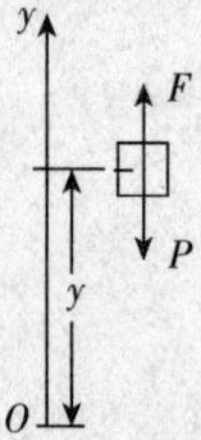

图解 3-23

解题过程 如图解 3-23 所示,以桶在井中的初始位置为坐标原点,建立竖直向上的坐标轴 Oy,则水桶在上升过程中的重力 $P = mg - ky$,式中 $k = 1.96\ \mathrm{N \cdot m^{-1}}$,因桶始终保持匀速上升,故拉力 $\boldsymbol{F}$ 与重力 $\boldsymbol{P}$ 是平衡力,即 $F = mg - ky$,方向沿 y 轴正向,拉力做的功为

$$W = \int_0^H \boldsymbol{F} \cdot \mathrm{d}\boldsymbol{y} = \int_0^H (mg - ky)\mathrm{d}y = \left[mgy - \frac{1}{2}ky^2\right]_0^H$$

将 $m = 10.0\ \mathrm{kg}$, $H = 10.0\ \mathrm{m}$, $k = 1.96\ \mathrm{N \cdot m^{-1}}$ 代入上式得 $W = 882\ \mathrm{J}$.

3-24 **知识点窍** 功的定义式: $W = \int \boldsymbol{F} \cdot \mathrm{d}\boldsymbol{s}$;动能定理: $W = \Delta E_k$;圆周运动的向心力公式: $F_{向} = mv^2/r$.

逻辑推理 重力是保守力,可由小球下落的高度求得. 张力是变力,但它的方向始终与小球运动方向垂直,由功的定义式可知其不做功. 小球所受合外力做的总功即为重力做的功,由动能定理可求其动能和速率. 在最低点,重力与张力的合力提供向心力,由此可求出绳的张力.

解题过程 (1) 由于张力方向始终与运动方向垂直,所以张力 $\boldsymbol{F}_t$ 做功为 0,则

$$W_t = \int \boldsymbol{F}_t \cdot \mathrm{d}\boldsymbol{s} = 0$$

设 0° 角时小球为零势能,则 30° 角时,小球的势能为 $E = mgl(1 - \cos 30°)$.

由势能的变化量等于重力所做的功可知

$$W_{mg} = \Delta E = E - 0 = mgl(1 - \cos 30°) = 0.53\ \mathrm{J}.$$

(2) 由于势能完全转化为动能,所以小球在最低点的动能为

$$E_k = \Delta E = 0.53\ \mathrm{J}$$

此时速度为 $v = \sqrt{\frac{2E_k}{m}} = 2.30\ \mathrm{m \cdot s^{-1}}$.

(3) 小球在最低位置时,由于力和加速度的方向在一条直线上,则有 $F_t - mg = \frac{mv^2}{l}$,即

$$F_t = mg + \frac{mv^2}{l} = 2.49\ \mathrm{N}.$$

3-25 知识点窍 动能定理：$W=\Delta E_k=\frac{1}{2}mv^2-\frac{1}{2}mv_0^2$.

逻辑推理 物体在水平方向受到拉力和摩擦力的作用，因拉力的方向与物体运动方向垂直，故不做功，由动能定理可确定摩擦力的功；再由功的定义式及摩擦力与摩擦因数的关系求出摩擦因数；由动能定理可求出质点总共运动的路程，进而求出转过的圈数.

解题过程 (1) 物体作圆周运动，水平方向受到拉力和摩擦力两个力的作用，拉力的方向始终与物体运动方向垂直，不做功.

由动能定理：$W=\Delta E_k$ 及 $W=W_f$，得摩擦力做的功为

$$W_f=\frac{1}{2}m\left(\frac{1}{2}v_0\right)^2-\frac{1}{2}mv_0^2=-\frac{3}{8}mv_0^2. \quad ①$$

(2) 易知

$$W_f=-F_f\cdot 2\pi r=-\mu mg\cdot 2\pi r \quad ②$$

联立式 ①、式 ② 得动摩擦因数 $\mu=\frac{3v_0^2}{16\pi rg}$.

(3) 设质点运动 n 圈后静止，由动能定理有

$$\mu mg\cdot 2\pi rn=\frac{1}{2}mv_0^2$$

将 μ 代入上式并整理得 $n=\frac{4}{3}$.

3-26 知识点窍 机械能守恒定律：$E=E_k+E_p=$ 常数；

牛顿第二定律：$\boldsymbol{F}=m\boldsymbol{a}$；

弹簧的弹力公式：$F=-kx$.

逻辑推理 选取两块板、弹簧和地球为研究系统，该系统在外界所施压力撤除后(取作状态 1)，直到 B 板刚被提起(取作状态 2)，在这一过程中，系统不受外力作用，而内力中又只有保守力(重力和弹力) 做功，支持力不做功，因此，满足机械能守恒的条件，只需取状态 1 和状态 2，运用机械能守恒定律列出方程，并结合这两状态下受力的平衡，便可将所需压力求出.

解题过程 选取如图解 3-26(a) 所示的坐标，原点 O 处的重力势能和弹性势能为零，作各状态下物体的受力图，如图解 3-26(b) 所示. 外力 F 撤去的瞬间为初状态，A 跳到最高点时为末状态，则根据机械能守恒定律有

$$\frac{1}{2}ky_1^2-m_1gy_1=\frac{1}{2}ky_2^2+m_1gy_2$$

整理上式得

$$\frac{1}{2}k(y_1-y_2)=mg$$

因为 $F_1=ky_1$，$F_2=ky_2$，$P_1=m_1g$，上式可写为

$$F_1-F_2=2P_1$$

从图解 3-26(b) 中可知 $\quad F_1=P_1+F$，

由以上各式得 $F = P_1 + F_2$.

当 A 板跳到 N 点时,B 板刚被提起,此时弹性力 $F'_2 = P_2$,且 $F_2 = F'_2$. 则

$$F \geqslant P_1 + P_2 = (m_1 + m_2)g.$$

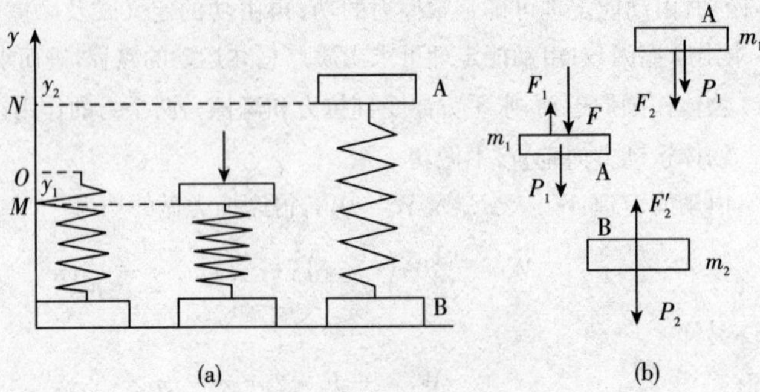

图解 3-26

3-27 知识点窍 功的定义式:$W = \int \boldsymbol{F} \cdot \mathrm{d}\boldsymbol{r}$;功能原理:$W_{外力} + W_{非保守力} = \Delta E_k + \Delta E_p$.

逻辑推理 取矿车、地球和弹簧为一个系统,车在运动过程中受到 4 个力的作用,其中支持力不做功,重力、弹力为保守力,阻力为非保守力;由功能原理可知非保守力所做的功等于系统机械能的增量,据此可解此题.

解题过程 取沿斜面向上为 x 轴正方向. 弹簧被压缩到最大形变时弹簧上端为坐标原点 O. 设空载时车的质量为 m,则摩擦力所做的功等于系统势能的减小量,于是

$$0.25m'g \times (l + x) + 0.25mg(l + x) = (m' - m)g(l + x)\sin 30°,$$

整理后得 $0.25m' = 0.75m, \dfrac{m}{m'} = \dfrac{1}{3}$.

3-28 知识点窍 功能原理:$W_{外} + W_{非保} = \Delta E_k + \Delta E_p$;功的定义式:$W = \int \boldsymbol{F} \cdot \mathrm{d}\boldsymbol{s}$.

逻辑推理 选取钉子被击后的运动过程来研究. 由于钉子两次被击后获得的速度相同,即初动能相等. 钉子受到木板的阻力而减速,直到静止. 按功能原理,两次阻力做功相等. 由于阻力与进入木板深度成正比,即 $F_f = kx$,列出两次阻力做功的表达式并由功能原理即可解此题.

解题过程 设阻力为 $F_f = -kx$,则由功的定义可得第一次阻力做功和第二次阻力做功分别为

$$W_1 = \int_0^{x_0} F_f \mathrm{d}x = -\int_0^{x_0} kx \mathrm{d}x \qquad ①$$

$$W_2 = \int_{x_0}^{x_0+\Delta x} F_f \mathrm{d}x = -\int_{x_0}^{x_0+\Delta x} kx \mathrm{d}x \qquad ②$$

由功能原理知 $W_1 = \Delta E_1 = \Delta E_{k1}, W_2 = \Delta E_{k2}$,

而由题设条件知 $\Delta E_{k1} = \Delta E_{k2}$,所以

$$W_1 = W_2 \qquad ③$$

由式 ① ~ ③ 可得 $\Delta x = (\sqrt{2} - 1) \times 10^{-2}\ \mathrm{m} \approx 0.41 \times 10^{-2}\ \mathrm{m}$.

3-29 知识点窍 万有引力定律：$F = G\dfrac{m_E m}{r^2}$；圆周运动向心力：$F_{向} = m\dfrac{v^2}{r}$；

系统势能公式：$E_p = -\int \boldsymbol{F}(\boldsymbol{r}) \cdot d\boldsymbol{r}$.

逻辑推理 卫星作圆周运动，万有引力提供向心力，由此可求出动能. 取无穷远处卫星的引力势能为零，由引力做功等于系统势能的减少量可求出卫星的引力势能.

解题过程 (1) 卫星受到地球的引力刚好提供向心力，即

$$G\frac{m_E m}{(3R_E)^2} = m\frac{v^2}{3R_E}$$

所以卫星的动能为

$$E_k = \frac{1}{2}mv^2 = G\frac{m_E m}{6R_E}$$

整理得 $v^2 = \dfrac{Gm_E}{6R_E}$.

(2) 由于 $r \to \infty$ 时，$E_p = 0$，由系统势能的定义可知

$$E_p = -\int_{\infty}^{3R_E}\left(-G\frac{m_E m}{r^2}\right)dr = -G\frac{m_E m}{3R_E}.$$

(3) 卫星的机械能为 $E = E_k + E_P = G\dfrac{m_E m}{6R_E} - G\dfrac{m_E m}{3R_E}$.

所以 $E = -G\dfrac{m_E m}{6R_E}$.

3-30 知识点窍 机械能守恒定律：$E = E_k + E_p =$ 常数；

圆周运动向心力：$F_{向} = m\dfrac{v^2}{r}$.

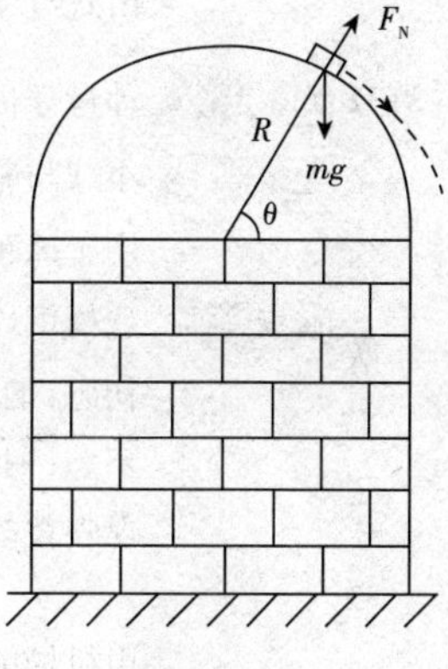

图解 3-30

逻辑推理 选择冰块、地球和屋面为研究系统. 冰块在运动过程中只受支持力和重力作用. 支持力方向沿径向不做功，系统机械能守恒. 另外，物体在屋面作圆周运动，其向心力由重力沿径向的分力和支持力的合力提供，在冰块脱离瞬间，支持力等于零.

解题过程 设图解 3-30 所示位置为冰块的脱离点.

由机械能守恒定律得

$$mgR = \frac{1}{2}mv^2 + mgR\sin\theta \quad ①$$

又 $F_{向} = m\dfrac{v^2}{R}$，即

$$mg\sin\theta - F_N = m\frac{v^2}{R} \quad ②$$

冰块脱离球面时

$$F_N = 0 \quad ③$$

由式①～③可得 $\sin\theta=\frac{2}{3}$，则

$$\theta=\arcsin\frac{2}{3}\approx 41.8°$$

此时 $v=\sqrt{gR\sin\theta}=\sqrt{\frac{2Rg}{3}}$.

v 的方向沿切向. 把余弦改为用正弦来做是可以的.

3-31 知识点窍 机械能守恒定律：$E=E_k+E_p=$ 常数.

逻辑推理 球在被释放后的运动过程中，受到弹簧弹力、重力和轨道支持力的作用. 其弹力和重力是保守力，支持力不做功，满足机械能守恒的条件. 另外，小球沿半圆轨道运动的临界条件是在最高点 C 时，支持力 $F_N=0$.

解题过程 如教材习题 3-31 图所示，选择小球、弹簧、轨道和地球为研究系统. 在此系统内只有重力和弹簧的弹力做功，系统机械能守恒. 取 A 点为重力势能零点，弹簧自由伸长时为弹性势能零点. 根据系统机械能守恒得

$$\frac{1}{2}k(\Delta l)^2=mg\cdot 3r+\frac{1}{2}mv_C^2 \qquad ①$$

设想小球在 C 点处于临界状态，即 $F_N=0$，所以

$$mg=\frac{mv_C^2}{r} \qquad ②$$

由式①、式②可得 $k=\frac{7mgr}{(\Delta l)^2}=366\text{N}\cdot\text{m}^{-1}$.

3-32 知识点窍 动量守恒定律：$\sum m_i\boldsymbol{v}_i$ 为恒矢量；机械能守恒定律：$E_1=E_2=$ 常数.

逻辑推理 小球与靶碰撞，在水平方向满足动量守恒条件，在水平方向无外力和非保守内力作用于球靶组成的系统，系统机械能守恒. 弹簧处于最大压缩时，球靶有共同的速度.

解题过程 选择钢球与靶(含弹簧)组成的系统，

初态：钢球与靶碰撞前速度为 v；

末态：钢球与靶有共同速度 v_t(此时弹簧压缩量刚好最大).

设弹簧的最大压缩量为 Δx，由动量守恒定律得

$$mv=(m+m')v_t \qquad ①$$

由机械能守恒定律得

$$\frac{1}{2}mv^2=\frac{1}{2}(m+m')v_t^2+\frac{1}{2}k(\Delta x)^2 \qquad ②$$

由式①、式②得 $\Delta x=v\cdot\sqrt{\frac{mm'}{k(m+m')}}$.

3-33 知识点窍 动量守恒定律：$\sum m_i\boldsymbol{v}_i$ 为常矢量；

圆周运动向心力：$F=m\frac{v^2}{r}$；

机械能守恒定律：$E=E_k+E_p=$ 常数.

逻辑推理 弹丸穿过摆锤可认为在瞬间完成，因此选择弹丸与摆锤作为一个系统. 在水平方向满足动量守恒条件，可列出摆锤在最低点的速度 v' 与弹丸初速度 v 的关系式；再由摆锤完成一个圆周运动的条件，即在最高点时摆线的张力 $F_t \geqslant 0$ 以及机械能守恒定律即可求解.

解题过程 弹丸与摆锤在最低点的相互作用满足动量守恒条件，即

$$mv = m \cdot \frac{v}{2} + m'v' \quad ①$$

摆锤在最高点时：

$$F_{向} = m'g + F_t \quad ②$$

取临界条件：$F_t = 0$，则

$$m'g = \frac{m'v''^2}{l} \quad ③$$

上述式中 v'、v'' 分别为弹丸穿过后摆锤在最低点和最高点的速率. 摆锤在最低点和最高点的机械能守恒，即

$$\frac{1}{2}m'v'^2 = 2m'gl + \frac{1}{2}m'v''^2 \quad ④$$

联立式 ①～④ 可得 $v_{\min} = \frac{2m'}{m}\sqrt{5gl}$.

3-34 **知识点窍** 动量守恒定律：$\sum m_i \boldsymbol{v}_i$ 为恒量；机械能守恒定律：$\sum E_i$ 为常数.

逻辑推理 粒子发生对心弹性碰撞，满足动量守恒条件和机械能守恒条件，由此可导出氢原子获得的能量与电子初动能的比.

解题过程 设电子质量为 m，初始速度为 v_0，末速度为 v，初动能为 E_e；氢原子质量为 M，初速度为 0，末速度为 v'，获得的能量为 E_H.

由动量守恒定律有

$$mv_0 = mv + Mv' \quad ①$$

由机械能守恒定律有

$$\frac{1}{2}mv_0^2 = \frac{1}{2}mv^2 + \frac{1}{2}Mv'^2 \quad ②$$

由式 ①、式 ② 解得 $\frac{v'}{v_0} = \frac{2m}{M+m}$，所以

$$\frac{E_H}{E_e} = \frac{\frac{1}{2}Mv'^2}{\frac{1}{2}mv_0^2} = \frac{M}{m} \cdot \left(\frac{2m}{(M+m)}\right)^2 \approx 2.2 \times 10^{-3},$$

即 $E_H = E_e \times 0.22\%$.

3-35 **知识点窍** 动量守恒定律：$\boldsymbol{p} = \sum \boldsymbol{p}_i =$ 常矢量；能量守恒定律：$E_k + E_p = E_{k0} + E_{p0}$.

逻辑推理 二维弹性碰撞，满足动量守恒和机械能守恒条件. 可由两个守恒定律来解题.

解题过程 建立如图解 3-35 所示的坐标 Oxy，其原点在碰撞点，x 轴正向与粒子 A 的初速度 v_{A0}

同方向. 设碰撞后,A、B 粒子的速度分别为 v_A、v_B,方向如图解 3-35 所示.

写出 x、y 两个方向的动量守恒的分量式:

$$\begin{cases} mv_{A0}=mv_A\cos\alpha+\frac{1}{2}mv_B\cos\beta & ① \\ 0=mv_A\sin\alpha-\frac{1}{2}mv_B\sin\beta & ② \end{cases}$$

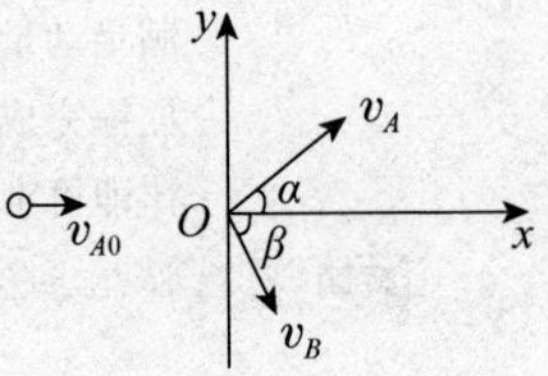

图解 3-35

由机械能守恒定律得

$$\frac{1}{2}mv_{A0}^2=\frac{1}{2}mv_A^2+\frac{1}{2}\left(\frac{m}{2}\right)v_B^2 \qquad ③$$

(1) 联立式 ① ~ ③ 得

$v_B=\sqrt{2(v_{A0}^2-v_A^2)}=4.69\times10^7\ \mathrm{m\cdot s^{-1}}$

$\cos\beta=\frac{3v_B}{4v_{A0}}$

所以 $\beta=\arccos\frac{3v_B}{4v_{A0}}=54°6'$.

(2) $\cos\alpha=\frac{v_{A0}^2+3v_A^2}{4v_{A0}v_A}$,所以 $\alpha=\arccos\frac{v_{A0}^2+3v_A^2}{4v_{A0}v_A}=22°20'$.

3-36 **知识点窍** 完全非弹性碰撞(能量损失最大)、动量守恒定律、能量守恒定律.

逻辑推理 由于题目中的两辆小车碰撞前的行驶方向不在一条直线上,并且碰撞后方向再次发生改变. 因此使用动量守恒定律的分量式(即在 x、y 方向分别满足动量守恒定律)较为方便. 第二问求所损耗的能量使用能量守恒定律求解.

解题过程 (1) 建立如图解 3-36 所示的坐标系,列写动量守恒方程式:

$$\begin{cases} m_Av_0=(m_A+m_B)v_x \\ m_Bv_0=(m_A+m_B)v_y \end{cases}$$

代入 m_A、m_B、v_0 解得

$$v_x=6\ \mathrm{m\cdot s^{-1}},v_y=8\ \mathrm{m\cdot s^{-1}}.$$

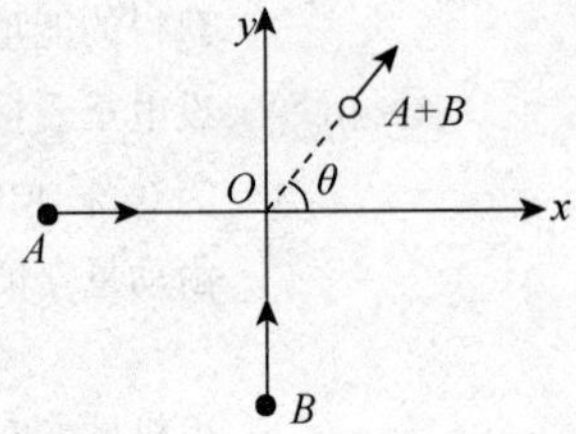

图解 3-36

所以

$$v=\sqrt{v_x^2+v_y^2}=10\ \mathrm{m\cdot s^{-1}},\theta=\arctan\frac{v_y}{v_x}=53.1°.$$

(2) 根据能量守恒定律,损耗的能量为

$$\Delta E=-\frac{1}{2}(m_A+m_B)v^2+\frac{1}{2}m_Av_0^2+\frac{1}{2}m_Bv_0^2$$
$$=3.36\times10^4\ \mathrm{J}.$$

3-37 **知识点窍** 动量守恒定律:$\boldsymbol{p}=\sum\boldsymbol{p}_i=\sum m_i\boldsymbol{v}_i$;动能定理:$\sum W_i=\Delta E_k$.

逻辑推理 此问题应分两个过程来讨论:碰撞过程和沿斜面运动过程. 对于碰撞过程,因物块 m' 放在斜面上,当子弹沿水平方向射入木块时,动量不守恒. 但若只计算沿斜面的分动量,因撞击力远大于重力沿斜面的分力和摩擦力,因此可运用动量守恒定律,从

而求出物块 m' 沿斜面运动的初速度.

物块(含子弹) 沿斜面运动,受到重力、弹力、摩擦力的作用. 由动能定理可求出物块滑出顶端时的速度.

解题过程 设物块(含子弹) 沿斜面上滑的初速度为 v_A,到达顶端的速度为 v,沿斜面方向运用动量守恒定律,有

$$mv_0\cos\alpha=(m'+m)v_A \quad ①$$

物体从底端滑到顶端,运用动能定理,有

$$-(m'+m)gh-\mu(m'+m)g\cos\alpha\cdot\frac{h}{\sin\alpha}=\frac{1}{2}(m'+m)v^2-\frac{1}{2}(m'+m)v_A^2 \quad ②$$

联立式 ①、式 ② 可得 $v=\sqrt{\left(\frac{mv_0\cos\alpha}{m'+m}\right)^2-2gh(\mu\cot\alpha+1)}$.

3-38 **逻辑推理** 全过程系统动量(水平方向)、能量均守恒,小球运动到点 B 时,容器 m' 水平方向不受力,是瞬时惯性系统. 小球的运动满足牛顿运动定律. 由能量守恒和动量守恒可求出在点 B 时小球和物体的速度. 由速度的合成求出小球相对物体的速度,再由牛顿运动定律即可求解.

解题过程 设:小球到达点 B 时,小球和物体的速度分别为 v_1、v_2.

在水平方向应用动量守恒定律有

$$0=mv_1+m'v_2 \quad ①$$

由机械能守恒定律有

$$\frac{1}{2}mv_1^2+\frac{1}{2}m'v_2^2=mgR \quad ②$$

选物体 m' 为参考系,由牛顿运动定律得

$$F_N-mg=m\frac{v_{球对物}^2}{R} \quad ③$$

由速度合成公式知

$$v_{球对物}=v_1-v_2 \quad ④$$

联立式 ① ~ ④ 可得容器对球的支持力为

$$F_N=mg\left[1+\frac{2(m+m')}{m'}\right]=mg\left(3+\frac{2m}{m'}\right).$$

3-39 **知识点窍** 动能定理:$\sum W=\Delta E_k$;动量守恒定律:$\boldsymbol{p}=\sum m_i\boldsymbol{v}_i=$ 恒矢量.

逻辑推理 桩依靠自身重力下沉过程中受到重力和侧面阻力的作用. 动能的变化量为零,可由动能定理来求下沉的深度. 打桩过程可分为 3 个阶段:

(1) 锤自由下落的过程,可由机械能守恒求解;

(2) 碰撞过程可忽略重力、阻力,锤与桩这一系统满足动量守恒;

(3) 桩下沉的过程,可用动能定理列方程求解.

解题过程 (1) 桩依靠自身重力下沉的高度为 h_1,由于其初态和末态的动能均为零,由动能定理有 $m'gh_1-\int_0^{h_1}4\sqrt{S}\cdot hK\,dh=0$,所以

$$h_1 = \frac{m'g}{2\sqrt{S}K} = 8.88 \text{ m}.$$

(2) 锤从 $h = 1$ m 高处落下，其与桩碰撞前的速度 $v_0 = \sqrt{2gh}$，锤与桩进行完全非弹性碰撞的共同末速度为 v. 由动量守恒定律有

$$mv_0 = (m' + m)v \quad ①$$

随后桩下沉的过程可由动能定理列出方程为

$$(m' + m)gh_2 - \int_{h_1}^{h_1+h_2} 4\sqrt{S}hK\,\mathrm{d}h = 0 - \frac{1}{2}(m + m')v^2 \quad ②$$

由式①、式②可得 $h_2 = 0.2$ m.

(3) 当桩已下沉 35 m 时，再次锤桩. 锤反弹速度 $v_1 = \sqrt{2gh'}$，由动量守恒定律得

$$mv_0 = -m\sqrt{2gh'} + m'v' \quad ③$$

随后桩在下沉的过程中再次应用动能定理，得

$$m'gh_3 - \int_0^{h_3} 4K\sqrt{S}(35 + h)\,\mathrm{d}h = 0 - \frac{1}{2}m'v'^2 \quad ④$$

由式③、式④可得 $h_3 = 0.033$ m.

3-40 知识点窍 质心坐标公式：$\boldsymbol{r}_C = \frac{\sum m_i \boldsymbol{r}_i}{\sum m_i}$；质心速度公式：$\boldsymbol{v}_C = \frac{\mathrm{d}\boldsymbol{r}_C}{\mathrm{d}t} = \frac{\mathrm{d}}{\mathrm{d}t}\left(\frac{\sum m_i r_i}{\sum m_i}\right) = \frac{\sum m_i \boldsymbol{v}_i}{\sum m_i}$.

逻辑推理 由于系统的质心是静止的，由质心速度公式可得 $\frac{\mathrm{d}}{\mathrm{d}t}\sum m_i \boldsymbol{r}_i = \sum m_i \boldsymbol{v}_i = \boldsymbol{0}$，将已知数据代入即可求解.

解题过程 建立平面直角坐标系 Oxy，如图解 3-40 所示，则第一个质点的速度为

$$\boldsymbol{v}_1 = (6.0)\boldsymbol{j} \text{ m} \cdot \text{s}^{-1},$$

第二个质点的速度为

$$\boldsymbol{v}_2 = (8.0\cos\theta)\boldsymbol{i} \text{ m} \cdot \text{s}^{-1} + (8.0\sin\theta)\boldsymbol{j} \text{ m} \cdot \text{s}^{-1},$$

第三个质点的速度为

$$\boldsymbol{v}_3 = (v_{3x}\boldsymbol{i} + v_{3y}\boldsymbol{j}),$$

式中 $\theta = -30°$.

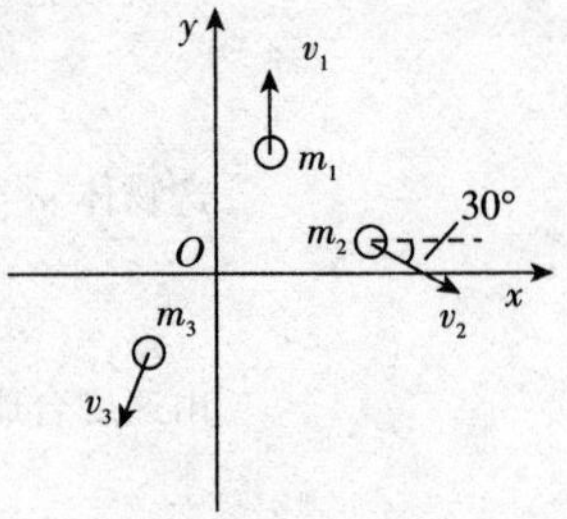

图解 3-40

由于 $v_C = 0$，即

$$\frac{\mathrm{d}\boldsymbol{r}_C}{\mathrm{d}t} = \boldsymbol{0}, \frac{\mathrm{d}}{\mathrm{d}t}\left(\frac{\sum m_i \boldsymbol{r}_i}{\sum m'_i}\right) = \boldsymbol{0}$$

所以 $\frac{\mathrm{d}(\sum m_i \boldsymbol{r}_i)}{\mathrm{d}t} = \boldsymbol{0}$，即 $\sum m_i \boldsymbol{v}_i = \boldsymbol{0}$.

将已知量代入上式得

$$(8\sqrt{3} + 5v_{3x})\boldsymbol{i} + (10 + 5v_{3y})\boldsymbol{j} = \boldsymbol{0}$$

所以 $v_{3x} = -\frac{8}{5}\sqrt{3} \text{ m} \cdot \text{s}^{-1}$，$v_{3y} = -2 \text{ m} \cdot \text{s}^{-1}$，

故 $\boldsymbol{v}_3 = \left(-\frac{8}{5}\sqrt{3}\boldsymbol{i} - 2\boldsymbol{j}\right) \text{m} \cdot \text{s}^{-1}$.

3-41 逻辑推理 由质心坐标公式可求出系统质心的初始坐标. 对系统应用质心运动定理并通过分离

变换、积分等数学变换即可求出质心坐标与时间的函数关系. 由动量定理可求出系统总动量与时间的函数关系.

解题过程 (1) $t=0$ 时,质心的坐标为

$$x_{C0}=\frac{m_2}{m_1+m_2}x_{20}=1.5\ \mathrm{m}$$

$$y_{C0}=\frac{m_1}{m_1+m_2}y_{10}=1.9\ \mathrm{m}$$

对系统应用质心运动定律有

$$F_1=(m_1+m_2)\frac{\mathrm{d}v_x}{\mathrm{d}t} \quad ①$$

$$F_2=(m_1+m_2)\frac{\mathrm{d}v_y}{\mathrm{d}t} \quad ②$$

对式 ①、式 ② 分离变量并积分得$\int_0^t F_1\mathrm{d}t=\int_0^{v_x}(m_1+m_2)\mathrm{d}v_x$,所以

$v_x=\frac{F_1}{m_1+m_2}t$,又

$$\int_0^t F_2\mathrm{d}t=\int_0^{v_y}(m_1+m_2)\mathrm{d}v_y \quad ③$$

则

$$v_y=\frac{F_2}{m_1+m_2}t \quad ④$$

将$\begin{cases}v_x=\dfrac{\mathrm{d}x_C}{\mathrm{d}t}\\ v_y=\dfrac{\mathrm{d}y_C}{\mathrm{d}t}\end{cases}$代入式 ③、式 ④ 并分离变量得

$$\begin{cases}\mathrm{d}x_C=\dfrac{F_1}{m_1+m_2}\cdot t\mathrm{d}t & ⑤\\ \mathrm{d}y_C=\dfrac{F_2}{m_1+m_2}t\cdot\mathrm{d}t & ⑥\end{cases}$$

对式 ⑤、式 ⑥ 积分得

$$\int_{x_{C0}}^{x_C}\mathrm{d}x_C=\int_0^t\left(\frac{F_1}{m_1+m_2}\cdot t\right)\mathrm{d}t$$

所以

$$x_C=x_{C0}+\frac{F_1}{2(m_1+m_2)}t^2=1.5+0.25t^2,$$

$$y_C=1.9+0.19t^2.$$

(2) 由动量定理有 $\Delta\boldsymbol{p}=\boldsymbol{p}-\boldsymbol{p}_0=\boldsymbol{p}=\int_0^t(\boldsymbol{F}_1+\boldsymbol{F}_2)\mathrm{d}t=8t\boldsymbol{i}+6t\boldsymbol{j}$.

第四章

刚体转动和流体运动

本章知识框架图

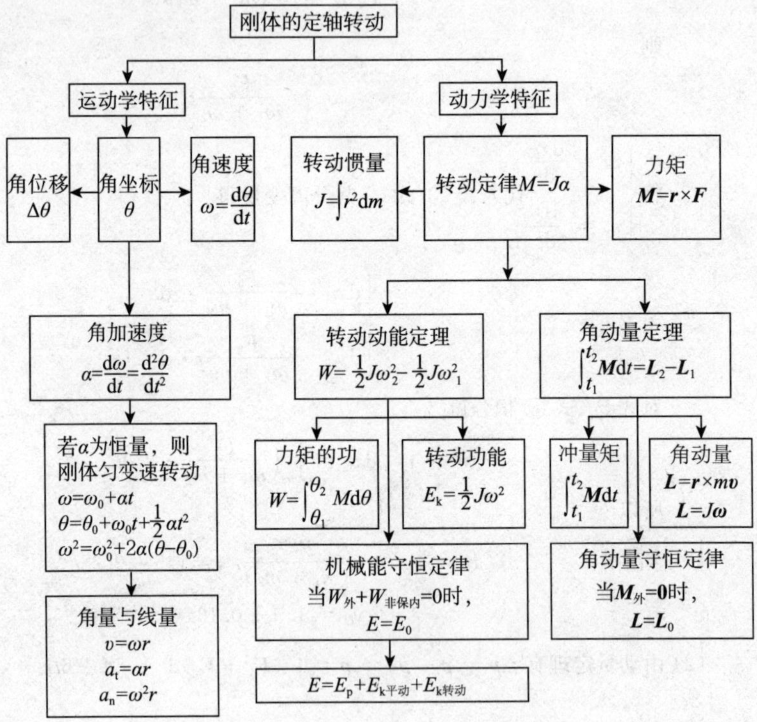

考试要点

1. 角位移、角速度和角加速度等描述刚体定轴转动的角量及它们与相应线量的关系.
2. 对定轴的力矩、转动惯量的概念和刚体定轴转动的角动量定理.
3. 刚体定轴转动的转动定律.
4. 刚体定轴转动的角动量守恒定律及其运用条件.
5. 刚体定轴转动的动能定理.

知识点整理与解析

一、刚体定轴转动的运动学描述

刚体作定轴转动时其上各点都作圆周运动，由于半径不同，线速度的值也就不同，但在相同的时间内所有质点转过相同的角度，因此，我们用角量来描述刚体定轴转动的状态.

1. 角坐标 θ 及角位移 $\Delta\theta$

角坐标 θ 表示刚体转动时的位置，一般以逆时针转动为正，顺时针转动为负. Δt 时间内对应的角坐标增量 $\Delta\theta$ 就是角位移.

2. 角速度 ω

平均角速度 $\overline{\omega}=\Delta\theta/\Delta t$，瞬时角速度 $\omega=\lim\limits_{\Delta t\to 0}\Delta\theta/\Delta t=\mathrm{d}\theta/\mathrm{d}t$，是表征物体转动的快慢的物理量.

3. 角加速度 α

瞬时角加速度是描述物体角速度变化快慢的物理量，其公式可表示为

$$\alpha=\lim_{\Delta t\to 0}\Delta\omega/\Delta t=\mathrm{d}\omega/\mathrm{d}t=\mathrm{d}^2\theta/\mathrm{d}t^2$$

4. 刚体运动角量与线量的关系

在解决刚体运动的题目时，经常遇到其角量描述与线量描述之间的转换，它们之间的关系为

$$s=r\theta, v=r\omega, a_{\mathrm{t}}=r\alpha, a_{\mathrm{n}}=r\omega^2$$

温馨提示 刚体定轴转动角速度和角加速度都是矢量，只是方向都沿着轴的方向上，只有两个，所以一般可以直接写标量的形式.

两种匀变速运动之间的对比见表 4-1.

表 4-1 两种匀变速运动之间的对比

质点作匀变速直线运动	刚体绕定轴作匀变速转动
$v=v_0+at$	$\omega=\omega_0+\alpha t$
$x=x_0+v_0t+\frac{1}{2}at^2$	$\theta=\theta_0+\omega_0t+\frac{1}{2}\alpha t^2$
$v^2=v_0^2+2a(x-x_0)$	$\omega_2^2=\omega_1^2+2\alpha(\theta_2-\theta_1)$

二、描述刚体运动的物理量

当刚体转动时，刚体上所有质点都绕同一直线作圆周运动，如果这一直线固定不动，则称为定轴转动. 例如，机床上飞轮的转动、门窗的开关等都是定轴转动.

与描述质点的运动一样，描述刚体的转动也要先选取一个参考系，然后在所选定的参考系上建立一个固定的坐标系. 对刚体定轴转动，可以选取垂直于转轴的平面为参考系，并在此平面上选取坐标系 xOy，把原点取在转轴与平面交点，如图 4-1 所示. 这样，刚体在坐标系中的方位就可由刚体的 xOy 平面上的一点 P 到点 O 的连线与 Ox 轴之间的夹角 θ 确定，由图 4-1 可以看出

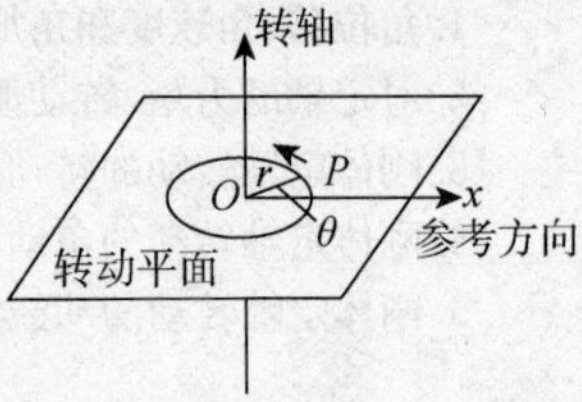

图 4-1

$$\theta = \frac{s}{R}$$

式中，R 为半径，s 为角 θ 所对的弧长. 在讨论转动问题时，一般规定，沿逆时针方向 θ 取正值，而沿顺时针方向 θ 取负值. 在国际单位制中，θ 的单位为 rad(弧度).

设有一刚体沿逆时针方向作定轴转动，如图 4-2 所示，在时刻 t_1，刚体上的一点 P 到转轴点 O 的连线 OP 与 Ox 轴所成的角为 θ_1，在时刻 t_2 所成的角为 θ_2，在时间 $\Delta t = t_2 - t_1$ 内，刚体所转动的角位移 $\Delta\theta = \theta_2 - \theta_1$，角位移不但有大小，而且有方向. 一般规定，面对转轴观察时，刚体沿逆时针方向转动的角位移为正值，沿顺时针方向转动的角位移为负值. 在国际单位制中，角位移的单位也是 rad(弧度).

当 Δt 趋近于零时，$\Delta\theta$ 也趋近于零，这时比值 $\frac{\Delta\theta}{\Delta t}$ 趋近于某一极限值，这个极限值称为刚体在某一时刻对转轴的瞬时角速度，即

$$\omega = \lim_{y \to 0} \frac{\Delta\theta}{\Delta t} = \frac{d\theta}{dt}.$$

必须指出，角速度不仅有大小，而且有方向. 角速度的方向由右手螺旋法则确定：把右手的拇指伸直，其余四指弯曲，弯曲的方向与刚体的转动方向一致，这时拇指所指的方向就是角速度的方向，如图 4-3 所示. 但是，当刚体作定轴转动时，角速度的方向是沿着转轴的，因此，只要事先在转轴上规定一个正方向，若按右手螺旋法则判定，拇指所指的方向与规定的正方向一致，则角速度为正，反之，角速度为负. 因而在定轴转动时，角速度可作为标量来处理.

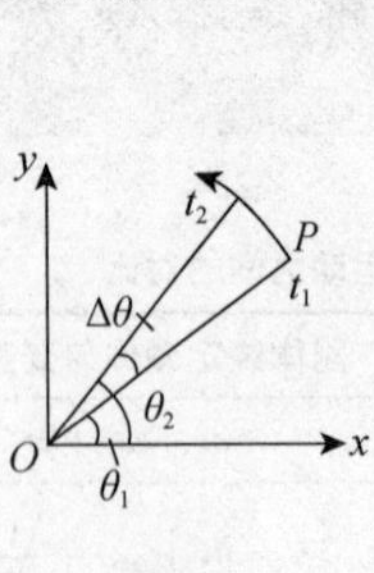

图 4-2

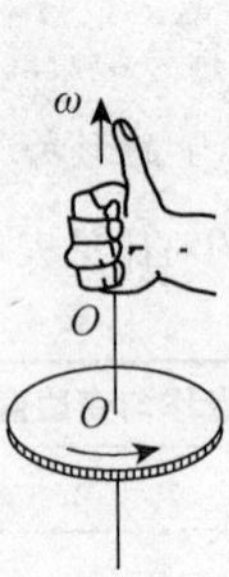

图 4-3

在国际单位制中，角速度的单位为 rad · s^{-1}(弧度 / 秒)，在工程技术上，通常用每分钟转过的圈

数来描述转动的快慢，称为转速，用符号 n 表示，单位是 $\mathrm{r\cdot min^{-1}}$（转/分）. 因为 1 转相当于 2π 弧度，故角速度 ω 和转速 n 的变换关系为

$$\omega=\frac{2\pi n}{60},n=\frac{30\omega}{\pi}.$$

若角速度是常量，则刚体作匀速转动. 若角速度不是常量，则刚体作变速转动，这时为了表示角速度 ω 变化的快慢，还需要引入角加速度的概念. 设在时刻 t_1，刚体的角速度为 ω_1，在时刻 t_2，角速度为 ω_2，则在时间 $\Delta t=t_2-t_1$ 内刚体角速度的增量为 $\Delta\omega=\omega_2-\omega_1$，当 Δt 趋近于零时，$\Delta\omega$ 也趋近于零，这时比值 $\frac{\Delta\omega}{\Delta t}$ 趋近于某一极限值，这个极限值称为刚体在某一时刻对转轴的瞬时角加速度. 即

$$\alpha=\lim_{\Delta t\to 0}\frac{\Delta\omega}{\Delta t}=\frac{\mathrm{d}\omega}{\mathrm{d}t}.$$

当刚体作加速度转动时，α 和 ω 同号；当刚体作减速转动时，α 和 ω 异号. 在国际单位制中，角加速度的单位为 $\mathrm{rad\cdot s^{-2}}$.

小结

项目	内容	说明
描述刚体定轴转动的物理量	角坐标 θ 角位移 $\Delta\theta$ 角速度 ω 角加速度 α	$\omega=\frac{\mathrm{d}\theta}{\mathrm{d}t}$ 角速度 ω 的方向用右手螺旋法则判定：把右手的拇指伸直，其余四指弯曲，使弯曲的方向与刚体转动的方向一致，此时的拇指方向就是 ω 的方向
匀速定轴转动	$\theta=\theta_0+\omega t$	ω 为常量
匀变速定轴转动	$\omega=\omega_0+\alpha t$ $\theta=\theta_0+\omega_0 t+\frac{1}{2}\alpha t^2$ $\omega^2=\omega_0^2+2\alpha(\theta-\theta_0)$	α 为常量 刚体的匀变速定轴转动规律与质点的匀变速直线运动规律相似
注释：距转轴为 r 处质元的线量与角量的关系为 $v=\omega r$，$a_{\mathrm{t}}=\alpha r$，$a_{\mathrm{n}}=\omega^2 r$		

三、刚体定轴转动的动力学描述

1. 力矩

力矩是刚体定轴转动运动状态改变的原因，其作用相当于质点力学中的力. 力矩大小定义为 $M=Fr\sin\theta$，式中 θ 为 $\boldsymbol{r}$ 与 $\boldsymbol{F}$ 的夹角.

温馨提示 (1) 力矩的 SI 单位为 $\mathrm{N\cdot m}$（牛顿·米），量纲为 $\mathrm{L^2MT^{-2}}$，与焦耳相同，但是不能称为焦耳；(2) 力矩是矢量，但在定轴转动中可以作为代数量处理，因为转动只有两个方向，顺时针或逆时针，力矩可以用正负来表示；(3) 当存在几个外力时，合力矩等于各个力矩的代数和.

2. 转动惯量

转动惯量表征刚体转动的惯性大小，其作用相当于质点力学中的质量，其定义为 $J=\sum_i \Delta m_i r_i^2$，

连续体的情况根据刚体是线分布体、面分布体及立体分布体可分别写为

$$J=\int r^2\,\mathrm{d}m=\begin{cases}\int_l r^2\lambda\,\mathrm{d}l\\ \int_S r^2\sigma\,\mathrm{d}S\\ \int_V r^2\rho\,\mathrm{d}V\end{cases}$$

其中，$\mathrm{d}m=\begin{cases}\lambda\mathrm{d}l\\ \sigma\mathrm{d}S\\ \rho\mathrm{d}V\end{cases}$为质量，$\lambda$、$\sigma$ 与 ρ 分别是刚体分布的线密度、面密度与体密度. 转动惯量的量纲为 ML^2，在 SI 中，它的单位为 $kg\cdot m^2$.

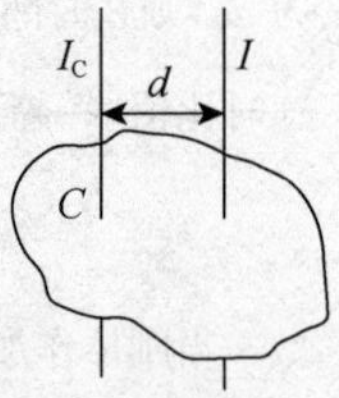

图 4-4

3. 平行轴定理

刚体对空间任意轴 I 的转动惯量 J，等于刚体对过质点 C 并且平行于该轴的轴 I_C 的转动惯量 J_C，加上刚体的质量 m 乘以此两轴(图 4-4) 间距离 d 的二次方，即 $J=J_C+md^2$. 这表明在刚体对所有互相平行的轴的转动惯量中，以通过质心的轴的转动惯量为最小.

温馨提示 (1) 转动惯量与刚体对转轴的质量分布有关，一定质量的刚体其质量越远离转轴分布转动惯量越大；(2) 转动惯量的概念在原子、分子和中子的微观量子力学领域中也是成立的；(3) 记住几个常用的转动惯量，例如，匀质细杆关于过端点与其垂直的轴的转动惯量 $J=\frac{1}{3}ml^2$；匀质圆盘关于中央垂直轴的转动惯量 $J=\frac{1}{2}mR^2$.

4. 转动定律

刚体定轴转动的动力学方程为 $M=J\alpha$，即 $M=J\frac{\mathrm{d}\omega}{\mathrm{d}t}=J\frac{\mathrm{d}^2\theta}{\mathrm{d}t^2}$，此式称为刚体绕定轴转动的转动定律. 其在刚体动力学中的地位与牛顿第二定律在质点动力学中的地位一样，转动定律也同样描述了力矩与角加速度之间的瞬时关系.

应用转动定律解决转动问题的研究方法：确定研究对象；进行受力分析求出合外力矩；选定转动的正方向，列出方程求解. 在实际问题中，往往是有的物体作平动，有的物体作定轴转动，应把它们隔离开来分别处理，物体的平动应用牛顿第二定律，物体的定轴转动就应用转动定律，再找出平动与转动之间的关系进行求解.

小结

物理量及定律	内容	说明
力矩	$\boldsymbol{M}=\boldsymbol{r}\times\boldsymbol{F}$	刚体定轴转动时，力矩的方向总是沿转轴，这时力矩可表示为代数量
转动惯量	$J=\int r^2\mathrm{d}m$ $J=J_C+md^2$(平行轴定理)	转动惯量与刚体的形状、大小和质量分布以及与转轴的位置有关
转动定律	$M=J\alpha$	式中 M、J、α 均相对于同一转轴
注释：刚体所受合外力等于零，合外力矩不一定等于零，转动定律是解决刚体定轴转动问题的基本方程		

表 4-2 为几种刚体的转动惯量，从中可以看出，刚体的转动惯量取决于以下几个因素.

(1) 与刚体的质量有关，如，半径相同，厚薄相同的两个圆盘，铁质圆盘的转动惯量比木质圆盘的大.

(2) 在质量相同的情况下，还与质量的分布有关. 从表 4-2 中可以看出，不同形状的刚体，即使质量相等，它们的转动惯量也是不同的. 质量分布得离轴越远，物体的转动惯量就越大. 制造飞轮时通常采用大而厚的轮缘，就是为了使其质量大部分分布在边缘上，借以增大飞轮的转动惯量.

(3) 由式 $J=\sum_{i=1}^{\infty}\Delta m_i r_i^2$ 可知，对不同的转轴，r_i 是不相同的，故刚体的转动惯量还与转轴位置有关，如表 4-2 中细棒对通过它中点的轴和通过它一端的轴的转动惯量是不同的.

表 4-2　几种刚体的转动惯量

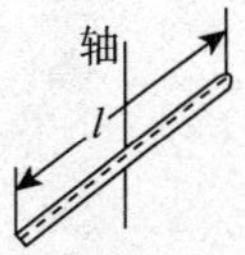 细棒(转动轴通过中心与棒垂直) $J=\frac{ml^2}{12}$	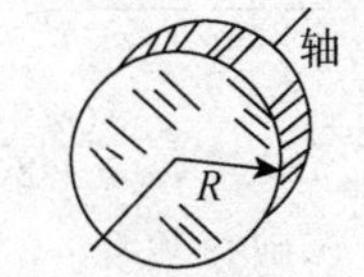 圆柱体(转动轴沿几何轴) $J=\frac{mR^2}{2}$	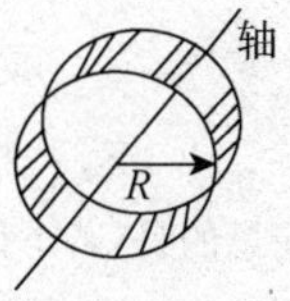 薄圆环(转动轴沿几何轴) $J=mR^2$
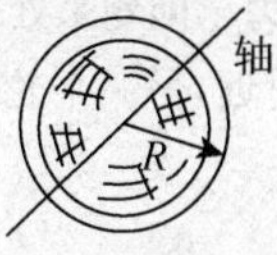 球体(转动轴沿球的任一直径) $J=\frac{2mR^2}{5}$	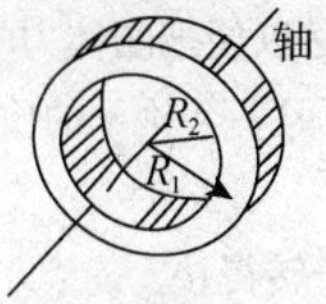 圆筒(转动轴沿几何轴) $J=\frac{m}{2}(R_1^2+R_2^2)$	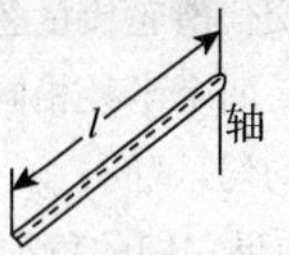 细棒(转动轴通过棒的一端与棒垂直) $J=\frac{ml^3}{3}$

例 1　半径为 R、质量为 m 的滑轮，可绕通过其中心并与板面垂直的水平轴自由转动，轮两边跨有轻绳，绳的下端悬有质量为 m_1 和 m_2 的两个物体，$m_1>m_2$，如图 4-5(a) 所示，求 m_1 和 m_2 的加速度和绳中的张力.

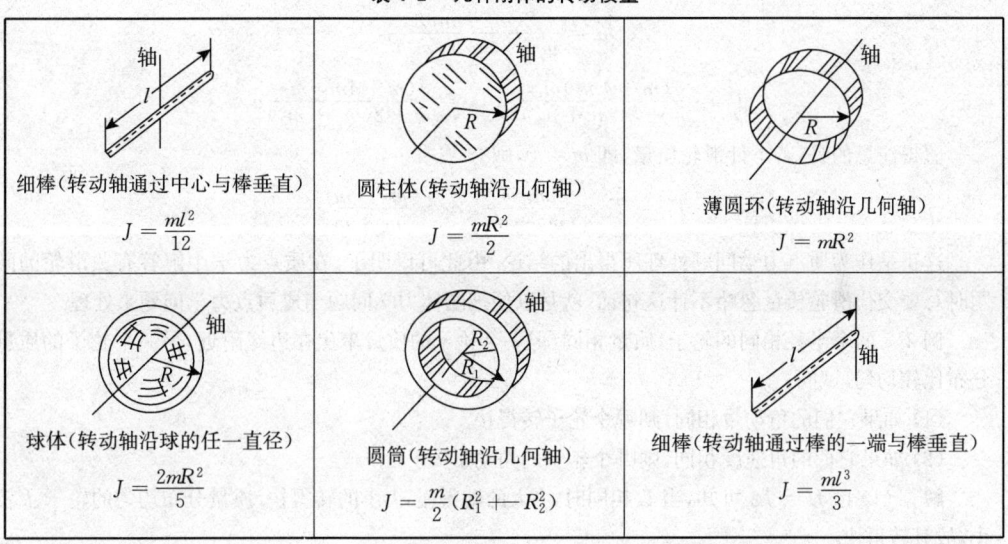

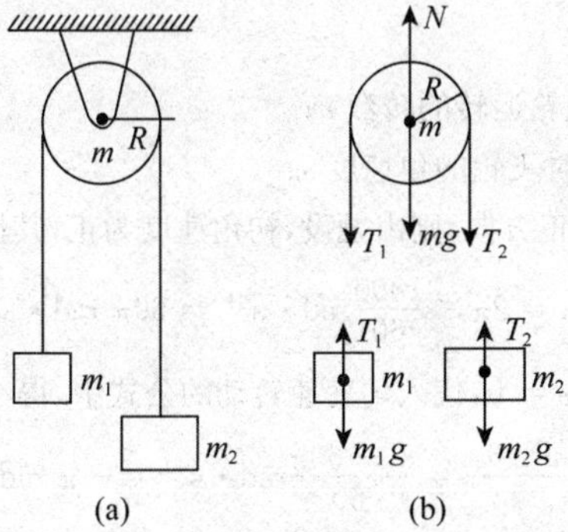

图 4-5

解　分别选 m_1、m_2、m 为研究对象，其受力分析及坐标如图 4-5(b) 所示.

对 m_1 和 m_2 应用牛顿第二定律，有

$$m_1 g - T_1 = m_1 a \quad ①$$

$$T_2 - m_2 g = m_2 a \quad ②$$

对 m 应用转动定律，有

$$T_1 R - T_2 R = \frac{1}{2} m R^2 \alpha \quad ③$$

$$a = R\alpha \quad ④$$

联立式 ① ～ ④ 可得

$$a = \frac{2(m_1 - m_2)}{m + 2(m_1 + m_2)} g$$

$$T_1 = \frac{(m + 4m_2)m_1}{m + 2(m_1 + m_2)} g, T_2 = \frac{(m + 4m_1)m_2}{m + 2(m_1 + m_2)} g.$$

值得注意的是，若不计滑轮质量，即 $m = 0$，则有

$$T_1 = T_2 = \frac{2m_1 m_2}{m_1 + m_2} g, a = \frac{m_1 - m_2}{m_1 + m_2} g.$$

这正是作为质点力学问题处理所得出的结论. 由此可以明了，在质点力学中解答有关滑轮的问题时总要交代滑轮质量忽略不计这句话，就是以便把刚体力学问题当成质点力学问题来处理.

例 2　两个半径相同的轮子，质量相同，但一个轮子的质量聚焦在边缘附近，另一个轮子的质量分布比较均匀，试问：

(1) 如果它们的角动量相同，则哪个轮子转得快？

(2) 如果它们的角速度相同，则哪个轮子的角动量大？

解　(1) 由 $L = J\omega$ 可知，当 L 相同时，J 大的转得慢，J 小的转得快. 质量分布均匀的轮子 J 较小，故其转得快.

(2) 由 $L = J\omega$ 可知，当 ω 相同时，质量聚焦在边缘附近的轮子的角动量大.

例 3　一飞轮以转速为 $1800\text{r} \cdot \text{min}^{-1}$ 绕定轴作逆时针转动，制动后，飞轮均匀地减速，经时间 $t = 60$ s 停止转动，求：

(1) 角加速度 α；

(2) 从开始制动到静止，飞轮运转的转数 n；

(3) 制动开始后 $t = 35$ s 时飞轮的角速度 ω.

解　(1) 选逆时针方向为正方向，则由题设，初角速度为正，其值为

$$\omega = 2\pi \times \frac{1800}{60} \text{rad} \cdot \text{s}^{-1} = 60\pi \text{ rad} \cdot \text{s}^{-1},$$

在 $t = 60$ s 时，末角速度 $\omega = 0$，代入匀变速转动的公式中，得

$$\alpha = \frac{\omega - \omega_0}{t} = \frac{0 - 60\pi}{60} \text{rad} \cdot \text{s}^{-2} = -\pi \text{ rad} \cdot \text{s}^{-2},$$

α 为负值，即 α 与 ω_0 异号，表示飞轮作匀减速运动.

(2) 从开始制动到停止，飞轮的角位移 θ 及转数 n 分别为

$$\theta = \omega t + \frac{1}{2}\alpha t^2 = 60\pi \times 60\ \text{rad} + \frac{1}{2}(-\pi) \times 60^2\ \text{rad} = 1800\pi\ \text{rad},$$

$$n = \frac{\theta}{2\pi} = \frac{1800\pi}{2\pi} = 900.$$

(3) 在时刻 $t = 35$ s 时飞轮的角速度为

$$\omega = \omega_0 + \alpha t = 60\pi\ \text{rad} \cdot \text{s}^{-1} + (-\pi) \times 35\ \text{rad} \cdot \text{s}^{-1} = 25\pi\ \text{rad} \cdot \text{s}^{-1},$$

ω 的转向与 ω_0 相同.

四、角动量定理与角动量守恒定律

1. 角动量 L

对绕定轴转动作圆周运动的质点来说，角动量表示为 $\boldsymbol{L} = \boldsymbol{r} \times \boldsymbol{p} = \boldsymbol{r} \times m\boldsymbol{v}$，大小 $L = mvr$，而 $v = r\omega$，所以角动量一般写为 $L = mr^2\omega = J\omega$. 它与质点的动量相似，描述刚体转动量的大小. 角动量是矢量，它的方向与角速度的方向相同，定轴转动时只需要用正负来表示.

温馨提示 质点与刚体的角动量都可以写为 $L = J\omega$，只有作圆周运动的质点的角动量才可以写为 $L = mr^2\omega$.

2. 角动量定理

由质点系的角动量定理，对于绕定轴转动的刚体，可得 $\boldsymbol{M} = \frac{\text{d}}{\text{d}t}(\sum \Delta m_i r_i^2 \boldsymbol{\omega}) = \frac{\text{d}(J\boldsymbol{\omega})}{\text{d}t}$，此式为刚体绕定轴转动的角动量定理(微分形式)，式中，$\boldsymbol{L} = J\boldsymbol{\omega}$ 为刚体对转轴的角动量. 该式两边求积分，可得刚体绕定轴转动的角动量定理的积分形式为

$$\int_{t_1}^{t_2} \boldsymbol{M}\text{d}t = \boldsymbol{L}_2 - \boldsymbol{L}_1 = J\boldsymbol{\omega}_2 - J\boldsymbol{\omega}_1$$

等式左边的积分叫作外力矩对固定转轴的角冲量，也叫冲量矩. 该式表明，对于给定的转轴，作用在刚体上的外力矩的角冲量等于刚体角动量的增量. 角动量定理给出了力矩的时间累积与刚体转动状态变化的关系.

温馨提示 当研究对象为同一系统时，只要系统中有一个物体是刚体，就必须使用角动量定理或角动量守恒定律，绝不能使用动量定理或动量守恒定律. 列方程时，每一项都必须是角动量. 系统中若有质点，一定要写出质点对于给定轴的角动量.

3. 角动量守恒定律

由角动量定理可知，当作用于刚体(或质点)上的合外力矩为零或刚体(质点)不受外力矩作用时，刚体的角动量守恒，即 $J\boldsymbol{\omega}$ 为恒矢量.

温馨提示 得出角动量守恒定律的过程中用到刚体、定轴等条件，但其使用范围远远超出原有的条件，与动量守恒和能量守恒一样，作为自然界的普适定律，角动量守恒定律也适用于牛顿力学失效的微观、高速(接近光速)领域.

小结：力矩的时间累积效应.

项目	内容	说明
角动量	质点的角动量 $\boldsymbol{L}=\boldsymbol{r}\times m\boldsymbol{v}$，定轴转动刚体的角动量 $\boldsymbol{L}=J\boldsymbol{\omega}$	J、ω 必须相对于同一转轴
冲量矩	$\int_{t_1}^{t_2}\boldsymbol{M}\mathrm{d}t$	力矩对时间的累积
角动量定理	$\int_{t_1}^{t_2}\boldsymbol{M}\mathrm{d}t=\boldsymbol{L}_2-\boldsymbol{L}_1=J\boldsymbol{\omega}_2-J\boldsymbol{\omega}_1$ 若转动惯量随时间改变，可写为 $\int_{t_1}^{t_2}\boldsymbol{M}\mathrm{d}t=\boldsymbol{L}_2-\boldsymbol{L}_1=J_1\boldsymbol{\omega}_2-J_2\boldsymbol{\omega}_1$	力矩和角动量必须是相对于同一转轴
角动量守恒定律	$\boldsymbol{L}=J\boldsymbol{\omega}=$ 恒矢量	角动量守恒定律的条件：$M_{合外}=0$
注释：内力矩不改变系统的角动量		

例 4　从一个半径为 R 的均匀薄板上挖去一个直径为 R 的圆板，所形成的圆洞中心在距原薄板中心 $R/2$ 处，如图 4-6 所示，所剩薄板的质量为 m. 求此时薄板对于通过原中心而与板面垂直的轴的转动惯量.

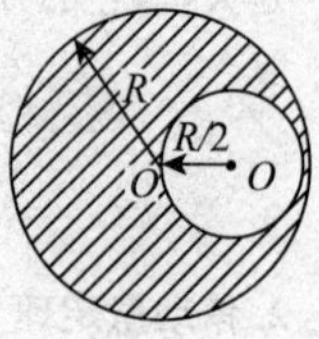

图 4-6

解　本题要用到平行轴定理：

$$J=J_C+md^2$$

板的面密度为

$$\sigma=\frac{m}{\pi\left[R^2-\left(\frac{R}{2}\right)^2\right]}=\frac{4m}{3\pi R^2}$$

故

$$\begin{aligned}J_0&=\frac{1}{2}(\sigma\pi R^2)R^2-\left[\frac{1}{2}\left(\sigma\pi\frac{R^2}{4}\right)\frac{R^2}{4}+\sigma\pi\frac{R^2}{4}\cdot\frac{R^2}{4}\right]\\&=\frac{1}{2}\sigma\pi R^4-\frac{1}{2}\sigma\pi\frac{R^4}{16}-\sigma\pi\frac{R^4}{16}\\&=\frac{13}{32}\sigma\pi R^4=\frac{13}{32}\cdot\frac{4m}{3\pi R^2}\cdot\pi R^4=\frac{13}{24}mR^2.\end{aligned}$$

五、力矩的功与动能

1. 力矩做功

在刚体的定轴转动过程中，所有内力做功之和为零，外力做的功用角量表述，元功为 $\mathrm{d}A=\boldsymbol{F}\cdot\mathrm{d}\boldsymbol{r}=M\mathrm{d}\theta$，刚体转动有限角度 θ 的过程中合外力矩做的功为

$$W=\int M\mathrm{d}\theta$$

若 $\mathrm{d}t$ 时间内刚体转过 $\mathrm{d}\theta$ 角，则力矩的功率为

$$P=\mathrm{d}W/\mathrm{d}t=M\mathrm{d}\theta/\mathrm{d}t=M\omega.$$

2. 转动动能

刚体绕定轴转动时，转动动能为

$$E_k = \frac{1}{2}J\omega^2.$$

3. 转动的动能定理

刚体在合外力矩的作用下功与能的关系为

$$W = \int M\mathrm{d}\theta = \frac{1}{2}J\omega_2^2 - \frac{1}{2}J\omega_1^2,$$

上式表明，合外力矩对绕定轴转动的刚体所做的功等于刚体转动动能的增量，此称为刚体绕定轴转动的动能定理. 动能定理给出了力矩的空间累积与刚体转动状态变化间的关系.

温馨提示 （1）解题时注意，看所研究的对象是质点还是刚体，如果是质点，那么分析质点的加速度及质点的受力，用牛顿第二定律来解决；如果是刚体，那么分析刚体的角加速度和转动惯量，分析刚体所受的力矩，用刚体的转动定律来解决；如果是刚体和质点的混合体，就同时都进行分析，并且借助角量和线量的关系来解决；（2）关于角动量守恒定律的应用，在遇到质点与刚体的碰撞问题时就不能用动量守恒，而是用角动量守恒来解决问题.

小结

项目	内容	说明
力矩的功	$W = \int_{\theta_1}^{\theta_2} M\mathrm{d}\theta$	力矩对空间的累积
转动的动能定理	$W = \frac{1}{2}J\omega_2^2 - \frac{1}{2}J\omega_1^2$	刚体转动动能 $E_k = \frac{1}{2}J\omega^2$
机械能守恒定律	$E = E_0$	机械能守恒定律的条件：$W_{外} + W_{非保内} = 0$
注释："含有刚体的力学系统的机械能守恒定律"，在形式上与质点系的机械能守恒定律完全相同，但在内涵上却有扩充和发展；在机械能的计算上，既要考虑平动物体的平动动能，质点的重力势能、弹性势能，又要考虑转动刚体的转动动能和刚体的重力势能		

例 5 如图 4-7 所示，木杆可绕杆端 O 处水平轴转动，开始时木杆竖直下垂. 质量 $m_1 = 50$ g 的小球以 $v_{10} = 30\ \mathrm{m\cdot s^{-1}}$ 的水平速度与木杆的另一端相碰，碰后小球速度反向，大小为 $v_1 = 10\ \mathrm{m\cdot s^{-1}}$；杆长 $l = 40$ cm，质量 $m_2 = 600$ g. 设碰撞时间极短，求碰撞后木杆获得的角速度.

解 选杆和小球组成的系统为研究对象，所受外力是二者的重力及轴 O 处的作用力，碰撞时这些外力对 O 轴的力矩为零，因此系统对 O 轴的角动量守恒. 选逆时针方向为转动正方向，则由系统对 O 轴的角动量守恒有

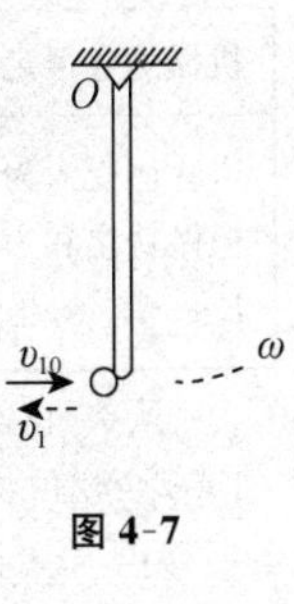

图 4-7

$$m_1 l^2 \frac{v_{10}}{l} = -m_1 l^2 \frac{v_1}{l} + \frac{1}{3} m_2 l^2 \omega_2$$

即

$$m_1 v_0 = -m_1 v_1 + \frac{1}{3} m_2 l \omega_2$$

故 $\omega_2 = \dfrac{3m_1(v_0 + v_1)}{m_2 l} = \dfrac{3 \times 50 \times (30 + 10)}{600 \times 0.4}\ \mathrm{rad\cdot s^{-1}} = 25\ \mathrm{rad\cdot s^{-1}}$.

结果为正值，即木杆转向如图 4-7 所示.

小结：与质点相似，刚体也是一个理想模型，对其亦只考虑形状，而不考虑运动过程中的形变. 本章主要讨论刚体的定轴转动，其特征是刚体内每个质元都在与转轴垂直的平面内作圆周运动，所有质元的角速度、角加速度相同. 因此，与质点动力学相似，对于刚体定轴转动也有一些常用的定律、定理. 为便于记忆，表 4-3 列出了质点一维运动与刚体定轴转动的对应公式.

表 4-3　质点一维运动与刚体定轴转动的对应公式

质点一维运动	刚体定轴转动
线位移　Δx	角位多　$\Delta\theta$
线速度　$v=\dfrac{dx}{dt}$	角速度　$\omega=\dfrac{d\theta}{dt}$
线加速度　$a=\dfrac{dv}{dt}=\dfrac{d^2x}{dt^2}$	角加速度　$\alpha=\dfrac{d\omega}{dt}=\dfrac{d^2\theta}{dt^2}$
质量　m	转动惯量　$J=\int r^2 dm$
力　$\boldsymbol{F}$	力矩　$\boldsymbol{M}=\boldsymbol{r}\times\boldsymbol{F}$
运动定律　$\boldsymbol{F}=m\boldsymbol{a}$	转动定律　$\boldsymbol{M}=J\boldsymbol{\alpha}$
动量　$\boldsymbol{p}=m\boldsymbol{v}$	角动量　$\boldsymbol{L}=J\boldsymbol{\omega}$
动量定理　$\int\boldsymbol{F}dt=m\boldsymbol{v}_2-m\boldsymbol{v}_1$	角动量定理　$\int\boldsymbol{M}dt=J\boldsymbol{\omega}_2-J\boldsymbol{\omega}_1$
动量守恒定律	角动量守恒定律
当 $\sum F=0$ 时，$\sum m_iv_i=$ 恒量	当 $M=0$ 时，$\sum J\omega=$ 恒量
力的功　$W=\int F\cdot dr$	力矩的功　$W=\int Md\theta$
动能　$E_k=\dfrac{1}{2}mv^2$	转动动能　$E_{k转}=\dfrac{1}{2}J\omega^2$
动能定理	转动动能定理
$W_{外}=\dfrac{1}{2}mv_2^2-\dfrac{1}{2}mv_1^2$	$W_{外}=\dfrac{1}{2}J\omega_2^2-\dfrac{1}{2}J\omega_1^2$
重力势能　$E_v=mgh$	重力势能　$E_p=mgh_C$
机械能守恒定律	机械能守恒定律
当物体受力为保守力时（或受力虽为非保守力，但做功之和为零时），系统的机械能守恒，即 $E_k+E_p=$ 恒量	若只有重力矩做功，则刚体与地球系统的机械能守恒，即 $E_k+E_p=$ 恒量

从表 4-3 中可以看出，刚体定轴转动的有关物理量和公式与质点运动有关物理量和公式相似，但要注意其区别.

(1) 质点的质量是不变的，而刚体的转动惯量却因转轴位置、质量分布的不同而改变.

(2) 改变质点运动状态的是力，而改变刚体转动状态的则是力矩.

(3) 讨论刚体定轴转动时，重力势能即是刚体质量集中在质心时的重力势能（即各质量元重力势能的总和).

对于刚体绕定轴转动,其解题方法与质点动力学相似,主要是应用转动定律、角动量定理、角动量守恒定律、功能原理、机械能守恒定律等,特别要注意应用角动量守恒、机械能守恒等定律时的条件.

课后习题全解

4-1 解题过程 两个力都平行于轴作用,每个力的力矩均为零,合力矩为零,故(1) 正确. 两个力都垂直于轴作用,单个力的力矩不为零,但合力矩可能是零,故(2) 正确. 两个力的合力为零,它们对轴的合力矩不一定为零,故(3) 不正确. 当两个力对轴的合力矩为零时,它们的合力一般不为零,故(4) 不正确. 答案选(B).

4-2 解题过程 由转动定律 $M = J\alpha$ 可知,J 为定值,α 的改变只与合外力矩 M 有关,与内力矩无关,故(1) 正确. 一对作用力和反作用力对同一轴的力矩之和必为零,故(2) 正确. 质量相等,转动惯量 J 不一定相同,所以在相同力矩的作用下,角加速度不一定相同,运动状态不一定相同. 答案选(B).

4-3 解题过程 当均匀细棒处于水平时,力矩最大,速度最小,而角速度与线速度成正比,则当从水平开始静止下落角速度越来越大,但力矩越来越小,则角加速度从大到小,本题选(C).

4-4 解题过程 由角动量守恒定律可知,合力矩为零时,角动量为恒矢量,故两个子弹射入时合力为零,$L = J\omega$ 不变,子弹射入后的瞬间,J 变大,ω 变小. 答案选(C).

4-5 解题过程 卫星在空中运动时,受到万有引力的作用,万有引力为外力,故动量不守恒,而卫星的角动量守恒,当卫星离地球远时速度小,反之亦然,与此同时,卫星的动能与势能之间相互转化始终相等,故本题选(B).

4-6 知识点窍 角速度公式:$\omega = 2\pi n$;角加速度定义:$\alpha = \dfrac{d\omega}{dt} \xlongequal{\text{匀变速转动}} \dfrac{\omega - \omega_0}{t}$.

逻辑推理 将转速换算成角速度,再由匀变速转动角加速度定义式求出角加速度,转过的角度可直接由角度公式求出.

解题过程 (1) 由匀变速转动角加速度公式 $\alpha = \dfrac{\omega - \omega_0}{t}$ 及 $\omega = 2\pi n$ 得

$$\alpha = \frac{2\pi(n - n_0)}{t} = 13.1\ \mathrm{rad \cdot s^{-2}}.$$

(2) 曲轴在 12 s 内转过的圈数为

$$n = \frac{\theta}{2\pi} = \frac{1}{2\pi}\bar{\omega}t = \frac{1}{2\pi}\cdot\frac{\omega + \omega_0}{2}t = \frac{1}{2}(n + n_0)t,$$

将 $n_0 = 1.2 \times 10^3\ \mathrm{r \cdot min^{-1}} = \dfrac{1.2 \times 10^3}{60}\mathrm{r \cdot s^{-1}}$,$n = \dfrac{2.7 \times 10^3}{60}\mathrm{r \cdot s^{-1}}$ 代入上式得

$n = 390$.

4-7 知识点窍 角加速度定义:$\alpha = \dfrac{d\omega}{dt}$;转过角度公式:$\theta = \int_0^t \omega dt$.

逻辑推理 由转速 $\omega=\omega(t)$ 可直接求出某时刻的角速度;由角加速度的定义式可直接求出角加速度随时间的变化规律;对角速度 $\omega(t)$ 进行积分可求出某时间转过的角度.

解题过程 (1) 将 $t=6.0\mathrm{s}$ 代入 $\omega=\omega_0(1-\mathrm{e}^{-\frac{t}{\tau}})$ 可得该时刻的角速度为

$$\omega=\omega_0(1-\mathrm{e}^{-\frac{t}{\tau}})=8.6\ \mathrm{rad}\cdot\mathrm{s}^{-1}.$$

(2) 由角加速度定义有 $\alpha=\dfrac{\mathrm{d}\omega}{\mathrm{d}t}=\dfrac{\omega_0}{\tau}\mathrm{e}^{-\frac{t}{\tau}}=4.5\mathrm{e}^{-\frac{t}{2}}\ \mathrm{rad}\cdot\mathrm{s}^{-2}$.

(3) $t=6.0\ \mathrm{s}$ 时转过的角度 $\theta=\int_0^{6.0}\omega\mathrm{d}t=\int_0^{6.0}\omega_0(1-\mathrm{e}^{-\frac{t}{\tau}})\mathrm{d}t=36.9\ \mathrm{rad}$,此时已转过的圈数为 $n=\dfrac{\theta}{2\pi}=5.87$.

4-8 解题过程 由转动惯量可知 $2md^2\sin^2\theta+2md^2\cos^2\theta=2md^2$. 由题知

$$J_{AA'}=1.93\times10^{-47}\ \mathrm{kg}\cdot\mathrm{m}^2,J_{BB'}=1.14\times10^{-47}\ \mathrm{kg}\cdot\mathrm{m}^2,$$

则

$$d=\sqrt{\frac{J_{AA'}+J_{BB'}}{2m}}=9.6\times10^{-11}\ \mathrm{m},$$

即可以得到 $\theta=\arctan\sqrt{\dfrac{J_{AA'}}{J_{BA'}}}=52.3°$.

4-9 知识点窍 圆柱体的转动惯量公式:$J=\dfrac{1}{2}mR^2$.

逻辑推理 由圆柱体的转动惯量公式可求出圆盘的转动惯量 J_1 和两个圆柱体的转动惯量 J_2、J_3. 根据转动惯量的可叠加性便可求出整个飞轮的转动惯量.

解题过程 圆盘的转动惯量为

$$J_1=\frac{1}{2}m_1\left(\frac{d_1}{2}\right)^2=\frac{1}{2}\cdot\rho\cdot\pi\left(\frac{d_1}{2}\right)^2\cdot h_1\cdot\left(\frac{d_1}{2}\right)^2$$

两个圆柱的转动惯量为

$$J_2=J_3=\frac{1}{2}m_2\left(\frac{d_2}{2}\right)^2=\frac{1}{2}\rho\pi\left(\frac{d_2}{2}\right)^2h_2\left(\frac{d_2}{2}\right)^2$$

其中,d_1、d_2 分别为圆盘和圆柱的直径,h_1、h_2 分别为圆盘和圆柱的长度.

由转动惯量的可叠加性可得

$$J=J_1+J_2+J_3=\frac{1}{16}\pi\rho\left(\frac{1}{2}h_1d_1^4+h_2d_2^4\right)$$

将已知数据代入得 $J=0.136\ \mathrm{kg}\cdot\mathrm{m}^2$.

4-10 知识点窍 圆盘对中心轴的转动惯量:$J_0=\dfrac{1}{2}mR^2$;

平行轴定理:$J=J_0+md^2$.

逻辑推理 圆盘对 O 轴的转动惯量直接由公式给出.

圆盘对 O' 轴的转动惯量可由平行轴定理经计算得出.

解题过程 (1) 圆盘的密度为 $\rho=\dfrac{m}{\pi R^2}$,面积 $S=\pi r^2$,所以

$$\mathrm{d}s=2\pi r\mathrm{d}r$$

$$\mathrm{d}m = \rho \mathrm{d}s = \frac{m}{\pi R^2} \cdot 2\pi r \mathrm{d}r = \frac{2mr}{R^2}\mathrm{d}r$$

剩余部分对 OO 轴的转动惯量为

$$J_{OO} = \int_{\frac{R}{2}}^{R} r^2 \mathrm{d}m = \int_{\frac{R}{2}}^{R} r^2 \cdot \frac{2mr}{R^2}\mathrm{d}r = \frac{2m}{R^2}\int_{\frac{R}{2}}^{R} r^3 \mathrm{d}r = \frac{15}{32}mR^2.$$

(2) 由于质心仍在点 O,由平行轴定理得

$$J_{O'O'} = J_{OO} + m'R^2 = \frac{15}{32}mR^2 + \left[m - \frac{m}{\pi R^2} \cdot \pi\left(\frac{R}{2}\right)^2\right]R^2$$

$$= \frac{39}{32}mR^2$$(m' 为挖去半径为 $R/2$ 后的剩余质量).

4-11 知识点窍 匀变速转动的角加速度:$\alpha = \dfrac{\omega - \omega_0}{t}$;转动定律:$M = J\alpha$;

角动量定理:$\int \overline{\boldsymbol{M}}\mathrm{d}t = \overline{\boldsymbol{L}}_2 - \overline{\boldsymbol{L}}_1$.

逻辑推理 涡轮由于受到恒力矩的作用,作匀变速转动,故可应用匀变速转动的角速度公式求出 α 的表达式 $\alpha = \alpha(t)$,再由转动定律即可求得所需的时间.

本题也可由角动量定理求得,此方法更简便.

解题过程 由匀变速转动的规律可得

$$\alpha = \frac{\omega - \omega_0}{t} \qquad ①$$

由转动定律知

$$M = J\alpha \qquad ②$$

由式 ①、式 ② 可得飞轮所经历的时间为

$$t = \frac{(\omega - \omega_0)J}{M} = \frac{2\pi J}{M}(n - n_0)$$

代入已知数据得 $t = 10.8$ s.

4-12 知识点窍 转动定律:$M = FR = J\alpha$;

牛顿第二定律:$\sum F = ma$;

匀变速直线运动规律:$h = \dfrac{1}{2}at^2$.

逻辑推理 飞轮绕定轴转动,可用转动定律来研究.

重物作落体运动,可用牛顿运动定律来研究.由于绳子不可伸长,绳子对飞轮和重物的拉力大小相等,从而建立了飞轮与重物之间的联系,联立各运动方程即可求解.

解题过程 设绳子的拉力为 F,则对飞轮运用转动定律有

$$FR = J\alpha \qquad ①$$

对重物运用牛顿运动定律有

$$mg - F = ma \qquad ②$$

重物作匀加速下滑,则有

$$h = \frac{1}{2}at^2 \qquad ③$$

考虑绳子不可伸长，即 $a = R\alpha$，联立式 ① ～ ③ 可得 $J = mR^2\left(\frac{gt^2}{2h} - 1\right)$.

此题由机械能守恒定律来解答更简便.

4-13 知识点窍 转动定律：$M = J\alpha$；

牛顿运动定律：$\sum F = ma$.

逻辑推理 对于转动物体可由转动定律研究，对于平动物体，可由牛顿运动定律来研究，两者的联系在于绳不可伸长及绳对两个物体的拉力相等.

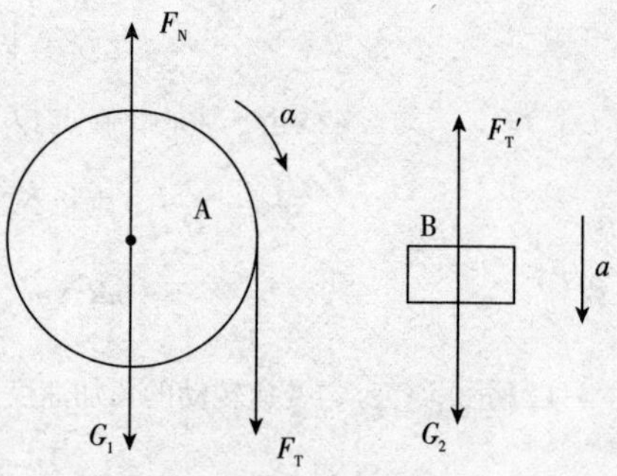

图解 4-13

解题过程 两物体的受力分析如图解 4-13 所示.

(1) 对圆柱体，由转动定律有

$$F_T r = J\alpha = \frac{1}{2}M_1 r^2 \alpha \qquad ①$$

对重物，由牛顿运动定律有

$$m_2 g - F'_T = m_2 a \qquad ②$$

而 $F_T = F'_T$，$a = r\alpha$，代入式 ①、式 ② 得物体下落的加速度为 $a = \frac{2m_2}{m_1 + 2m_2}g$.

$t = 1$ s 时，B 下落的距离为

$$s = \frac{1}{2}at^2 = 2.45 \text{ m}.$$

(2) 由式 ② 可得绳的张力为 $F_T = m(g - a) = \frac{m_1 m_2}{m_1 + 2m_2}g = 39.2$ N.

4-14 知识点窍 牛顿运动定律：$\sum F = ma$；转动定律：$\sum M = J\alpha$.

逻辑推理 由转动惯量的可叠加性可知，组合轮的转动惯量是两轮转动惯量之和. 它所受力矩为两绳张力矩之矢量和. 转动组合轮遵循牛顿运动定律，而 A、B 两物体遵循牛顿运动定律.

解题过程 对两物体及组合轮作受力分析，如图解 4-14 所示.

对滑轮组运用转动定律有

$$F_2 r - F_1 R = (J_1 + J_2)\alpha \qquad ①$$

对物体 A 运用牛顿运动定律有

$$F'_1 - m_1 g = m_1 a_1 \qquad ②$$

对物体 B 运用牛顿运动定律有

$$m_2 g - F'_2 = m_2 a_2 \qquad ③$$

其中 $\qquad F'_1 = F_1, F'_2 = F_2 \qquad ④$

由于绳子不可伸长，因此

$$a_1 = R\alpha, a_2 = r\alpha, \qquad ⑤$$

联立式 ① ～ ⑤，可求得

$$a_1 = -\frac{(m_2 r - m_1 R)R}{J_1 + J_2 + m_1 R^2 + m_2 r^2}g$$

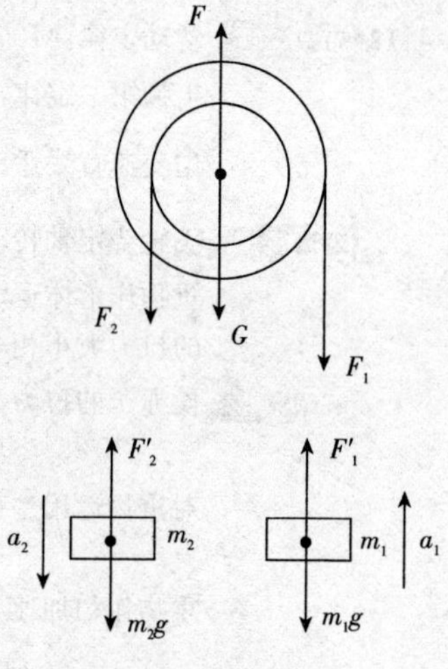

图解 4-14

$$a_2 = -\frac{(m_2 r - m_1 R)r}{J_1 + J_2 + m_1 R^2 + m_2 r^2} g$$

$$F_1 = \frac{J_1 + J_2 + m_2 r^2 + m_2 Rr}{J_1 + J_2 + m_1 R^2 + m_2 r^2} m_1 g$$

$$F_2 = \frac{J_1 + J_2 + m_1 R^2 + m_1 Rr}{J_1 + J_2 + m_1 R^2 + m_2 r^2} m_2 g.$$

4-15 知识点窍 牛顿运动定律：$\sum F = ma$；转动定律：$\sum M = J\alpha$.

逻辑推理 A、B两物体作直线运动，遵循牛顿运动定律. 定滑轮绕定轴转动，遵循转动定律. 再由绳的张力(两边不同)、线加速度和与角加速度的关系将两种运动联系起来.

解题过程 (隔离法) 物体 A、B 及滑轮的受力情况如图解 4-15 所示.

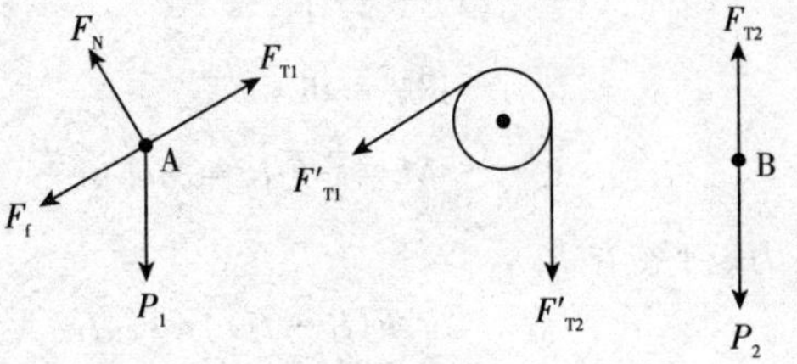

图解 4-15

对物体 A 运用牛顿运动定律：

$$F_{T1} - m_1 g\sin\theta - \mu m_1 g\cos\theta = m_1 a_1$$

对物体 B 运用牛顿运动定律：

$$m_2 g - F_{T2} = m_2 a_2$$

对滑轮运用转动定律：

$$F'_{T2} r - F'_{T1} r = J\alpha$$

式中 $a_1 = a_2 = r\alpha$；$F_{T1} = F'_{T1}$；$F_{T2} = F'_{T2}$.

联立上面几个公式可得

$$a_1 = a_2 = \frac{m_2 g - m_1 g\sin\theta - \mu m_1 g\cos\theta}{m_1 + m_2 + J/r^2},$$

$$F_{T1} = \frac{m_1 m_2 g(1 + \sin\theta + \mu\cos\theta) + (\sin\theta + \mu\cos\theta) m_1 g \cdot J/r^2}{m_1 + m_2 + J/r^2},$$

$$F_{T2} = \frac{m_1 m_2 g(1 + \sin\theta + \mu\cos\theta) + m_2 g \cdot J/r^2}{m_1 + m_2 + J/r^2}.$$

4-16 知识点窍 角动量定理：$\boldsymbol{M}\Delta t = \Delta\boldsymbol{L}$.

逻辑推理 由角动量定理可求出作用于飞轮的摩擦力矩，由此可推知，闸杆对飞轮的作用力和飞轮对杆的作用力. 最后利用闸杆的力矩平衡方程可求出制动力 F.

解题过程 飞轮和闸杆的受力分析如图解 4-16 所示. 飞轮对中心轴的转动惯量为

$$J = mR^2 = \frac{1}{4} md^2 \qquad ①$$

由角动量定理得

$$Mt = J(\omega - \omega_0) = -J\omega_0 \qquad ②$$

其中

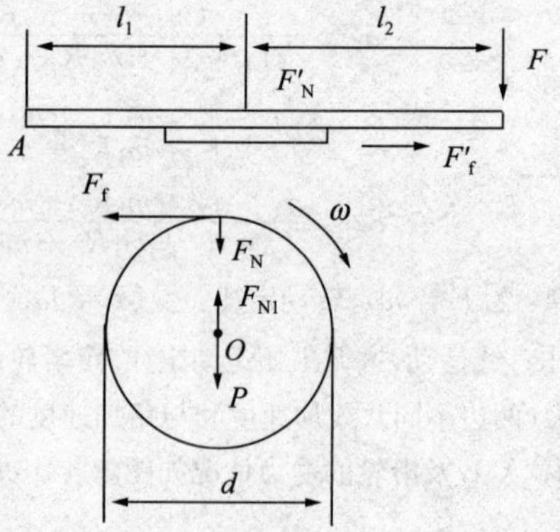

图解 4-16

$$M = -F_f R = -\mu F_N \frac{d}{2} \quad ③$$

根据闸杆力矩平衡有

$$F(l_1 + l_2) = F'_N l_1 \quad ④$$

利用 $F_N = F'_N$,结合式 ① ~ ④ 可得

$$F = \frac{l_1}{l_1 + l_2} \frac{\omega_0 md}{2t\mu} = \frac{l_1}{l_1 + l_2} \cdot \frac{\pi nmd}{t\mu} = 314\ \text{N},$$

$$\omega_0 = 2\pi n.$$

4-17 知识点窍 力矩定义:$\boldsymbol{M} = \boldsymbol{r} \times \boldsymbol{F}$;

角动量定理:$\boldsymbol{M}\Delta t = \Delta \boldsymbol{L}$.

逻辑推理 圆盘在摩擦力矩作用下作减速转动.由于圆盘各点所受摩擦力的力臂不同,总摩擦力矩应是各部分摩擦力矩的总和,因此采用微元法将圆盘分割成一个个小扇形,利用积分求解.最后利用角动量定理可求出圆盘停下来所用的时间.

解题过程 (1) 取距圆心为 r、宽度为 dr 的扇形微元,其所受摩擦力矩为

$$\mathrm{d}M = \mu \frac{m}{\pi R^2} r\mathrm{d}\theta \mathrm{d}r g r = \frac{\mu m g r^2}{\pi R^2} \mathrm{d}r \mathrm{d}\theta$$

总摩擦力矩为

$$M = \int \mathrm{d}M = \frac{\mu m g}{\pi R^2} \int_0^{2\pi} \int_0^R r^2 \mathrm{d}r \mathrm{d}\theta = \frac{2}{3} \mu m g R.$$

(2) 圆盘转动惯量为 $J = \frac{1}{2} mR^2$,由角动量定理得 $-M\Delta t = J\Delta\omega = -J\omega$,所以

$$\Delta t = \frac{J\omega}{m} = \frac{3\omega R}{4\mu g}.$$

4-18 知识点窍 角加速度定义:$\alpha = \frac{\mathrm{d}\omega}{\mathrm{d}t}$;转动定律:$M = J\alpha$;角度公式:$\theta = \int \omega \mathrm{d}t$.

逻辑推理 由已知可写出阻力矩的表达式 $M = -c\omega$,再由角加速度定义式和转动定律可列出 ω 与 t 的微分方程,分离变量积分便可求出 $\omega = \omega(t)$ 的表达式,由此便可解出题中的问题.

解题过程 (1) 通风机叶片所受阻力矩为 $M=-c\omega$，叶片角加速度为 $\alpha=\dfrac{d\omega}{dt}$，由转动定律 $M=J\alpha$ 可知

$$-c\omega=J\frac{d\omega}{dt}$$

分离变量，积分得

$$\int_{\omega_0}^{\omega}\frac{d\omega}{\omega}=\int_0^t-\frac{c}{J}dt$$

所以

$$\omega=\omega_0 e^{-\frac{c}{J}t} \quad ①$$

将 $\omega=\dfrac{1}{2}\omega_0$ 代入式①得

$$t=\frac{J}{c}\ln 2 \quad ②$$

即经过 $t=\dfrac{J}{c}\ln 2$ 时间后角速度减为初角速度的一半.

(2) 易知

$$\theta=\int_0^t\omega dt=\int_0^t\omega_0 e^{-\frac{c}{J}t}dt \quad ③$$

由式②、式③得 $\theta=\dfrac{J\omega_0}{2c}$，在此时间内转过的圈数为 $n=\dfrac{\theta}{2\pi}=\dfrac{J\omega_0}{4\pi c}$.

4-19 知识点窍 质点 m 对原点 O 的角动量为：$\boldsymbol{L}=\boldsymbol{r}\times\boldsymbol{p}=m\boldsymbol{r}\times\boldsymbol{v}$.

注意向量相乘的运算法则：

① 分配律；② $\boldsymbol{i}\times\boldsymbol{i}=\boldsymbol{j}\times\boldsymbol{j}=\boldsymbol{0}$，$\boldsymbol{i}\times\boldsymbol{j}=\boldsymbol{k}$，$\boldsymbol{j}\times\boldsymbol{i}=-\boldsymbol{k}$.

解题过程 $\boldsymbol{L}=\boldsymbol{r}\times\boldsymbol{p}=m(x\boldsymbol{i}+y\boldsymbol{j})\times(v_x\boldsymbol{i}+v_y\boldsymbol{j})$

$=m(xv_y-yv_x)\boldsymbol{k}$，

代入数值：$\boldsymbol{L}=105\boldsymbol{k}\ \mathrm{kg\cdot m^2\cdot s^{-1}}$.

4-20 知识点窍 利用角动量定理进行处理，亦可用转动定律求之.

逻辑推理 该系统对 z 轴的角动量即为两小球对 z 轴的角动量之和，首先可求出系统对 z 轴的转动惯量，系统所受合外力矩即可以运用角动量定理求得.

解题过程 (1) 由于棒的质量不计，两小球对 z 轴的转动惯量为 $J=2mr^2=2m(l\sin\alpha)^2=2ml^2\sin^2\alpha$，则系统对 z 轴的角动量为

$$L=J\omega=2ml^2\omega_0(1-e^{-t})\sin^2\alpha.$$

(2) 根据角动量定理有

$$M=\frac{dL}{dt}=\frac{d}{dt}[2ml^2\omega_0(1-e^{-t})\sin^2\alpha]=2ml^2\omega_0 e^{-t}\sin^2\alpha,$$

则 $t=0$ 时，合外力矩为 $M=2ml^2\omega_0\sin^2\alpha$.

4-21 知识点窍 线速度与角速度的关系式：$v=\omega R$；上抛运动规律：$h=\dfrac{v_0^2}{2g}$；

角动量守恒定律：$\sum\boldsymbol{L}$ 为恒量.

逻辑推理 小碎块从边缘裂开后，作竖直上抛运动，上抛的初速度即为圆盘边缘的切向速度. 由此根据上抛运动规律可求出上抛的最大高度.

碎块脱离过程：碎块与圆盘组成的系统满足角动量守恒条件，由此可求出脱离后圆盘的角动量.

解题过程 (1) 碎块上抛的初速度应等于圆盘边缘的切向速度，即

$$v_0 = \omega R \qquad ①$$

由上抛运动的规律可知碎块上升的最大高度为

$$h = \frac{v_0^2}{2g} \qquad ②$$

将式 ① 代入式 ② 得 $h = \dfrac{\omega^2 R^2}{2g}$.

(2) 碎块脱离前后系统角动量守恒，即

$$L_0 = L + L' \qquad ③$$

碎块脱离前，圆盘的角动量为

$$L_0 = \frac{1}{2}m'R^2\omega \qquad ④$$

小碎块脱离瞬间的角动量为

$$L' = mR^2\omega \qquad ⑤$$

将式 ④、式 ⑤ 代入式 ③ 得破裂后圆盘的角动量为

$$L = L_0 - L' = \frac{1}{2}m'R^2\omega - mR^2\omega.$$

4-22 知识点窍 角动量公式：$L = J\omega$；角动量守恒定律：$\sum L = \sum J\omega =$ 恒量.

逻辑推理 子弹与杆作用瞬间，可将子弹视为绕轴转动，其转动的角速度为 $\omega = \dfrac{v}{l/2} = \dfrac{2v}{l}$. 角动量为 $L = J_2\omega$，对于子弹与杆组成的系统，角动量守恒.

解题过程 子弹射入杆端瞬间，可将子弹的运动视为绕 O 轴的转动. 转动角速度为 $\omega = \dfrac{2v}{l}$，转动惯量为 $J_2 = m_2\left(\dfrac{l}{2}\right)^2$，所以子弹刚要射入杆端时的角动量为

$$L = J_2\omega = m_2\left(\frac{l}{2}\right)^2 \cdot \frac{2v}{l} = \frac{1}{2}m_2 lv \qquad ①$$

杆的转动惯量为 $J_1 = \dfrac{1}{12}m_1 l^2$，$\omega_0 = 0$.

子弹射入后，共同的角速度为 ω'，由角动量守恒定律有

$$L = (J_1 + J_2)\omega' \qquad ②$$

由式 ①、式 ② 得 $\dfrac{1}{2}m_2 lv = \left(\dfrac{1}{12}m_1 l^2 + m_2 \cdot \dfrac{l^2}{4}\right)\omega'$，

所以 $\omega' = \dfrac{6m_2 v}{(m_1 + 3m_2)l} = 29.1\ \text{rad} \cdot \text{s}^{-1}$.

4-23 知识点窍 角动量定理：$M\Delta t = \Delta(J\omega)$；线速度与角速度的关系：$v = \omega r$.

逻辑推理 两轮啮合过程中存在相互作用力，并对两轮产生力矩作用. 由角动量定理可对轮 Ⅰ、

轮 Ⅱ 分别列出方程，再由两轮啮合线速度相等这一特点将以上两方程联立起来，便可求解.

解题过程 设两轮啮合时间为 Δt，相互作用力为 F，根据角动量定理有

轮 Ⅰ：$-Fr_1\Delta t = J_1(\omega_1 - \omega_0)$ ①

轮 Ⅱ：$Fr_2\Delta t = J_2\omega_2$ ②

两轮啮合后，线速度相等，即

$r_1\omega_1 = r_2\omega_2$ ③

联立式 ① ～ ③ 可得

$$\omega_1 = \frac{J_1\omega_0 r_2^2}{J_1r_2^2 + J_2r_1^2}, \omega_2 = \frac{J_1\omega_0 r_1 r_2}{J_1r_2^2 + J_2r_1^2}.$$

4-24 知识点窍 角动量守恒定律：$\sum J\omega$ 为恒量.

逻辑推理 选择小孩与转台作为研究系统，人与转台间的作用力为系统内力，对转动轴而言，整个系统不受外力矩作用，满足角动量守恒条件，再利用相对角速度与绝对角速度的转换关系，即可求解.

解题过程 选取人与转台为研究系统，运用角动量守恒定律有

$$J_{人}\omega_{人} + J_{台}\omega_{台} = 0 \quad ①$$

式中，$J_{人} = mR^2$，$\omega_{人} = \omega_{人对台} + \omega_{台} = \dfrac{v_{人对台}}{R} + \omega_{台}$， ②

将式 ② 代入式 ① 得 $J_{台}\,\omega_{台} + mRv_{人对台} + mR^2\omega_{台} = 0$，

$$\omega_{台} = -\frac{mR^2}{J_{台} + mR^2} \cdot \frac{v_{人对台}}{R} = -9.52 \times 10^{-2}\ \mathrm{rad \cdot s^{-1}},$$

负号表示转台转动的方向与人转动的方向相反.

4-25 知识点窍 角动量守恒定律：$\sum J_0\omega_0 = \sum J\omega =$ 恒量.

逻辑推理 砂粒竖直下落，对转台不产生力矩作用，系统角动量守恒. 砂粒下落，在转台上形成圆环，并随转台一起转动，只要求出砂粒环的转动惯量，就可利用角动量守恒定律求解.

解题过程 设 $t = 10$ s 时落在转台上的砂粒的质量为 m，台与环的角速度为 ω，由角动量守恒定律有

$$J_0\omega_0 = J_0\omega + mr^2\omega$$

$$\omega = \frac{J_0\omega_0}{J_0 + mr^2}$$

式中，$m = \int_0^{10} 2t\mathrm{d}t = 100\ \mathrm{g} = 0.1\ \mathrm{kg}$，$\omega_0 = \pi\mathrm{rad/s}$，$J_0 = 4.0 \times 10^{-3}\ \mathrm{kg \cdot m^2}$，$r = 0.1$ m.

将以上各量代入角速度公式可得 $\omega = 0.8\pi\ \mathrm{rad \cdot s^{-1}}$.

4-26 知识点窍 角动量公式：$L = mvr$；动量守恒定律：$\sum J_0\omega_0 = \sum J\omega =$ 恒量.

逻辑推理 选取飞船与喷出的气体为研究系统，系统不受外力矩作用，角动量守恒，由守恒方程及近似处理即可求解.

解题过程 将飞船和喷出的气体作为研究系统，对飞船的中心轴而言，系统不受外力矩作用，满

足角动量守恒条件，即

$$J\omega = L \quad ①$$

式中，$L=\int_m (u+\omega r)\mathrm{d}m \approx \int_m ur\mathrm{d}m = mur$.

排出气体总质量为 $m=2Qt$.

将 m、L 代入式 ① 得 $J\omega = mur = 2Qutr$，所以 $t=\frac{J\omega}{2Qur}=2.67\ \mathrm{s}$.

4-27 知识点窍 角动量守恒，转动动能 $E_\mathrm{k}=\frac{1}{2}Jw^2$.

逻辑推理 已知滑冰者前后的转动惯量，在同一转动过程中利用角动量守恒定律即得转速.

解题过程 (1)$n=\frac{J_0}{J}n_0=\frac{1.44}{0.48}\times 1.0=3.0\ \mathrm{r\cdot s^{-1}}$.

(2) $E_{\mathrm{k0}}=\frac{1}{2}J_0\omega_0^2=\frac{1}{2}J_0(2\pi n_0)^2=\frac{1}{2}\times 1.44\times(2\pi\times 1.0)^2\ \mathrm{J}=28.4\ \mathrm{J}$,

$$E_\mathrm{k}=\frac{1}{2}J\omega^2=\frac{1}{2}J(2\pi n)^2=\frac{1}{2}\times 0.48\times(2\pi\times 3.0)^2\ \mathrm{J}=85.2\ \mathrm{J}.$$

4-28 知识点窍 角动量守恒定律：$\sum J_0\omega_0=\sum J\omega=$ 恒量.

逻辑推理 将蜘蛛和转台作为研究系统，在蜘蛛下落和在台面爬行过程中，系统不受外力矩作用，可用角动量守恒定律求解.

解题过程 选择转台和蜘蛛为研究系统，转台的转动惯量为 $J=\frac{1}{2}m'R^2$，蜘蛛在转台边缘时的转动惯量为 $J_1=mR^2$，蜘蛛离转台中心距离为 r 时的转动惯量为 $J_2=mr^2$.

(1) 蜘蛛垂直落在转台边缘，系统的角动量守恒，故有

$$J\omega_\mathrm{a}=J\omega_\mathrm{b}+J_1\omega_\mathrm{b}$$

即

$$\frac{1}{2}m'R^2\omega_\mathrm{a}=\frac{1}{2}m'R^2\omega_\mathrm{b}+mR^2\omega_\mathrm{b}$$

所以 $\omega_\mathrm{b}=\frac{m'}{m'+2m}\omega_\mathrm{a}$.

(2) 蜘蛛爬至距转台中心的距离为 r 时，由角动量守恒定律有

$$J\omega_\mathrm{a}=J\omega_\mathrm{c}+J_2\omega_\mathrm{c}$$

即 $\frac{1}{2}m'R^2\omega_\mathrm{a}=\frac{1}{2}m'R^2\omega_\mathrm{c}+mr^2\omega_\mathrm{c}$，所以 $\omega_\mathrm{c}=\frac{m'R^2}{m'R^2+2mr^2}\cdot\omega_\mathrm{a}$.

4-29 知识点窍 角动量定理：$\Delta L=\int M\mathrm{d}t=\int Fl\,\mathrm{d}t$；

机械能守恒定律：$E_{\mathrm{k0}}+E_{\mathrm{p0}}=E_\mathrm{k}+E_\mathrm{p}=$ 恒量.

逻辑推理 打击过程细棒受到外力矩的角冲量，由角动量定理可求出角动量的变化. 棒在转动过程中只有重力做功，由机械能守恒定律可求出最大偏角.

解题过程 (1) 设棒受击瞬间，其角速度为 ω_0，根据角动量定理可得棒的角动量的变化为

$$\Delta L=\int M\mathrm{d}t=Fl\Delta t=2.0\ \mathrm{kg\cdot m^2\cdot s^{-1}}.$$

(2) 研究棒、地球组成的系统. 设棒的最大偏角为 θ，选取杆静止时下端点 B 为重力势

能零点.由机械能守恒定律有

$$\frac{1}{2}J\omega_0^2=\frac{1}{2}mgl(1-\cos\theta)$$

将 $\Delta L=J\omega_0$, $J=\frac{1}{3}Ml^2$ 代入上式,整理得

$$\cos\theta=1-\frac{3\Delta L^2}{m^2l^3g}$$

所以 $\theta=\arccos\left(1-\frac{3\Delta L^2}{m^2l^3g}\right)=88°38'$.

4-30 知识点窍 角动量守恒定律: $\boldsymbol{L}=$ 恒矢量;

机械能守恒定律: $E=E_k+E_p=$ 恒量;

万有引力势能: $E_p=-G\frac{Mm}{r}$.

逻辑推理 卫星绕地球的运动过程中只受向心力 —— 万有引力的作用,满足角动量守恒条件.而对卫星和地球组成的系统而言,引力是保守力,系统满足机械能守恒条件.

解题过程 在近地点和远地点,卫星的速度方向与矢径垂直,所以卫星的角动量 $L=mvr$. 设卫星在近地点时的速度为 v_1,在远地点时的速度为 v_2,两次与地球中心的距离分别为 r_1 和 r_2.

由角动量守恒定律有

$$mv_1r_1=mv_2r_2 \quad ①$$

由机械能守恒定律有

$$\frac{1}{2}mv_1^2-G\frac{mM}{r_1}=\frac{1}{2}mv_2^2-G\frac{mM}{r_2} \quad ②$$

式中,m、M 分别为卫星和地球的质量,G 为引力常量.

联立式 ①、式 ② 并利用 $GM=gR^2$ 可得卫星在近地点的速率为

$$v_1=\sqrt{\frac{2gR^2\cdot r_2}{r_1(r_1+r_2)}}=8.11\times10^3\ \mathrm{m\cdot s^{-1}},$$

卫星在远地点的速率为

$$v_2=\sqrt{\frac{2gR^2r_1}{r_2(r_1+r_2)}}=6.31\times10^3\ \mathrm{m\cdot s^{-1}}.$$

***4-31** 知识点窍 转动动能公式 $E_k=\frac{1}{2}J\omega^2$;动能定理: $W=\overline{M}\Delta\theta=\Delta E_k$.

逻辑推理 由地球自转的周期 $T=24$ h, $\omega=\frac{2\pi}{T}$,将 ω 代入公式可直接求出地球自转的动能 E_k. 对 E_k 及 ω 的表达式进行微分,求 ΔE_k 及 $\Delta\omega$ 的表达式,利用动能定理就可求出潮汐对地球的平均力矩 $\overline{M}$.

解题过程 (1) 地球自转的角速度为

$$\omega=\frac{2\pi}{T} \quad ①$$

所以地球自转的动能为

$$E_k = \frac{1}{2}J\omega^2 \qquad ②$$

将 $J = 0.33m_E R^2$，$m_E = 5.98\times10^{24}$ kg，$R = 6.37\times10^6$ m，$T = 24\times3600$ s 代入式①、式②，可得 $E_k = 2\pi^2\times0.33m_E R^2/T^2 = 2.12\times10^{29}$ J.

(2) 设地球初始的转速为 ω_1，一年后为 ω_2，由转动定理得

$$\int M\mathrm{d}\theta = \overline{M}\Delta\theta = \frac{1}{2}J\omega_2^2 - \frac{1}{2}J\omega_1^2 = \frac{1}{2}J\left[\left(\frac{2\pi}{T_2}\right)^2 - \left(\frac{2\pi}{T_1}\right)^2\right]$$

$$= -\frac{1}{2}J\omega_2\Delta T\cdot\frac{\omega}{\pi} = -E_k\Delta T\cdot\frac{\omega}{\pi},$$

所以 $|\overline{M}| = \dfrac{E_k\omega\cdot\Delta T}{2\pi^2 n}$，$n = 365$ d，解得 $|\overline{M}| = 7.47\times10^{16}$ N·m.

4-32 **知识点窍** 角动量守恒定律：$J_0\omega_0 = J_1\omega_1$；

动能定理：$W = \Delta E_k = \dfrac{1}{2}J_1\omega_1^2 - \dfrac{1}{2}J_0\omega_0^2$.

逻辑推理 拉力沿径向，小球在水平面上转动过程不受外力矩的作用，可用角动量守恒定律求出 $r = \dfrac{r_0}{2}$ 时的角动量. 再由角速度求出动能的变化量，利用动能定理就可求出拉力所做的功.

解题过程 (1) 由于拉力的力矩 $M = rF\sin\theta = 0$，所以小球在整个运动过程中满足角动量守恒，设小球在 r_0 时的角速度为 ω_0，对中心轴的转动惯量为

$$J_0 = mr_0^2 \qquad ①$$

在 $\dfrac{r_0}{2}$ 时小球的角速度为 ω_1，对中心轴的转动惯量为

$$J_0 = m\left(\frac{r_0}{2}\right)^2 \qquad ②$$

由角动量守恒定律有 $J_0\omega_0 = J_1\omega_1$，所以当 $r = \dfrac{r_0}{2}$ 时，小球的角速度为

$$\omega_1 = \frac{J_0}{J_1}\omega_0 = 4\omega_0.$$

(2) 由转动的动能定理可知拉力做的功为

$$W = \frac{1}{2}J_1\omega_1^2 - \frac{1}{2}J_0\omega_0^2$$

所以 $W = \dfrac{3}{2}mr_0^2\omega_0^2$.

4-33 **知识点窍** 转动定律：$M = J\alpha$；转动动能：$E_k = \dfrac{1}{2}J\omega^2$；机械能守恒定律：$E_{k0} + E_{p0} = E_k + E_p$.

逻辑推理 细棒转动过程中，重力矩 M 是转角 θ 的函数，由转动定律 $M = J\alpha$ 就可确定角加速度 α 的表达式. 由机械能守恒定律可求任意位置的角速度.

解题过程 (1) 棒转动过程中只受重力矩作用，当转角为 θ 时，由转动定律得

$$M = J\alpha$$

式中，$M = \dfrac{1}{2}mgl\cos\theta$，$J = \dfrac{1}{3}ml^2$.

所以 $\alpha=\dfrac{M}{J}=\dfrac{3g\cos\theta}{2l}$.

当 $\theta=60^\circ$ 时,棒转动的角加速度为 $\alpha=18.4\ \mathrm{rad\cdot s^{-2}}$.

棒下落过程中,只有重力做功,根据机械能守恒得

$$mg\,p\,\frac{l}{2}\sin\theta=\frac{1}{2}\,\frac{1}{3}ml^2\omega^2$$

所以

$$\omega=\sqrt{\frac{3g}{l}\sin\theta} \qquad ①$$

当 $\theta=60^\circ$ 时,棒的角速度为

$$\omega=\sqrt{\frac{3g}{l}\sin 60^\circ}=7.98\ \mathrm{rad\cdot s^{-1}}.$$

(2) 由机械能守恒定律得,在最低点的动能为

$$E_\mathrm{k}=\frac{1}{2}mgl=0.98\ \mathrm{J}.$$

(3) 将 $\theta=90^\circ$ 代入式 ①,得最低点棒的角速度为

$$\omega'=\sqrt{\frac{3g}{l}\sin 90^\circ}=8.57\ \mathrm{rad\cdot s^{-1}}.$$

4-34 **逻辑推理** 选两飞轮组成的系统,在啮合过程中,系统不受外力矩作用,可由角动量守恒定律直接求解. 损失的机械能可由啮合前后转动动能的变化量求解.

解题过程 (1) 取两飞轮为研究系统,啮合过程中的相互作用力为系统内力,故系统不受外力矩作用. 由角动量守恒定律有

$$J_1\omega_1=J_1\omega_2+J_2\omega_2$$

所以 B 轮的转动惯量为

$$J_2=\frac{\omega_1-\omega_2}{\omega_2}J_1=\frac{n_1-n_2}{n_2}J_1$$

将已知数据代入得 $J_2=20.0\ \mathrm{kg\cdot m^2}$.

(2) 系统在啮合过程中损失的机械能为

$$E=E_{\mathrm{k}1}-E_{\mathrm{k}2}=\frac{1}{2}J_1\omega_1^2-\frac{1}{2}(J_1+J_2)\omega_2^2$$

代入数据得 $E=1.32\times10^4\ \mathrm{J}$.

4-35 **知识点窍** 角动量守恒定律:$\sum J_0\omega_0=\sum J\omega=$ 恒量;

机械能守恒定律:$E_\mathrm{k}+E_\mathrm{p}=$ 恒量.

逻辑推理 子弹与摆锤相互作用过程满足角动量守恒条件,摆在转动过程中满足机械能守恒条件,可由以上两个守恒方程及线速度与角速度的关系求解.

解题过程 选择子弹与摆为研究系统,由于子弹与摆相互作用的时间极短,此过程系统不受外力矩作用,根据角动量守恒定律,有

$$J_0\omega_0=J_0\omega'_0+(J_1+J_2)\omega \qquad ①$$

式中

$$\omega_0 = \frac{v}{l}, \omega'_0 = \frac{v}{2l}, \tag{②}$$

J_0、J_1 和 J_2 分别是子弹、摆锤和细棒的转动惯量.

显然

$$J_0 = ml^2, J_1 = m'l^2, J_2 = \frac{1}{3}m'l^2, \tag{③}$$

再由机械能守恒定律(对棒、摆及地球组成的系统)有

$$\frac{1}{2}(J_1 + J_2)\omega_0^2 + \frac{1}{2}m'gl = m'g(2l) + m'g\left(\frac{3}{2}l\right) \tag{④}$$

联立式 ① ~ ④ 可得 $v \geqslant \frac{4m'}{m}\sqrt{2gl}$.

4-36 **知识点窍** 角动量守恒定律.

逻辑推理 小球在垂直撞到门边缘上的瞬间对转轴的角动量为 mvL. 在碰撞前后,小球与门组成的系统对转轴满足角动量守恒. 由于碰撞是完全弹性的,故亦满足机械能守恒.

解题过程 假设碰撞后小球的速度为 v',门的角速度为 w. 由角动量守恒及机械能守恒得

$$\begin{cases} mvL = mv'L + \left(\frac{1}{3}m_0L^2\right)w \\ \frac{1}{2}mv^2 = \frac{1}{2}mv'^2 + \frac{1}{2}\left(\frac{1}{3}m_0L^2\right)w^2 \end{cases}$$

解上面方程组得,门的角速度为 $w = \frac{6m}{3m+m_0} \cdot \frac{v}{L}$,小球的运动速度为

$$v' = \frac{3m - m_0}{3m + m_0}v.$$

4-37 **知识点窍** 角动量守恒定律:$\sum J_0\omega_0 = \sum J\omega =$ 恒量;

机械能守恒定律:$E_{k0} + E_{p0} = E_k + E_p =$ 恒量.

逻辑推理 取小球与环组成系统,对 OO' 轴而言,无外力矩作用,系统角动量守恒. 取小球、环与地球为研究系统,系统机械能守恒.

注意到小球的动能为其相对于环的动能与随环转动的动能之和,将两守恒方程联立即可求解.

解题过程 取环与球组成的系统,球所受的唯一外力是重力,而重力的方向与转动轴 OO' 平行,不产生力矩作用,所以系统的角动量守恒,即

$$A \to B: J_0\omega_0 = (J_0 + mR^2)\omega_B \tag{①}$$

$$A \to C: J_0\omega_0 = J_0\omega_C \tag{②}$$

取环、小球与地球为研究系统,由机械能守恒定律有

$$A \to B: \frac{1}{2}J_0\omega_0^2 + mgR = \frac{1}{2}(J_0 + mR^2)\omega_B^2 + \frac{1}{2}mv_B^2 \tag{③}$$

$$A \to C: \frac{1}{2}J_0\omega_0^2 + mg \cdot 2R = \frac{1}{2}J_0\omega_C^2 + \frac{1}{2}mv_C^2 \tag{④}$$

式中 v_B、v_C 分别为小球在点 B、C 相对环的速度.

由式 ① ~ ④ 可得在点 B 时环的角速度和小球相对于环的线速度分别为

$$\omega_B = \frac{J_0\omega_0}{J_0 + mR^2}$$

$$v_B = \sqrt{2gR + \frac{J_0\omega_0^2R^2}{J_0 + mR^2}}$$

在点 C 时环的角速度和小球相对于环的线速度分别为

$$\omega_C = \omega_0, v_C = \sqrt{4gR}.$$

4-38 知识点窍 角动量守恒定律：$\sum J\omega =$ 恒量；

机械能守恒定律：$E_{k0} + E_{p0} = E_k + E_p =$ 恒量.

逻辑推理 对于飞船及A、B球系统而言，不受合外力矩作用，角动量守恒. 系统所受的合外力为零且无非保守内力做功，系统机械能守恒. 由两个守恒方程及末状态飞船静止，便可求出连线长度 l.

解题过程 选取飞船及A、B球为研究系统，由于系统不受外力作用，且无非保守内力做功，所以系统满足角动量守恒定律和机械能守恒定律.

设飞船与小球初始转动角速度为 ω_0，飞船静止时，小球转动的角速度为 ω，则由两个守恒定律有

$$\left(\frac{1}{2}m'R^2 + 2mR^2\right)\omega_0 = 2m(R+L)^2\omega\text{（角动量守恒）} \quad ①$$

$$\frac{1}{2}\cdot\left(\frac{1}{2}m'R^2 + 2mR^2\right)\omega_0^2 = \frac{1}{2}\cdot 2m(R+l)^2\omega^2\text{（机械能守恒）} \quad ②$$

联立式①、式②可得 $l = R\left(\sqrt{1+\frac{m'}{4m}} - 1\right)$.

***4-39** 逻辑推理 子弹与滑块作用瞬间，可用动量守恒定律求出碰撞后的共同速度 v_1，滑块（含子弹）在弹簧拉力作用下，作弧线运动. 因弹力是向心力，不产生力矩，因此可用角动量守恒定律和机械能守恒定律求出弹簧长度为 l 时滑块的速度.

解题过程 选择子弹和滑块为研究系统，因子弹射入瞬间，弹簧拉力可忽略，因此系统动量守恒，即

$$mv_0 = (m'+m)v_1 \quad ①$$

选择滑块（含子弹）与弹簧为研究系统，滑块（含子弹）的初速度为 v_1，其运动过程中，只受向心力 —— 弹力的作用，满足角动量守恒和机械能守恒条件，因此有

$$(m'+m)v_1 l_0 = (m'+m)vl\sin\theta \quad ②$$

$$\frac{1}{2}(m'+m)v_1^2 = \frac{1}{2}(m'+m)v^2 + \frac{1}{2}k(l-l_0)^2 \quad ③$$

式中 θ 为滑块速度方向与弹簧弹力方向的夹角.

联立式①～③可得

$$v = \sqrt{\left(\frac{m}{m'+m}\right)^2 v_0^2 - \frac{k(l-l_0)^2}{m'+m}}$$

$$\theta = \arcsin\left\{\frac{mv_0 l_0}{l(m'+m)}\left[\left(\frac{mv_0}{m'+m}\right)^2 - \frac{k(l-l_0)^2}{m'+m}\right]^{-\frac{1}{2}}\right\}$$

$$= \arcsin\frac{mv_0 l_0}{(m'+m)vl}.$$

*4-40 知识点窍 质心的动量定理:$F\Delta t = \Delta p = \Delta m v_C$;角动量定理:$M\Delta t = \Delta(J\omega)$.

逻辑推理 质心运动发生改变,必受到一瞬间力的作用,该瞬间力对新的转轴产生力矩的作用,利用质心动量定理和转动定理并考虑角速度与线速度的关系,即可求得新的角速度.由棒绕不同轴转动的转动动能,可计算出该过程中动能的变化.

解题过程 (1) 设棒在 Δt 时间内受到的平均力为 $\overline{F}$,质心获得的速度为 v_C.

由动量定理有

$$\overline{F}\Delta t = m v_C$$

由角动量定理有

$$-\overline{F}\frac{l}{2}\cdot\Delta t = J\omega' - J\omega$$

由角量与线量关系知

$$v_C = \frac{l}{2}\omega'$$

联解上式可得新的角速度为

$$\omega' = \frac{J}{J+\frac{1}{4}ml^2}\omega = \frac{\frac{1}{12}ml^2}{\frac{1}{12}ml^2+\frac{1}{4}ml^2}\omega = \frac{1}{4}\omega.$$

(2) 动能的改变量为 $\Delta E_k = \frac{1}{2}J'\omega'^2 - \frac{1}{2}J\omega^2 = -\frac{1}{32}ml^2\omega^2$.

*4-41 知识点窍 质心运动定律、转动定律.

逻辑推理 木轴滚动时与水平面间无相对滑动,所以两者间为静摩擦力,故 $a_C = R_1\alpha$ 成立.

解题过程 木轴受到重力、拉力和地面的静摩擦力的作用,设木轴所受静摩擦力 F_f 如图解 4-41 所示,则有

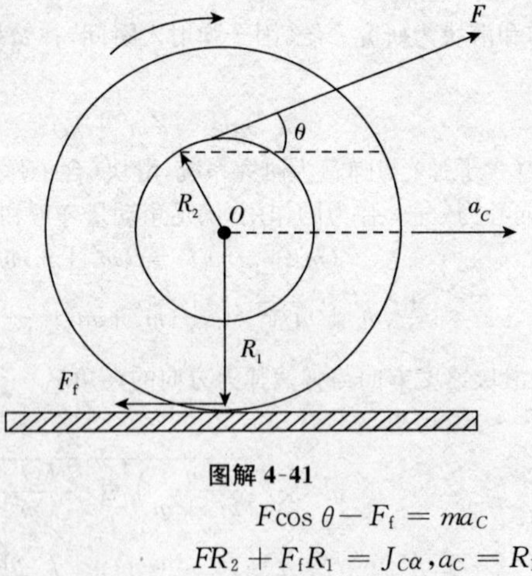

图解 4-41

$$F\cos\theta - F_f = ma_C$$

$$FR_2 + F_fR_1 = J_C\alpha, a_C = R_1\alpha$$

由上式可得

$$a_C = \frac{R_1^2\cos\theta + R_1R_2}{J_C + mR_1^2}F$$

$$\alpha=\frac{a_C}{R_1}=\frac{R_1\cos\theta+R_2}{J_C+mR_1^2}F.$$

4-42 知识点窍 机械能守恒.

解题过程 小球下落过程中机械能守恒，重力做功转化为小球和圆柱的动量，则

$$mgh=\frac{1}{2}J\omega^2+\frac{1}{2}mv^2$$

$$J=\frac{1}{2}mR^2$$

小球速度可分解为竖直方向和水平方向，圆环速率为 ωR，则

$$v^2=(\omega R-u\cos\alpha)^2+(u\sin\alpha)^2$$

另，小球和柱体角动量守恒，则

$$\frac{1}{2}mR^2\cdot\omega+mR(\omega R-u\cos\alpha)=0$$

联立以上两式求解，得

$$\begin{cases}gR=\frac{1}{4}R^2\omega^2+\frac{1}{2}v^2\\ \frac{1}{2}R\omega+\omega R=\frac{\sqrt{2}}{2}u\end{cases}\Rightarrow\begin{cases}u=\sqrt{3Rg}\\ \omega=\sqrt{\frac{2g}{3R}}\end{cases}.$$

* **4-43** 知识点窍 伯努利方程的应用：小孔流速，

逻辑推理 由于只考虑当容器中的水达到稳定状态后容器中的水深度，故可忽略稳定前的非平稳状态，利用流体连续性方程即可.

解题过程 已知 $Q=150\ \mathrm{cm^3\cdot s^{-1}}=1.5\times10^{-4}\ \mathrm{m^3\cdot s^{-1}}$，$S=0.5\ \mathrm{cm^2}=5.0\times10^{-5}\ \mathrm{m^2}$，因为以一定流量 Q 匀速地将水注入一容器中，开始水位较低，流出量较少，水位不断上升，流出量也不断增加，当流入量等于流出量时，水位就达到稳定，则

$$v=\sqrt{2gh},Q=S\sqrt{2gh},$$

所以水的深度为 $h=\dfrac{Q^2}{S^2\times2g}=\dfrac{(1.50\times10^{-4})^2}{(5.0\times10^{-5})^2\times2\times10}\ \mathrm{m}=0.45\ \mathrm{m}.$

4-44 知识点窍 根据伯努力方程与质量守恒求解.

解题过程 单位时间内流入量等于流出量，故

$$A_1v_1=A_2v_2,\text{即}\frac{v_1}{v_2}=\frac{A_2}{A_1}=\frac{1}{2},$$

式中，v_1，v_2 分别为进水口和出水口处水的流速；A_1、A_2 分别为进水口和出水口处水管的截面积.

由于 $v_1=1.5\ \mathrm{m\cdot s^{-1}}$，因此 $v_2=6\ \mathrm{m\cdot s^{-1}}$.

根据伯努利方程，有

进水口：$Q=p_1+\dfrac{1}{2}\rho v_1^2=4\times10^5+\dfrac{1}{2}\times1.0\times10^3\times1.5^2=4.01125\times10^5$，

出水口：$Q=p_2+\dfrac{1}{2}\rho v_2^2+mgh=p_2+\dfrac{1}{2}\times1.0\times10^3\times6^2+1.0\times10^3\times9.8\times5$，

即 $p_2=3.3\times10^5\ \mathrm{Pa}$.

第五章

静电场

本章知识框架图

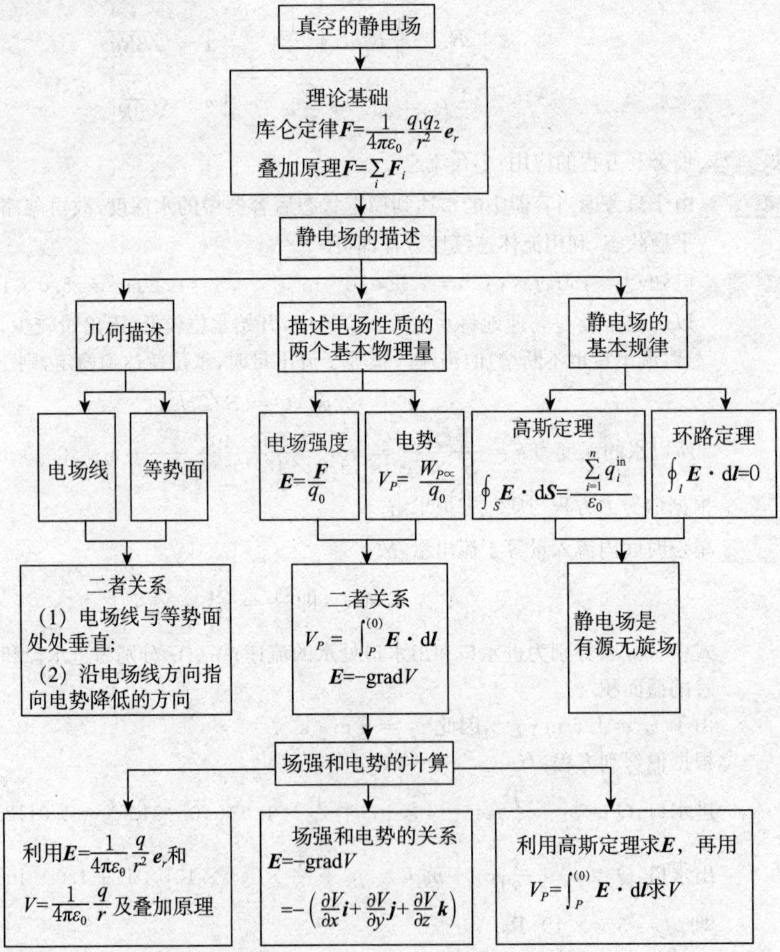

考试要点

1. 静电场的电场强度和电势的概念，用电场强度和电势的叠加原理计算一些简单几何形状带电体的电场强度和电势的分布.

2. 电场强度与电势的积分和微分的关系，已知电场强度（或电势）的分布求电势（或电场强度）分布.

3. 静电场的高斯定理和环路定理的物理意义，由高斯定理计算电场强度的条件和方法.

知识点整理与解析

静电场理论中涉及的物理量主要有电荷 q，电场强度 $\boldsymbol{E}$、电势 V、电势差 U_{AB}、电场强度通量 Φ_e 和电场力（库仑力）$\boldsymbol{F}$. 在静电场实际应用中最主要的两个物理量是电场强度 $\boldsymbol{E}$ 和电势 V.

一、电荷的量子化　电荷守恒定律

1. 电荷的量子化

1913 年，R. A. 密立根发现带电体的电荷是电子电荷 e 的整数倍，即 $q=\pm ne(n=1,2,3,\cdots)$，证明自然界存在不连续性. 电荷的这种只能取离散的、不连续的量值的性质，叫作电荷的量子化.

电子电荷的近似值为

$$e=1.602\times10^{-19}\ \mathrm{C}$$

2. 电荷守恒定律

不管孤立系统中的电荷如何迁移，系统的电荷的代数和保持不变.

二、库仑定律

1785 年，库仑提出两个点电荷之间相互作用的规律，即库仑定律. 库仑定律的表述如下：

在真空中，两个静止的点电荷之间的相互作用力（即库仑力）的大小与它们电荷的乘积成正比，与它们之间的距离的二次方成反比；作用力的方向沿着两点电荷的连线，同号电荷相斥，异号电荷相吸.

如图 5-1 所示，库仑力满足 $\boldsymbol{F}=\dfrac{1}{4\pi\varepsilon_0}\dfrac{q_1q_2}{r^2}\boldsymbol{e}_r$，

其中 ε_0 叫作真空电容率（又称为真空介电常数），计算时其值为

$$\varepsilon_0=8.85\times10^{-12}\mathrm{C}^2\cdot\mathrm{N}^{-1}\cdot\mathrm{m}^{-2}=8.85\times10^{-12}\ \mathrm{F}\cdot\mathrm{m}^{-1}.$$

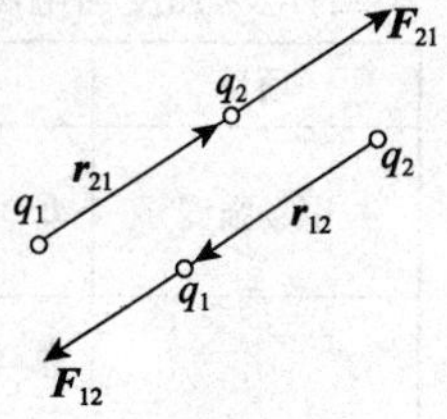

图 5-1

温馨提示　此库仑定律只适用于真空情况，因为公式中用的是真空电容率.

小结

项目	内容	说明
库仑定律	$\boldsymbol{F}=\frac{1}{4\pi\varepsilon_0}\frac{q_1q_2}{r^2}\boldsymbol{e}_r$($\boldsymbol{e}_r$ 为单位矢量)	适用于点电荷
静电力叠加原理	$\boldsymbol{F}=\sum_i\boldsymbol{F}_i=\sum_i\frac{1}{4\pi\varepsilon_0}\frac{q_0q_1}{r_1^2}\boldsymbol{e}_r$	适用于点电荷系

三、电场强度(场强)

1. 电场强度

如在电场中加一试验电荷 $+q_0$,实验证明电荷在任意位置处受的电场力和电荷电量的比值与电荷的电量 $+q_0$ 无关,即电场中某点的电场强度 $\boldsymbol{E}$ 等于该点处的单位试验电荷所受的电场力,表达式为

$$\boldsymbol{E}=\frac{\boldsymbol{F}}{q_0}$$

电场强度是矢量,它可同时表示电场强弱和方向. 电场强度是关于空间位置的矢量函数.

电场强度的单位是牛顿每库仑,符号为 $\mathrm{N\cdot C^{-1}}$;也可以表示为伏特每米,符号为 $\mathrm{V\cdot m^{-1}}$.

2. 点电荷的电场强度

点电荷 Q 激发的电场强度计算公式为

$$\boldsymbol{E}=\frac{\boldsymbol{F}}{q_0}=\frac{1}{4\pi\varepsilon_0}\frac{Q}{r^2}\boldsymbol{e}_r$$

3. 场强叠加原理

带电体系在某点处产生的电场强度等于各带电体单独存在时对该点所激发的电场强度的矢量和,即

$$\boldsymbol{E}=\sum_{i=1}^{n}\boldsymbol{E}_i$$

注意:

(1) 在给定电荷分布的电场中,某点电场强度的值与试验电荷所带的电荷量无关;

(2) 在电场中某点,试验电荷所受电场力 $\boldsymbol{F}$ 的方向与试验电荷所带电荷量的正负有关;

(3) 电场强度 $\boldsymbol{E}$ 有方向和量值,但无正负.

小结:电场强度与电场叠加原理.

项目	内容	说明
电场强度	$\boldsymbol{E}=\frac{\boldsymbol{F}}{q_0}$	电场中某点电场强度 $\boldsymbol{E}$ 的大小等于单位正电荷在该点受力的大小,方向为正电荷在该点受力的方向
电场叠加原理	$\boldsymbol{E}=\sum_i\boldsymbol{E}_i=\sum_i\frac{1}{4\pi\varepsilon_0}\frac{q_i}{r_i^2}\boldsymbol{e}_r$ (点电荷系) $\boldsymbol{E}=\frac{1}{4\pi\varepsilon_0}\int\frac{\mathrm{d}q}{r^2}\boldsymbol{e}_r$ (电荷连续分布的带电体)	电荷线分布 $\mathrm{d}q=\lambda\mathrm{d}l$ 电荷面分布 $\mathrm{d}q=\sigma\mathrm{d}S$ 电荷体分布 $\mathrm{d}q=\rho\mathrm{d}V$

4. 点电荷体系的电场强度

据电场强度叠加原理得

$$\boldsymbol{E}=\frac{1}{4\pi\varepsilon_0}\sum_{i=1}^{n}\frac{Q_i}{r_i^2}\boldsymbol{e}_i.$$

例 1 如图 5-2 所示，在坐标$(+a,0)$处放置一点电荷$+q$，在坐标$(-a,0)$处放置另一点电荷$-q$. 点 P 是 x 轴上的一点，坐标为$(x,0)$. 当 $x\gg a$ 时，该点电场强度的大小为________.

(A) $\dfrac{q}{4\pi\varepsilon_0 x}$ (B) $\dfrac{qa}{\pi\varepsilon_0 x^3}$ (C) $\dfrac{qa}{2\pi\varepsilon_0 x^3}$ (D) $\dfrac{q}{4\pi\varepsilon_0 x^2}$

解 答案为(B).

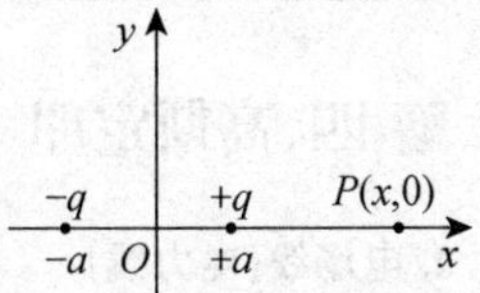

图 5-2

根据电场强度的定义，$+q$ 和 $-q$ 在点 P 产生的电场强度分别为

$E_1=\dfrac{q}{4\pi\varepsilon_0(x-a)^2}$ 和 $E_2=\dfrac{q}{4\pi\varepsilon_0(x+a)^2}$，并且方向相反.

根据电场强度叠加原理，该点电场强度的大小为

$$E=\frac{q}{4\pi\varepsilon_0(x-a)^2}+\frac{q}{4\pi\varepsilon_0(x+a)^2}=\frac{qax}{\pi\varepsilon_0(x-a)^2(x+a)^2}\approx\frac{qa}{\pi\varepsilon_0 x^3}.$$

5. 连续分布电荷系统的电场强度

取微元 $\mathrm{d}q$，其线度相对于带电体体积可视为无限小，从而可以将其当作点电荷对待. 其在某点产生的电场强度为

$$\mathrm{d}\boldsymbol{E}=\frac{1}{4\pi\varepsilon_0}\frac{\mathrm{d}q}{r^2}\boldsymbol{e}_r$$

由电场强度叠加原理，整个系统在某点产生的电场强度为

$$\boldsymbol{E}=\int_V\mathrm{d}\boldsymbol{E}=\frac{1}{4\pi\varepsilon_0}\int\frac{\mathrm{d}q}{r^2}\boldsymbol{e}_r$$

针对体电荷、面电荷和线电荷，$\mathrm{d}q$ 可分别表示为

$$\mathrm{d}q=\rho\mathrm{d}V,\mathrm{d}q=\sigma\mathrm{d}S,\mathrm{d}q=\lambda\mathrm{d}l.$$

小结：几种典型带电体的电场强度分布.

项目	内容
点电荷	$\boldsymbol{E}=\dfrac{1}{4\pi\varepsilon_0}\dfrac{q}{r^2}\boldsymbol{e}_r$
无限长均匀带电直线	$\boldsymbol{E}=\dfrac{1}{2\pi\varepsilon_0}\dfrac{\lambda}{r}\boldsymbol{e}_r$（$\lambda$ 为电荷线密度）
半径为 R 的均匀带电球面	$\boldsymbol{E}_{内}=\boldsymbol{0},\boldsymbol{E}_{外}=\dfrac{1}{4\pi\varepsilon_0}\dfrac{q}{r^2}\boldsymbol{e}_r$
半径为 R 的均匀带电球体	$\boldsymbol{E}_{内}=\dfrac{\rho r}{3\varepsilon_0}\boldsymbol{e}_r,\boldsymbol{E}_{外}=\dfrac{1}{4\pi\varepsilon_0}\dfrac{q}{r^2}\boldsymbol{e}_r$（$\rho$ 为电荷体密度）
半径为 R 的无限长均匀带电圆柱面	$\boldsymbol{E}_{内}=\boldsymbol{0},\boldsymbol{E}_{外}=\dfrac{1}{2\pi\varepsilon_0}\dfrac{\lambda}{r}\boldsymbol{e}_r$
半径为 R 的无限长均匀带电圆柱体	$\boldsymbol{E}_{内}=\dfrac{\lambda r}{2\pi\varepsilon_0 R^2}\boldsymbol{e}_r,\boldsymbol{E}_{外}=\dfrac{1}{2\pi\varepsilon_0}\dfrac{\lambda}{r}\boldsymbol{e}_r$

续表

项目	内容
无限大均匀带电平面	$\boldsymbol{E}=\frac{\sigma}{\varepsilon_0}\boldsymbol{i}$($\sigma$为电荷面密度)
半径为 R 的均匀带电细圆环	$\boldsymbol{E}=\frac{1}{4\pi\varepsilon_0}\frac{qx}{(x^2+R^2)^{3/2}}\boldsymbol{i}$(轴线上)
半径为 R 的均匀带电薄圆盘	$\boldsymbol{E}=\frac{\sigma}{2\varepsilon_0}\left[1-\frac{x}{\sqrt{x^2+R^2}}\right]\boldsymbol{i}$(轴线上)

四、高斯定理

1. 电场线(电力线)

电场线可以形象地描述电场分布,它是一组有规律的有向曲线,曲线上任意一点的切线方向与该点电场强度(有时简称场强)方向相同;通过处处与电场强度垂直的面积元 $\mathrm{d}S$ 的电场线条数 $\mathrm{d}N$ 与该点的电场强度 $\boldsymbol{E}$ 的大小相等,即 $E=\frac{\mathrm{d}N}{\mathrm{d}S}$.

电场线的特点:

(1) 每一条电场线都起始于正电荷且终止于负电荷,不会形成闭合曲线;

(2) 任何两条电场线都不能相交,这是因为电场中每一点处的电场强度只能有一个确定的方向.

2. 电场强度通量

通过电场中某个面积的电场线数目叫作通过这个面的电场强度通量,用符号 Φ_e 表示,即

$$\Phi_e=\int_S \boldsymbol{E}\cdot\mathrm{d}\boldsymbol{S}$$

由于曲面上某点的法线矢量方向是垂直指向曲面外侧的,则当电场线从外穿到曲面里时,$\boldsymbol{E}$ 和 $\mathrm{d}\boldsymbol{S}$ 的夹角大于 $\pi/2$,$\Phi_e<0$;当电场线从内穿到曲面外时,$\boldsymbol{E}$ 和 $\mathrm{d}\boldsymbol{S}$ 的夹角小于 $\pi/2$,$\Phi_e>0$.

3. 高斯定理

高斯定理的数学表达式为

$$\oint_S \boldsymbol{E}\cdot\mathrm{d}\boldsymbol{S}=\frac{1}{\varepsilon_0}\sum_{i=1}^{n}q_i^{\mathrm{in}}$$

定理表明:在真空静电场中,穿过任意闭合曲面的电场强度通量等于该闭合曲面所包围的所有电荷的代数和除以 ε_0. 所以对闭合曲面来说,电通量只与该闭合曲面包围在内的净电荷的代数和有关. 该定理同时说明电场线不闭合(即静电场为有源场).

温馨提示 式中的场强 $\boldsymbol{E}$ 由所有电荷(包括曲面内外的所有电荷)共同激发,而不仅仅由曲面外的电荷共同激发. 当闭合曲面内的电荷为连续分布时,$\sum_{i=1}^{n}q_i^{\mathrm{in}}$ 需要通过积分形式求解,即 $\sum_{i=1}^{n}q_i^{\mathrm{in}}=\int\mathrm{d}q^{\mathrm{in}}$.

针对体电荷、面电荷和线电荷,$\mathrm{d}q^{\mathrm{in}}$ 可分别表示为

$$\mathrm{d}q^{\mathrm{in}}=\rho^{\mathrm{in}}\mathrm{d}V,\mathrm{d}q^{\mathrm{in}}=\sigma^{\mathrm{in}}\mathrm{d}S,\mathrm{d}q^{\mathrm{in}}=\lambda^{\mathrm{in}}\mathrm{d}l.$$

4. 高斯定理的应用

高斯定理的一个重要应用是求解对称分布的电场,一般步骤如下:

(1) 根据连续分布电荷的对称性分析电场 $\boldsymbol{E}$ 分布的对称性；

(2) 选取合适的高斯面；

(3) 用高斯定理分别求出高斯面内的总电荷和场强 $\boldsymbol{E}$ 与面元 $\mathrm{d}\boldsymbol{S}$ 的点积，进一步求解场强.

温馨提示 真空中的高斯定理公式是描述静电场性质的一个基本定理，适用于无电介质情况下的任意电场和任何闭合曲面，它证明电场实际上是有源场. 如果有电介质的存在，则高斯定理必须修正为普遍形式，即麦克斯韦方程组的第一个方程.

例 2 一球壳体的内外半径分别为 a 和 b，壳体中均匀分布着电荷，电荷体密度为 ρ，如图 5-3 所示，求离球心 r 处的电场强度.

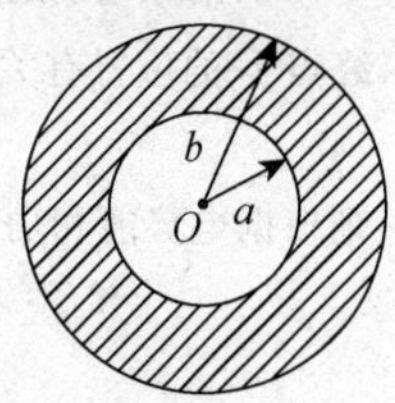

图 5-3

解 以球心为中心、r 为半径作球形高斯面，如图 5-4 所示，由对称性和高斯定理得

$$\oint_S \boldsymbol{E} \cdot \mathrm{d}\boldsymbol{S} = 4\pi r^2 E = \frac{1}{\varepsilon_0}\sum q_i$$

$$E = \frac{1}{4\pi\varepsilon_0 r^2}\sum q_i$$

其中 $\sum q_i$ 是高斯面 S 所包围的电荷的代数和.

当 $r<a$ 时，$\sum q_i=0$，故 $E=0$.

当 $a<r<b$ 时，$\sum q_i=\frac{4}{3}\rho\pi(r^3-a^3)$，故 $E=\frac{\rho}{3\varepsilon_0}\frac{r^3-a^3}{r^2}$.

当 $r>b$ 时，$\sum q_i=\frac{4}{3}\rho\pi(b^3-a^3)$，故 $E=\frac{\rho}{3\varepsilon_0}\frac{b^3-a^3}{r^2}$.

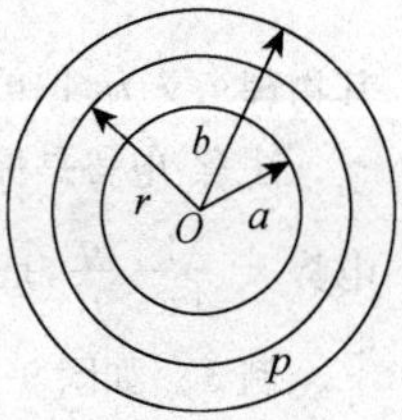

图 5-4

五、环路定理　电势

1. 环路定理

一试验电荷 q_0 在静电场中从一点沿任意路径运动到另一点时，静电场力对它所做的功仅与试验电荷 q_0 及路径的起点位置和终点位置有关，而与路径的形状无关，即

$$W_{AB} = q_0\int_l \boldsymbol{E} \cdot \mathrm{d}\boldsymbol{l}$$

说明静电场力是保守力，静电场是保守场.

静电场力对电荷所做的功等于电荷电势能的改变量，即

$$W_{AB} = E_{pA} - E_{pB}$$

静电场力的功与电势能之间的这一关系与静电场力的功只与起点位置和终点位置有关的说法一致.

将试验电荷沿闭合路径移动一周，电场力做的功为零，即

$$q_0\oint_l \boldsymbol{E} \cdot \mathrm{d}\boldsymbol{l} = 0$$

则

$$\oint_l \boldsymbol{E} \cdot \mathrm{d}\boldsymbol{l} = 0$$

此式表明，在静电场中电场强度 $\boldsymbol{E}$ 的环流为零，这即是静电场的环路定理.

温馨提示 静电场的环路定理说明,在静电场中电场强度矢量沿任一闭合路径的线积分为零,这一定理同时反映电场力是保守力,电场是保守场.该定理是描述静电场性质的另一个基本定理,适用于任何静电场和任何闭合路径,包括有电介质的存在,它同时证明电场实际上是无旋场.该方程实际是麦克斯韦方程组的第二个方程.

2. 电势

根据静电场的保守性,静电场力对试验电荷所做的功仅与试验电荷的电量 q_0 及路径的起点 A 和终点 B 的位置有关,取

$$V_A = E_{pA}/q_0, V_B = E_{pB}/q_0$$

则根据电势能和功的定义有

$$V_A = \int_{AB} \boldsymbol{E} \cdot \mathrm{d}\boldsymbol{l} + V_B$$

如取点 B 在无穷远处,即 $V_B = 0, E_{pB} = 0$.则点 A 的电势 V_A 为

$$V_A = \int_A^{\infty} \boldsymbol{E} \cdot \mathrm{d}\boldsymbol{l}$$

其物理意义为,把单位正电荷在静电场中由点 A 移动到无穷远处时电场力所做的功.

注意:电势是标量,其值有正负,电势的正负取决于场源电荷的正负和零电势点的选取.点电荷电势 $= \dfrac{1}{4\pi\varepsilon_0}\dfrac{q}{r}$,是规定了无限远处的电势为零而得到的.

例 3 如图 5-5 所示,一均匀带电圆盘,电荷面密度为 σ,半径为 R,求其轴线上任意点的电势.

解 将带电圆盘分成许多半径为 r 到 $r + \mathrm{d}r$ 的细圆环,其上所带电荷量为

$$\mathrm{d}q = 2\pi r\sigma \mathrm{d}r$$

此圆环在轴上距离环心为 x 处产生的电势为

$$\mathrm{d}V = \frac{2\pi r\sigma \mathrm{d}r}{4\pi\varepsilon_0 \sqrt{r^2 + x^2}}$$

因此,整个圆盘在轴线上某点产生的电势为

$$V = \frac{\sigma}{2\varepsilon_0}\int_0^R \frac{r\mathrm{d}r}{\sqrt{r^2 + x^2}} = \frac{\sigma}{2\varepsilon_0}(\sqrt{R^2 + x^2} - x).$$

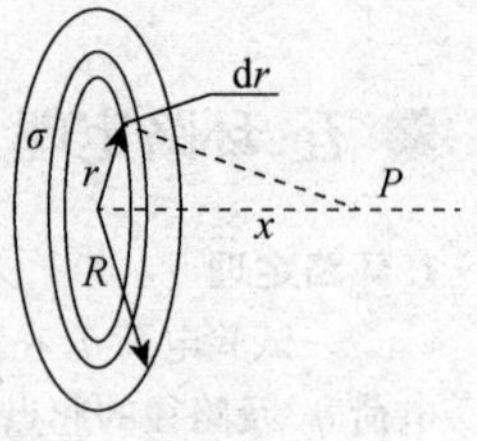

图 5-5

3. 电势差

电场中点 A 和点 B 两点间的电势差用符号 U_{AB} 表示,则

$$U_{AB} = V_A - V_B = -(V_B - V_A) = \int_{AB} \boldsymbol{E} \cdot \mathrm{d}\boldsymbol{l}$$

其物理意义是,把单位正电荷在静电场中由点 A 移动到点 B 时电场力所做的功.

温馨提示 电势能、电势、电势差的本质均为电场力的功,所以可得电场力的功、电势能、电势、电势差之间的关系为 $W_{AB} = E_{pA} - E_{pB} = q_0(V_A - V_B) = q_0 U_{AB}$.

4. 零电势参考点的选取方法

当带电体分布在有限范围内时,零电势参考点可随意选择,方便起见,一般选无限远处为零电势

参考点；当带电体分布延伸到无限范围时，零电势参考点只能选在有限区域内，通常选大地为零电势参考点.

六、电势的计算

1. 点电荷的电势（以无穷远处电势为零）

$$V=\int_r^{\infty}\boldsymbol{E}\cdot\mathrm{d}\boldsymbol{l}=\frac{q}{4\pi\varepsilon_0}\frac{1}{r}$$

2. 点电荷系的电势

点电荷系所激发的电场中某点的电势，等于各点电荷单独存在时在该点产生的电势的代数和，这一结论称为电势叠加原理，即

$$V_A=\sum_{i=1}^{n}V_{iA}$$

3. 电荷连续分布的带电体的电势

可将电荷连续分布的带电体分为无限多个电荷元 $\mathrm{d}q$，每个电荷元在电场中点 A 建立的电势为

$$\mathrm{d}V=\frac{1}{4\pi\varepsilon_0}\frac{\mathrm{d}q}{r}$$

由电势叠加原理得，整个系统在点 A 的电势为

$$V=\frac{1}{4\pi\varepsilon_0}\int\frac{\mathrm{d}q}{r}.$$

七、电势与电场强度的关系

1. 等势面

由电场中电势相等的点构成的曲面称为等势面，其特点如下：

(1) 等势面的疏密程度可以表示电场的强弱；

(2) 电场中任意两个相邻等势面上的点之间电势差相等；

(3) 相邻两个等势面间距较小处场强大，间距较大处场强小.

直角坐标系中的电势梯度为

$$\mathrm{grad}V=\nabla V=\frac{\partial V}{\partial x}\boldsymbol{i}+\frac{\partial V}{\partial y}\boldsymbol{j}+\frac{\partial V}{\partial z}\boldsymbol{k}.$$

2. 电势与电场强度的关系

(1) 积分关系（以无穷远处电势为零）：

$$V_A=\int_A^{\infty}\boldsymbol{E}\cdot\mathrm{d}\boldsymbol{l}$$

可利用此关系在已知场强 $\boldsymbol{E}$ 分布的情况下求电势 V_A 分布.

(2) 微分关系.

1) 直角坐标系中：

$$\boldsymbol{E}=-\frac{\mathrm{d}V}{\mathrm{d}l_{\mathrm{n}}}\boldsymbol{e}_{\mathrm{n}}=-\frac{\partial V}{\partial x}\boldsymbol{i}-\frac{\partial V}{\partial y}\boldsymbol{j}-\frac{\partial V}{\partial z}\boldsymbol{k}$$

2）柱坐标系中：

$$E=-\frac{\partial V}{\partial r}e_r-\frac{1}{r}\frac{\partial V}{\partial \theta}e_\theta-\frac{\partial V}{\partial z}e_z$$

3）球坐标系中：

$$E=-\frac{\partial V}{\partial r}e_r-\frac{1}{r}\frac{\partial V}{\partial \theta}e_\theta-\frac{1}{r\sin\theta}\frac{\partial V}{\partial \varphi}e_\varphi$$

以上几个表示式的意义如下：在电场中任意一点的场强 E 等于该点的电势沿等势面法线方向的变化率的负值；或者说在电场中任意一点的场强 E 的大小等于该点的电势沿等势面法线方向的空间变化率，场强 E 的方向与法线方向相反.

温馨提示 可利用此关系在已知电势 V_A 分布的情况下求场强 E 分布.

课后习题全解

5-1 解题过程 周围空间各点电场强度正方向相反，并且大小为 $\frac{\sigma}{\varepsilon_0}$，所以本题选(B).

5-2 解题过程 闭合曲面上各点电场强度都为零，曲面内一定没有电荷是不正确的. 因为不能肯定这一结论，只能得出曲面内电荷的代数和为零，闭合曲面的电场强度通量不为零. 也不能推断曲面上任一点电场强度不可能为零，故本题选(B).

5-3 解题过程 在电场力的作用下，电荷从电场中某一位置移到另一位置，电势也发生相应的变化，电场强度与电势差和移动距离有关，而电场强度与电势没有直接的关系，电势在某一区域为常量，若从一点移动到另一点电势差为零，则电场强度必为零，故本题选(D).

***5-4** 解题过程 由于带负电的带电棒在其周围产生一个非匀强电场，并且随着远离带电棒，电场强度逐渐减弱，所以当电偶极子被释放后，在力矩作用下沿逆时针方向旋转至电偶极矩 p 水平指向棒尖端，同时沿电场线方向朝着棒尖移动，由于该电偶极子在非匀强电场中受外力作用，故本题选(B).

5-5 知识点窍 库仑定律.

解题过程 考虑最极端的情况，一个电子带一个电荷，一个质子带 2 个电荷，则

$$Q_{max}=1\times 8\times 10^{-21}e+2\times 8\times 10^{-21}e=2.4\times 10^{-20}e,$$

两个氧原子间的库仑力与万有引力之比为

$$F_{库}=k\frac{Q_1Q_2}{r^2},F_{万}=G\frac{m_1m_2}{r^2}\Rightarrow\frac{F_{库}}{F_{万}}=\frac{Q_{max}^2}{4\pi\varepsilon_0 Gm^2}=2.8\times 10^{-6}\ll 1,$$

所以起主要作用的是万有引力.

5-6 知识点窍 库仑定律：$F=\frac{1}{4\pi\varepsilon_0}\frac{q_1q_2}{r^2}$.

逻辑推理 由于两个下夸克之间的距离 r 远大于夸克自身的线度 d，因此可将这两个下夸克视为点电荷，由库仑定律求解.

解题过程 因为 $r=2.60\times 10^{-15}$ m，$d=10^{-20}$ m，$r\gg d$，所以这两个夸克可视为点电荷. 由库仑

定律有

$$F=\frac{1}{4\pi\varepsilon_0}\frac{q_1q_2}{r^2}=\frac{1}{4\pi\varepsilon_0}\frac{(-\frac{1}{3}e)^2}{r^2}=3.78\ \mathrm{N}.$$

由于两个下夸克带同种电荷，因此它们之间的作用力为斥力。

5-7 知识点窍 圆周运动的向心力：$F=m\frac{v^2}{r}=m\omega^2r$；库仑定律：$F=\frac{1}{4\pi\varepsilon_0}\frac{q_1q_2}{r^2}$.

逻辑推理 按经典理论，电子绕核作圆周运动，所需向心力由库仑力提供，将向心力公式换算成与频率有关的表达式 $F=F(\nu)$，再联系库仑定律，即可得到待证结论.

解题过程 由题意可得

$$m\frac{v^2}{r}=\frac{1}{4\pi\varepsilon_0}\frac{e^2}{r^2} \quad ①$$

由上式可得电子动能为

$$E_k=\frac{1}{2}mv^2=\frac{1}{8\pi\varepsilon_0}\frac{e^2}{r} \quad ②$$

电子转动频率为

$$\nu=\frac{\omega}{2\pi}=\frac{v}{2\pi r} \quad ③$$

联立式 ① ~ ③ 可得 $\nu^2=\frac{32{\varepsilon_0}^2E_k^3}{me^4}$，结论得证.

5-8 知识点窍 库仑定律：$F=\frac{q_1q_2}{4\pi\varepsilon_0r^2}$.

逻辑推理 考虑立体晶格的对称性. 由力的叠加原理可知，每条对角线上的两个铯离子对氯离子的作用力的合力为零，由此可得问题(1) 中的库仑力为零. 对于问题(2)，因缺少一个铯离子，氯离子所受合力的大小和方向可由在同一对角线上的另一个铯离子的作用力求得.

解题过程 (1) 由库仑力公式可得 $F=k\frac{q_1q_2}{r^2}$，因为氯离子位于立方体中心，在八个角上各有一个铯离子与之相吸引，所以 $F=0$.

(2) 由填补法，当缺少一个铯离子时，给这里补上一个离子就是平衡的，则有

$$F=k\frac{q_1q_2}{r^2}=\frac{q_1q_2}{4\pi\varepsilon_0r^2}=1.9\times10^{-9}\ \mathrm{N}.$$

***5-9** 知识点窍 库仑定律：$F=\frac{1}{4\pi\varepsilon_0}\cdot\frac{q_1q_2}{r^2}$.

逻辑推理 根据对称性知圆环所受的合力为 0，但其内部张力不为 0，即半圆环所受的库仑力不为 0，只不过半圆环在库仑力 F 与张力 F_T 的合力作用下平衡，且有 $F_T=\frac{1}{2}F$. 求库仑力的方法为微元法，对半圆进行微元划分后积分.

解题过程 在圆环上实施微元法. 取电荷元 $dq'=\frac{Q}{2\pi}d\theta$，根据对称性知，半圆环受到的库仑力平行于对称轴. 根据库仑定律：$dF=\frac{qdq'}{4\pi\varepsilon_0R^2}$，只需在 $\theta\in[0,\pi]$ 上积分，得

$$F=\int_0^{\pi}\mathrm{d}F\cdot\sin\theta=\int_0^{\pi}\frac{qQ\sin\theta}{8\pi^2\varepsilon_0R^2}\mathrm{d}\theta=\frac{qQ}{4\pi^2\varepsilon_0R^2}$$

因为张力为库仑力的一半,所以 $F_T=\frac{1}{2}F=\frac{qQ}{8\pi^2\varepsilon_0R^2}$.

5-10 知识点窍 点电荷场强公式:$E=\frac{1}{4\pi\varepsilon_0}\frac{q}{r^2}$.

逻辑推理 利用微元法,在细棒上取一微小线元 $\mathrm{d}x$,其所带电量 $\mathrm{d}q=\frac{Q}{L}\mathrm{d}x$. 该线元在点 P 产生的场强 $\mathrm{d}E$ 可用点电荷场强公式给出,即 $\mathrm{d}E=\frac{\mathrm{d}q}{4\pi\varepsilon_0r'^2}$,($r'$ 为线元 $\mathrm{d}x$ 到点 P 的距离),对 $\mathrm{d}E$ 求积分,即可求出点 P 的场强.

解题过程 建立平面直角坐标系 Oxy,在细棒上取线元 $\mathrm{d}x$,其所带电量为 $\mathrm{d}q=\frac{Q}{L}\cdot\mathrm{d}x$,该线元在点 P 产生的场强可由点电荷场强公式给出,即 $\mathrm{d}E=\frac{1}{4\pi\varepsilon_0}\frac{\mathrm{d}q}{r'^2}=\frac{Q\mathrm{d}x}{4\pi\varepsilon_0Lr'^2}$($r'$ 为 $\mathrm{d}x$ 到点 P 的距离).

(1) 若点 P 在 x 轴上(棒的延长线上),则棒上各线元在点 P 产生的场强方向相同,所以点 P 的合场强为

$$E=\int\mathrm{d}E=\int_{-\frac{L}{2}}^{\frac{L}{2}}\frac{Q\mathrm{d}x}{4\pi\varepsilon_0L(r-x)^2}=\frac{1}{\pi\varepsilon_0}\cdot\frac{Q}{4r^2-L^2}$$

E 的方向沿 x 轴正向(假设 Q 为正电荷).

(2) 若点 P 在 y 轴上,由对称性可知,点 P 的合场强沿 y 轴,因此在利用 $\boldsymbol{E}=\int\mathrm{d}\boldsymbol{E}$ 时,只需计算 $\mathrm{d}\boldsymbol{E}$ 沿 y 轴的分量,即

$$E=\int\mathrm{d}E_y=\int\mathrm{d}E\cdot\sin\alpha-\int\mathrm{d}E\cdot\frac{r}{r'}=\int\frac{r}{\sqrt{r^2+x^2}}\mathrm{d}E.$$

所以

$$E=\int\frac{r}{\sqrt{r^2+x^2}}\cdot\frac{Q\mathrm{d}x}{4\pi\varepsilon_0(r^2+x^2)\cdot L}=\int_{-\frac{L}{2}}^{\frac{L}{2}}\frac{rQ}{4\pi\varepsilon_0L}\cdot\frac{\mathrm{d}x}{(x^2+r^2)^{3/2}}$$

$$=\frac{Q}{2\pi\varepsilon_0r}\frac{1}{\sqrt{L^2+4r^2}}.$$

当棒长 $L\to\infty$ 时,$E=\lim\limits_{L\to\infty}\frac{Q/L}{2\pi\varepsilon_0r\sqrt{1+\frac{4r^2}{L^2}}}=\frac{\lambda}{2\pi\varepsilon_0r}$(式中 λ 为电荷线密度),此结果恰好与无限长带电直导线周围的电场分布相同.

5-11 知识点窍 带电细圆环在其轴线上产生的场强公式:

$$\boldsymbol{E}=\frac{1}{4\pi\varepsilon_0}\frac{xq}{(x^2+r^2)^{3/2}}\boldsymbol{i}.$$

逻辑推理 将半球壳分成若干个细圆环,各细圆环在球心 O 产生的场强方向相同,其大小为 $\mathrm{d}E=\frac{1}{4\pi\varepsilon_0}\frac{x\mathrm{d}q}{(x^2+r^2)^{3/2}}$,对此式积分即可求出球心 O 的电场强度的大小.

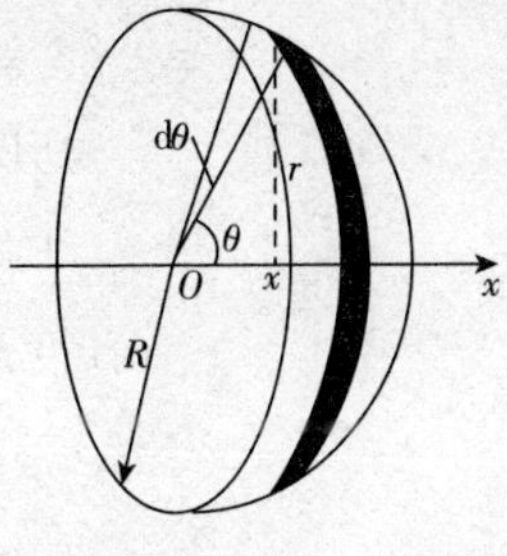

图解 5-11

解题过程 如图解 5-11 所示，在半球壳上取一细圆环，其电量为 $dq = \sigma dS = \sigma \cdot 2\pi R^2 \cdot \sin\theta d\theta$，由细圆环在其轴线上产生的场强公式可得

$$dE = \frac{1}{4\pi\varepsilon_0}\frac{xdq}{(x^2+r^2)^{\frac{3}{2}}}$$

考虑 $x = R\cos\theta, r = R\sin\theta$，则

$$E = \int dE = \frac{1}{4\pi\varepsilon_0}\int\frac{R\cos\theta}{R^3}\sigma \cdot 2\pi R^2\sin\theta d\theta$$

$$= \int_0^{\frac{\pi}{2}}\frac{\sigma}{2\varepsilon_0}\sin\theta\cos\theta d\theta = \frac{\sigma}{4\varepsilon_0}.$$

5-12 知识点窍 电偶极子在延长线上的电场强度：$\boldsymbol{E} = \frac{1}{4\pi\varepsilon_0}\cdot\frac{2\boldsymbol{p}}{x^3}$.

逻辑推理 水分子的电偶极矩 $\boldsymbol{p}$ 由两个大小均为 $p_0 = er_0$，而夹角为 2θ 的电偶极子叠加而成，即 $p = 2er_0\cos\theta$，方向沿 x 轴.

由于点 A 在水分子的对称轴线上，且 $x \gg r_0$，满足电偶极子在延长线上的电场强度 $\boldsymbol{E} = \frac{1}{4\pi\varepsilon_0}\cdot\frac{2\boldsymbol{p}}{x^3}$ 公式条件，可直接用公式求得.

另外，此题也可由点电荷的场强公式，分别求出 3 个原子在点 A 的场强，再由场强的叠加原理进行计算. 运算中要利用 $x \gg r_0$ 的条件进行近似处理.

解题过程 以氧原子中心为坐标原点，沿对称轴线方向建 Ox 坐标. 由于水分子的电荷模型可视为两个大小均为 $p_0 = er_0$、夹角为 2θ 的电偶极子叠加而成的电偶极矩，即

$$p = 2er_0\cos\theta$$

方向沿 x 轴正向.

该电偶极矩在其延长线上距分子较远的点 x 处（$x \gg r_0$）产生的场强为

$$E = \frac{2p}{4\pi\varepsilon_0 x^3} = \frac{2\cdot 2er_0\cos\theta}{4\pi\varepsilon_0 x^3} = \frac{er_0\cos\theta}{\pi\varepsilon_0 x^3}$$

方向沿 x 轴正向.

5-13 知识点窍 无限长直导线的场强分布：$E = \frac{\lambda}{2\pi\varepsilon_0 x}$；

场强叠加原理：$\boldsymbol{E} = \boldsymbol{E}_1 + \boldsymbol{E}_2$；

电场力公式：$\boldsymbol{F} = q\boldsymbol{E}$.

逻辑推理 (1) 在两导线构成的平面上的一点 P 的场强，可由无限长直导线场强公式求出两根导线在该点独立产生的场强，再由场强叠加原理求出点 P 的场强.

(2) 单位长度导线所受的电场力等于另一根导线在该点产生的场强乘以单位长度导线所带电量，即 $F = qE = \lambda E$.

解题过程 (1) 设导线 A 带正电，其在点 P 产生的场强为

$$E_A = \frac{1}{2\pi\varepsilon_0}\cdot\frac{\lambda}{x}（方向沿 x 轴正向）$$

导线 B 带负电，其在点 P 产生的场强为

$$E_B=\frac{1}{2\pi\varepsilon_0}\cdot\frac{\lambda}{r_0-x}\text{（方向沿 }x\text{ 轴正向）}$$

所以点 P 的场强为

$$E_P=E_A+E_B=\frac{\lambda}{2\pi\varepsilon_0}\left(\frac{1}{x}+\frac{1}{r_0-x}\right)=\frac{\lambda}{2\pi\varepsilon_0}\cdot\frac{r_0}{x(r_0-x)}\text{（方向沿 }x\text{ 轴正向）}.$$

(2) 设 A 导线单位长度受力为 F_A，B 导线在 A 导线上某点产生的场强为 E'_B，则

$$F_A=\lambda E'_B=\lambda\cdot\frac{\lambda}{2\pi\varepsilon_0 r_0}=\frac{\lambda^2}{2\pi\varepsilon_0 r_0}\text{（方向沿 }x\text{ 轴正向为引力）}$$

同理

$$F_B=-\frac{\lambda^2}{2\pi\varepsilon_0 r_0}\text{（负号表示力的方向与 }x\text{ 轴正向相反）}$$

说明：F_A 与 F_B 是作用力与反作用力关系，两导线相互吸引.

5-14 知识点窍 由点电荷电场的叠加求解.

解题过程 由电荷电场公式得

$$\boldsymbol{E}=-\frac{1}{4\pi\varepsilon_0}\cdot\frac{2q}{z^2}\boldsymbol{k}+\frac{1}{4\pi\varepsilon_0}\cdot\frac{q}{(z-d)^2}\boldsymbol{k}+\frac{1}{4\pi\varepsilon_0}\cdot\frac{q}{(z+d)^2}\boldsymbol{k}$$

考虑到 $z\gg d$，简化上式得

$$\boldsymbol{E}=\frac{q}{4\pi\varepsilon_0}\left\{-\frac{2}{z^2}+\frac{1}{z^2}\left[\frac{1}{(1-d/z)^2}+\frac{1}{(1+d/z)^2}\right]\right\}\boldsymbol{k}$$

$$=\frac{q}{4\pi\varepsilon_0}\left[-\frac{2}{z^2}+\frac{1}{z^2}\left(1+\frac{2d}{z}+\frac{3d^2}{z^2}+\cdots+1-\frac{2d}{z}+\frac{3d^2}{z^2}+\cdots\right)\right]\boldsymbol{k}$$

$$=\frac{1}{4\pi\varepsilon_0}\cdot\frac{6qd^2}{z^4}\boldsymbol{k}.$$

通常将 $Q=2qd^2$ 称为电四极矩，代入上式得点 P 的电场强度为 $\boldsymbol{E}=\frac{1}{4\pi\varepsilon_0}\cdot\frac{3Q}{z^4}\boldsymbol{k}$.

5-15 知识点窍 高斯定理：$\oint_S\boldsymbol{E}\cdot d\boldsymbol{S}=\frac{1}{\varepsilon_0}\sum q$.

逻辑推理 在半环面 S 的开口端作一个半径为 R 的圆形平面 S'，使 S 与 S' 一起构成闭合曲面，由于闭合曲面内无电荷，所以由高斯定理可知 $\Phi=\oint_{(S+S')}\boldsymbol{E}\cdot d\boldsymbol{S}=0$，即

$$\oint_{(S+S')}\boldsymbol{E}\cdot d\boldsymbol{S}=\int_S\boldsymbol{E}\cdot d\boldsymbol{S}+\int_{S'}\boldsymbol{E}\cdot d\boldsymbol{S}=0$$

由此可知

$$\Phi_S=\int_S\boldsymbol{E}\cdot d\boldsymbol{S}=-\int_{S'}\boldsymbol{E}\cdot d\boldsymbol{S}$$

而 S' 是面积为 πR^2 的平面.

解题过程 作半径为 R 的平面 S' 与半球面 S 构成闭合曲面，由高斯定理得

$$\Phi=\oint\boldsymbol{E}\cdot d\boldsymbol{S}=\frac{1}{\varepsilon_0}\sum q=0$$

即 $\int_S\boldsymbol{E}\cdot d\boldsymbol{S}+\int_{S'}\boldsymbol{E}\cdot d\boldsymbol{S}=0$. 所以通过半球面的电场强度通量为

$$\Phi_S = \int_S \boldsymbol{E} \cdot d\boldsymbol{S} = -\int_{S'} \boldsymbol{E} \cdot d\boldsymbol{S} = -(-\pi R^2 \cdot E) = \pi R^2 E.$$

5-16 知识点窍 电场强度通量定义：$\Phi = \int \boldsymbol{E} \cdot d\boldsymbol{S}$.

逻辑推理 由 $\boldsymbol{E}$ 的表达式可写出在各表面位置处的 $\boldsymbol{E}$，代入电场强度通量定义式即可求出电场对各表面的电场强度通量.

解题过程 整个主体表面的电场强度通量为各表面电场强度通量之和，则

$$\Phi_{OABC} = \Phi_{DEFG} = \int \boldsymbol{E} \cdot d\boldsymbol{S} = \int [(E_1 + kx)\boldsymbol{i} + E_2 \boldsymbol{j}] \cdot (dS\boldsymbol{k}) = 0,$$

$$\Phi_{ABGF} = \int [(E_1 + kx)\boldsymbol{i} + E_2 \boldsymbol{j}] \cdot (dS\boldsymbol{j}) = E_2 a^2,$$

$$\Phi_{CCDE} = \int [(E_1 + kx)\boldsymbol{i} + E_2 \boldsymbol{j}] \cdot (-dS\boldsymbol{j}) = -E_2 a^2,$$

$$\Phi_{OEFA} = \int [E_1 \boldsymbol{i} + E_2 \boldsymbol{j}] \cdot (-dS\boldsymbol{i}) = -E_1 a^2,$$

$$\Phi_{BCDG} = \int [(E_1 + ka)\boldsymbol{i} + E_2 \boldsymbol{j}] \cdot (dS\boldsymbol{i}) = (E_1 + ka)a^2.$$

整个立方体表面的电场强度通量为 $\Phi = \sum \Phi_i = ka^3$.

5-17 知识点窍 高斯定理：$\oint_S \boldsymbol{E} \cdot d\boldsymbol{S} = \frac{1}{\varepsilon_0} \sum q$.

逻辑推理 在大气层中取与地球同心的球面为高斯面，由于大气层中的电场强度已知，地球表面积已知，故由高斯定理可求出高斯面内的净电荷，从而求出单位面积所带的电荷.

解题过程 在地球表面附近的大气层中取与地球同心球面作高斯面，由于地球表面的电场强度指向地球中心，由高斯定理得

$$\oint_S \boldsymbol{E} \cdot d\boldsymbol{S} = -E \cdot 4\pi R^2 = \frac{1}{\varepsilon_0} \sum q$$

而 $R \approx R_E$，故地球表面电荷面密度为

$$\sigma = \frac{\sum q}{4\pi R_E^2} \approx -\varepsilon_0 E = -1.06 \times 10^{-9}\ \mathrm{C \cdot m^{-2}}.$$

每平方厘米的电子数为 $n = \frac{\sigma}{-e} = 6.63 \times 10^5\ \mathrm{cm^{-2}}$.

5-18 知识点窍 高斯定理：$\oint_S \boldsymbol{E} \cdot d\boldsymbol{S} = \frac{1}{\varepsilon_0} \sum q$；球壳（体）外场强公式：$E = \frac{1}{4\pi\varepsilon_0} \cdot \frac{q}{r^2}$.

逻辑推理 (1) 由于球体内电荷对称分布，因而电场也是球对称分布的. 选择与球体同心的球面为高斯面，应用高斯定理可求出电场强度 $E = E(r)$.

(2) 用场强叠加原理求解时，可将球体分割成无数个薄球壳. 取半径为 r'，厚度为 dr' 的球壳，研究在该球壳外一点 r 处（$r > r'$）产生的场强 $dE = \frac{1}{4\pi\varepsilon_0} \cdot \frac{dq}{r^2}$；再用积分的方法求出 r 处的电场强度 $\boldsymbol{E} = \int d\boldsymbol{E}$.

注意：带电球壳在其内部激发的场强 $E = 0$.

解题过程 (1) 在球体内取一半径为 $r(0\leqslant r\leqslant R)$ 的同心球面作高斯面，由于该球面上的场强大小相等，方向沿半径，由高斯定理得

$$\oint_S \boldsymbol{E}\cdot \mathrm{d}\boldsymbol{S}=E\cdot 4\pi r^2=\frac{1}{\varepsilon_0}\int \rho \mathrm{d}r \quad (r\leqslant R)$$

即

$$E\cdot 4\pi r^2=\frac{1}{\varepsilon_0}\int_0^r kr\cdot 4\pi r^2\mathrm{d}r=\frac{\pi k}{\varepsilon_0}r^4$$

所以，当 $r\leqslant R$ 时，$E(r)=\dfrac{k}{4\varepsilon_0}r^2$（方向沿径向）；

当 $r>R$ 时，$E(r)=\dfrac{1}{4\pi r^2}\cdot\dfrac{1}{\varepsilon_0}\displaystyle\int_0^R kr\cdot 4\pi r^2\mathrm{d}r=\dfrac{kR^4}{4\varepsilon_0 r^2}$（方向沿径向）.

(2) 用场强叠加原理：取半径为 r'，厚度为 $\mathrm{d}r'$ 的球壳（$r'\leqslant R$）.

球壳所带电荷为 $\mathrm{d}q=\rho\mathrm{d}r=kr'\cdot 4\pi r'^2\cdot \mathrm{d}r'$.

球体内的场强为

$$E(r)=\int_0^r\frac{1}{4\pi\varepsilon_0}\cdot\frac{\mathrm{d}q}{r^2}=\frac{kr^2}{4\varepsilon_0}(r\leqslant R)（方向沿径向），$$

球体外的场强为 $\quad E(r)=\displaystyle\int_0^R\frac{1}{4\pi\varepsilon_0}\cdot\frac{\mathrm{d}q}{r^2}=\frac{kR^4}{4\varepsilon_0 r^2}(r>R)$（方向沿径向）.

5-19 **知识点窍** 带电细圆环在轴线上的场强公式：

$$E=\frac{1}{4\pi\varepsilon_0}\frac{xq}{(r^2+x^2)^{3/2}}$$

逻辑推理 将带电平面分解为许多与小圆孔同心的细圆环，计算圆环在点 P 产生的场强，积分求解总场强，如图解 5-19 所示.

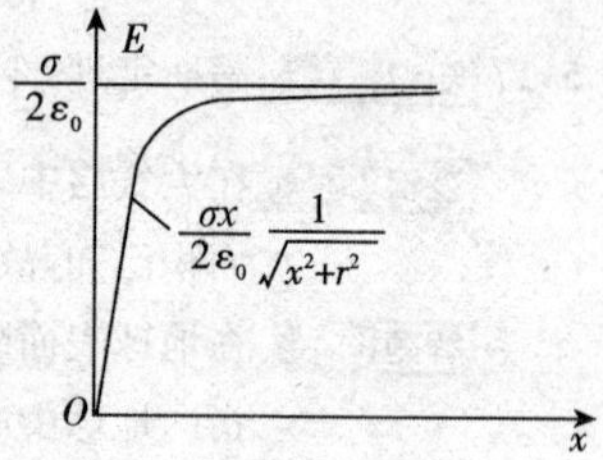

图解 5-19

解题过程 **解法一** 取一个与小圆孔同心的细圆环，其半径为 $r'(r'\geqslant r)$，细圆环所带的电荷为 $\mathrm{d}q=\sigma\cdot 2\pi r'\mathrm{d}r'$，由细圆环在轴线上的场强公式得该圆环在点 P 产生的场强大小为

$$\mathrm{d}E=\frac{1}{4\pi\varepsilon_0}\cdot\frac{x\mathrm{d}q}{(r'^2+x^2)^{3/2}}=\frac{1}{4\pi\varepsilon_0}\cdot\frac{x\sigma 2\pi r'}{(r'^2+x^2)^{3/2}}\mathrm{d}r'=\frac{\sigma x r'\mathrm{d}r'}{2\varepsilon_0(r'^2+x^2)^{3/2}},$$

点 P 的总场强为

$$E=\int \mathrm{d}E=\int_r^\infty\frac{\sigma x r'\mathrm{d}r}{2\varepsilon_0(r'^2+x^2)^{3/2}}=\frac{\sigma x}{2\varepsilon_0\sqrt{r^2+x^2}}（方向沿平面法向）.$$

解法二 此题也可用补偿法求解. 点 P 场强可看作是电荷面密度为 σ 的无限大均匀带电平面与电荷面密度为 $-\sigma$、半径为 r 的带电圆盘在点 P 产生场强的叠加.

无限大平面在点 P 产生的场强为

$$E_1=\frac{\sigma}{2\varepsilon_0}（方向沿平面法向）$$

带电圆盘在点 P 产生的场强为

$$E_2=\frac{\sigma}{2\varepsilon_0}\left(1-\frac{x}{\sqrt{r^2+x^2}}\right)（方向与法向相反）$$

所以点 P 的总场强为

$$E = E_1 - E_2 = \frac{\sigma}{2\varepsilon_0} - \frac{\sigma}{2\varepsilon_0}\left(1 - \frac{x}{\sqrt{r^2+x^2}}\right)$$

$$= \frac{\sigma x}{2\varepsilon_0\sqrt{r^2+x^2}}\text{(方向沿平面法向)},$$

当 $x \gg r$ 时，$E \approx \frac{\sigma}{2\varepsilon_0}$，即带电平板上小圆孔对电场分布的影响可以忽略不计.

5-20 知识点窍 均匀带电球体内部的场强公式：$\boldsymbol{E} = \frac{\rho}{3\varepsilon_0}\boldsymbol{r}$；场强叠加原理：$\boldsymbol{E} = \boldsymbol{E}_1 + \boldsymbol{E}_2$.

逻辑推理 本题可采用补偿法求解. 有空腔的球体可等效于一个电荷体密度为 ρ 的完整球体（大球体）和一个电荷体密度为 $-\rho$、球心在 O' 的带电小球体. 大、小球体在空腔内点 P 产生的电场强度分别为 $\boldsymbol{E}_1$ 和 $\boldsymbol{E}_2$，由场强叠加原理得点 P 的电场强度为 $\boldsymbol{E} = \boldsymbol{E}_1 + \boldsymbol{E}_2$.

解题过程 由高斯定理，对于均匀带电体内任一点场强，有

$$E \cdot 4\pi r^2 = \frac{\frac{4}{3}\pi r^3 \rho}{\varepsilon_0}$$

即 $E = \frac{\rho}{3\varepsilon_0} r$.

当均匀带电球中无空腔时，离球心 O 距离为 $\boldsymbol{r}$ 的点 P 的场强为

$$\boldsymbol{E}_1 = \frac{\rho}{3\varepsilon_0}\boldsymbol{r}$$

而电荷体密度为 $-\rho$，球心在 O' 的带电小球在点 P 产生的场强为

$$\boldsymbol{E}_2 = \frac{-\rho}{3\varepsilon_0}\boldsymbol{r}'$$

所以点 P 的总场强为 $\boldsymbol{E} = \boldsymbol{E}_1 + \boldsymbol{E}_2 = \frac{\rho}{3\varepsilon_0}(\boldsymbol{r} - \boldsymbol{r}')$.

由教材习题 5-20 图中矢量三角形关系可知 $\boldsymbol{r} - \boldsymbol{r}' = \boldsymbol{a}$，所以 $\boldsymbol{E} = \frac{\rho}{3\varepsilon_0}\boldsymbol{a}$.

结论得证.

5-21 知识点窍 电场叠加原理：$\boldsymbol{E} = \boldsymbol{E}_1 + \boldsymbol{E}_2$；均匀带电球体内部的场强公式：$\boldsymbol{E} = \frac{\rho}{3\varepsilon_0}\boldsymbol{r}$.

逻辑推理 利用等效原理以及场强叠加原理，可以将两个球看作电荷体密度分别为 ρ 和 $-\rho$ 的带电球的重叠. 重叠区域内的电场强度可以视为两个带电球单独激发电场的叠加，如图解 5-21(a) 所示. 这样做比较直观明了.

解题过程 设 O 和 O' 分别为两球的球心，P 为重叠区域内任意点，令 $\overline{OO'} = a$，$\overline{OP} = r$，$\overline{O'P} = r'$，如图解 5-21(b) 所示，由高斯定理可求得两个球体电荷在点 P 产生的电场强度分别为

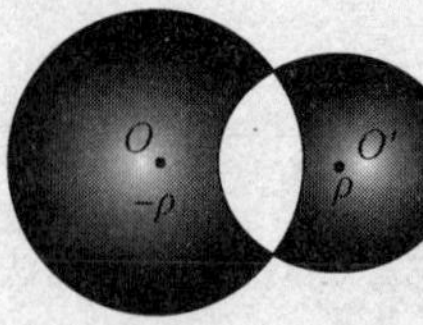

(a)

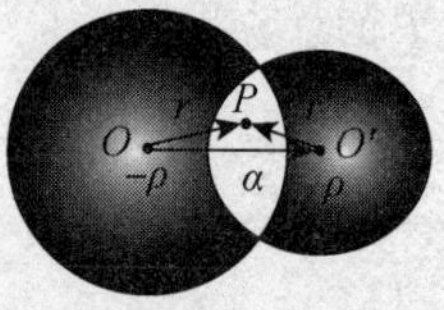

(b)

图解 5-21

$$\boldsymbol{E}=-\frac{\rho}{3\varepsilon_0}\boldsymbol{r}$$

$$\boldsymbol{E}'=\frac{\rho}{3\varepsilon_0}\boldsymbol{r}'$$

根据电场强度叠加原理知,点 P 的电场强度为

$$\boldsymbol{E}_P=\boldsymbol{E}+\boldsymbol{E}'=\frac{\rho}{3\varepsilon_0}(\boldsymbol{r}'-\boldsymbol{r})=-\frac{\rho}{3\varepsilon_0}\boldsymbol{a}$$

这个结果表明,重叠区域内的电场是匀强电场,电场强度的方向是正电荷球心 O' 到负电荷球心 O 的方向.

5-22 **知识点窍** 高斯定理:$\oint \boldsymbol{E}\cdot d\boldsymbol{S}=\frac{1}{\varepsilon_0}\sum q$.

逻辑推理 按题意画出电荷的分布情况,如图解 5-22 所示. 由电荷分布的对称性可知,电场强度 $\boldsymbol{E}$ 也是对称分布. 据此选取同心球面为高斯面,在高斯面上的场强沿径矢方向,且大小相等,所以有$\oint \boldsymbol{E}\cdot d\boldsymbol{S}=E\cdot 4\pi r^2$($r$ 为高斯面的半径). 如果求出高斯面内的电荷 $\sum q$,由高斯定理 $\oint \boldsymbol{E}\cdot d\boldsymbol{S}=\frac{1}{\varepsilon_0}\sum q$ 即可求出场强 $E=\frac{\sum q}{4\pi\varepsilon_0 r^2}$.

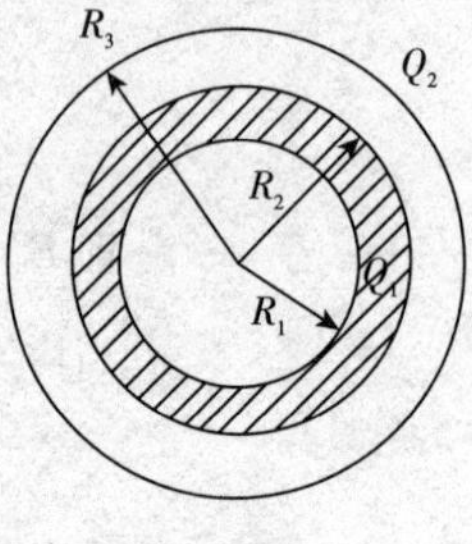

图解 5-22

解题过程 根据电荷对称分布的特点,选取半径为 r 的同心球面作为高斯面,由于球面上的电场强度大小相等,方向沿径矢,故有

$$\oint_S \boldsymbol{E}\cdot d\boldsymbol{S}=E\cdot 4\pi r^2$$

将上式代入高斯定理 $\oint \boldsymbol{E}\cdot d\boldsymbol{S}=\frac{1}{\varepsilon_0}\sum q$,得距球心 r 处的场强为

$$E=\frac{1}{4\pi\varepsilon_0}\cdot\frac{\sum q}{r^2}(E\text{ 的方向沿径矢}) \quad ①$$

显然,电场强度 E 与 r 及 $\sum q$ 有关,讨论如下.

(1) 若 $r<R_1$, $\sum q=0$,则 $E=0(r<R_1)$.

(2) 若 $R_1<r<R_2$, $\sum q=\frac{r^3-R_1^3}{R_2^3-R_1^3}\cdot Q_1$,则 $E=\frac{1}{4\pi\varepsilon_0}\cdot\frac{Q_1}{r^2}\cdot\frac{r^3-R_1^3}{R_2^3-R_1^3}(R_1<r<R_2)$.

(3) 若 $R_2<r<R_3$, $\sum q=Q_1$,则 $E=\frac{Q_1}{4\pi\varepsilon_0 r^2}(R_2<r<R_3)$.

(4) 若 $r>R_3$, $\sum q=Q_1+Q_2$,则 $E=\frac{Q_1+Q_2}{4\pi\varepsilon_0 r^2}(r>R_3)$.

所以电场强度的分布情况为

$$E=\begin{cases}0 & (r<R_1)\\ \dfrac{(r^3-R_1^3)Q_1}{4\pi\varepsilon_0(R_2^3-R_1^3)r^2} & (R_1<r<R_2)\\ \dfrac{Q_1}{4\pi\varepsilon_0 r^2} & (R_2<r<R_3)\\ \dfrac{Q_1+Q_2}{4\pi\varepsilon_0 r^2} & (r>R_3)\end{cases}$$

方向沿径矢.

由 $\lim\limits_{r\to R_3^-}E=\dfrac{Q_1}{4\pi\varepsilon_0 r^2}$，$\lim\limits_{r\to R_3^+}E=\dfrac{Q_1+Q_2}{4\pi\varepsilon_0 r^2}$，即在带电为 Q_2 的球面附近，左、右极限不相等，所以 $E=E(r)$ 不连续.

5-23 知识点窍 高斯定理：$\oint_S \boldsymbol{E}\cdot d\boldsymbol{S}=\dfrac{1}{\varepsilon_0}\sum q$.

逻辑推理 利用电荷分布的对称性，选取同轴圆柱面为高斯面，并且根据电场分布的对称性简化高斯定理的方程，求出不同高斯面内的电荷总和，即可利用高斯定理解得各区域电场的分布.

解题过程 由高斯定理 $\oint_S \boldsymbol{E}\cdot d\boldsymbol{S}=\dfrac{1}{\varepsilon_0}\sum\limits_{S内}q_i$，考虑以圆柱体轴为中轴，半径为 r，长为 l 的高斯面.

(1) 当 $r<R$ 时，$2\pi rl\cdot E=\dfrac{\rho\pi r^2 l}{\varepsilon_0}$，有 $\boldsymbol{E}=\dfrac{\rho r}{2\varepsilon_0}\boldsymbol{e}_r$；

(2) 当 $r>R$ 时，$2\pi rl\cdot E=\dfrac{\rho\pi R^2 l}{\varepsilon_0}$，则 $\boldsymbol{E}=\dfrac{\rho R^2}{2\varepsilon_0 r}\boldsymbol{e}_r$.

即

$$\boldsymbol{E}=\begin{cases}\dfrac{\rho r}{2\varepsilon_0}\boldsymbol{e}_r\,(r<R)\\ \dfrac{\rho R^2\boldsymbol{e}_r}{2\varepsilon_0 r}(r>R)\end{cases}$$

$E-r$ 曲线如图解 5-23 所示.

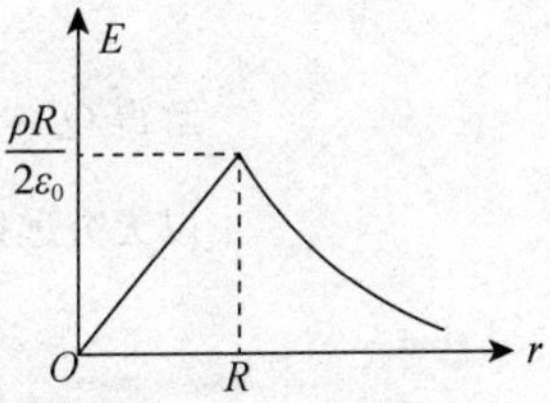

图解 5-23

5-24 知识点窍 高斯定理：$\oint_S \boldsymbol{E}\cdot d\boldsymbol{S}=\dfrac{1}{\varepsilon_0}\sum q$.

逻辑推理 由电荷的轴对称性可知，电场强度也具有轴对称性，据此特点，取同轴圆柱面为高斯面，其上、下底面的电场强度通量为零，而其侧面上的电场强度大小相等，方向与 d$\boldsymbol{S}$ 方向相同，由此知 $\oint_S \boldsymbol{E}\cdot d\boldsymbol{S}=E\cdot 2\pi rL$（式中，$r$ 为高斯面的底面半径，L 为高斯面母线的长）. 只要求出高斯面内的电荷 $\sum q$，由高斯定理 $\oint_S \boldsymbol{E}\cdot d\boldsymbol{S}=\dfrac{1}{\varepsilon_0}\sum q$ 就可求出电场强度的分布 $E=\dfrac{\sum q}{2\pi\varepsilon_0 rL}$ （E 的方向沿径矢）.

解题过程 选取同轴柱面为高斯面，由电荷分布的轴对称性可知

$$\oint_S \boldsymbol{E}\cdot d\boldsymbol{S}=\int_{侧}\boldsymbol{E}\cdot d\boldsymbol{S}=E\cdot 2\pi rL\,(r\text{ 和 }L\text{ 分别为高斯面的半径和母线})$$

由高斯定理$\oint_S \boldsymbol{E}\cdot \mathrm{d}\boldsymbol{S}=\frac{1}{\varepsilon_0}\sum q$得$E=\frac{\sum q}{2\pi\varepsilon_0 rL}$.

若$r<R_1$，$\sum q=0$，则$E=0$.

若$R_1<r<R_2$，$\sum q=\lambda L$，则$E=\frac{\lambda}{2\pi\varepsilon_0 r}$.

若$r>R_2$，$\sum q=0$，则$E=0$.

所以电场强度的分布为$E=\begin{cases}0, & r<R_1 \text{ 或 } r>R_2, \\ \frac{\lambda}{2\pi\varepsilon_0 r}, & R_1<r<R_2,\end{cases}$

E的方向沿径矢.

5-25 逻辑推理 因Q_1所受的合力为零，则Q_1所在位置的电场强度$\boldsymbol{E}_{Q_1}=0$；而Q_1所在位置的场强是由点电荷Q_2与Q_3各自形成的电场$\boldsymbol{E}_{Q_2}$和$\boldsymbol{E}_{Q_3}$的叠加，故$\boldsymbol{E}_{Q_2}+\boldsymbol{E}_{Q_3}=\boldsymbol{0}$. 由点电荷的电场强度公式$\boldsymbol{E}=\frac{q}{4\pi\varepsilon_0 r^2}\boldsymbol{e}_r$可得$\frac{Q_2}{4\pi\varepsilon_0\cdot d^2}+\frac{Q_3}{4\pi\varepsilon_0\cdot(2d)^2}=0$，由此可求出$Q_2=-\frac{1}{4}Q_3=-\frac{1}{4}Q$. 再由点电荷的电势$V=\frac{q}{4\pi\varepsilon_0 r}$求出$Q_1$和$Q_3$在$Q_2$位置产生的电势之和，求出由该点到无穷远处的电势差，即可求出Q_2从该位置移到无穷远的电势能的变化量，进而求出外力所做的功.

解题过程 因为Q_1所在点的电场强度为零，故有

$$\frac{Q_2}{4\pi\varepsilon_0 d^2}+\frac{Q_3}{4\pi\varepsilon_0(2d)^2}=0$$

解得$Q_2=-\frac{1}{4}Q_3=-\frac{1}{4}Q$.

以无穷远处的电势为零，Q_2所在位置的电势为

$$V_{Q_2}=\frac{Q_1}{4\pi\varepsilon_0 d}+\frac{Q_3}{4\pi\varepsilon_0 d}=\frac{Q}{2\pi\varepsilon_0 d}$$

由于外力移动电荷所做的功等于电势能的增量，所以外力做的功为

$$W=Q_2\times(V_\infty-V_{Q_2})=-Q_2V_{Q_2}=\left(-\frac{Q}{4}\right)\cdot\left(-\frac{Q}{2\pi\varepsilon_0 d}\right)=\frac{Q^2}{8\pi\varepsilon_0 d}.$$

5-26 逻辑推理 (1) 因为已知$\boldsymbol{E}$的方向沿矢径，而电场力做功与路径无关，故利用公式$U_{12}=\int_{r_1}^{r_2}\boldsymbol{E}\cdot\mathrm{d}\boldsymbol{r}$时，可取沿矢径的积分路径.

(2) 可从$r\to\infty$处的电势等于导线上的电势加以否定.

解题过程 (1) 由于$\boldsymbol{E}$的方向沿矢径，而电场力做功与路径无关，故可取在同一矢径上的两点计算电势差，而矢径大小相同的点在同一等势面上，所以有

$$U_{12}=\int_{r_1}^{r_2}\boldsymbol{E}\cdot\mathrm{d}\boldsymbol{r}=\int_{r_1}^{r_2}\frac{\lambda}{2\pi\varepsilon_0 r}\cdot\mathrm{d}r=\frac{\lambda}{2\pi\varepsilon_0}\ln\frac{r_2}{r_1}.$$

(2) 不能这样取. 因为电场强度$\boldsymbol{E}=\frac{\lambda}{2\pi\varepsilon_0 r}\cdot\boldsymbol{e}_r$只适用于无限长的均匀带电直导线，即电荷分布在无限空间，$r\to\infty$处的电势应等于直导线上的电势.

5-27 知识点窍 点电荷的电势分布：$V=\dfrac{q}{4\pi\varepsilon_0 r}$.

逻辑推理 电偶极矩 $\boldsymbol{p}$ 在某点产生的电势等效于一对正负电荷产生的电势的叠加，利用点电荷电势分布的公式即可求解.

解题过程 将电偶极矩 $\boldsymbol{p}$ 视为带电量为 $\pm q$、相距 r_0 的两个点电荷，如图解 5-27 所示，它们在某点 P 产生的电势为

$$V=V_A+V_B=\frac{-q}{4\pi\varepsilon_0 r_A}+\frac{+q}{4\pi\varepsilon_0 r_B}=\frac{q}{4\pi\varepsilon_0}\cdot\frac{r_A-r_B}{r_A\cdot r_B}$$

由于 $\boldsymbol{p}=\boldsymbol{r}_0 q$，且 $r_A\approx r_B=r\gg r_0$，所以

$$V=\frac{q}{4\pi\varepsilon_0}\cdot\frac{r_0\cos\theta}{r^2}=\frac{p\cos\theta}{4\pi\varepsilon_0 r^2}.$$

(1) 当 $\theta=0^\circ$ 时，$V_1=\dfrac{p}{4\pi\varepsilon_0 r^2}=2.23\times10^{-3}\ \text{V}$.

(2) 当 $\theta=45^\circ$ 时，$V_2=\dfrac{p\cos 45^\circ}{4\pi\varepsilon_0 r^2}=1.58\times10^{-3}\ \text{V}$.

(3) 当 $\theta=90^\circ$ 时，$V_3=\dfrac{p\cos 90^\circ}{4\pi\varepsilon_0 r^2}=0$.

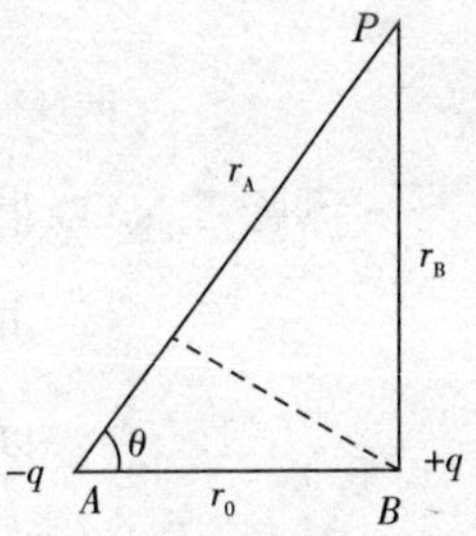

图解 5-27

5-28 逻辑推理 两个雨滴合并后，半径增大为$\sqrt[3]{2}R$，求出合并后雨滴的电势.

解题过程 由题意和电势的基本公式得

$$V_{1电}=k\frac{q_1}{r}=\frac{1}{4\pi\varepsilon_0}\frac{q_1}{r_1}=36\ \text{V}.$$

当两个这样的雨滴相遇后合并为一个较大的雨滴，电荷变为原来的 2 倍，体积变为原来的 2 倍，即

$$V_1=\frac{4}{3}\pi r_1^3=\frac{4}{3}\pi r_2^3=V_2$$

则 $r_1=\dfrac{1}{\sqrt[3]{2}}r_2$，故合并后的电势为

$$V_{2电}=k\frac{q_2}{r_2}=\frac{1}{4\pi\varepsilon_0}\frac{q_2}{r_2}=\frac{1}{4\pi\varepsilon_0}\frac{2q_1}{\sqrt[3]{2}r_1}=57\ \text{V}.$$

5-29 知识点窍 根据带电粒子场强分布规律与积分进行计算.

解题过程 (1)$V=\displaystyle\int\frac{1}{4\pi\varepsilon_0}\cdot\frac{1}{r}\mathrm{d}_q=\int_0^{r_0}\frac{Ze\cdot 3r}{4\pi\varepsilon_0}\cdot\frac{1}{r_0^3}\mathrm{d}r=-\frac{3Ze}{8\pi r_0\varepsilon_0}=-41\ \text{V}$.

(2)$W=ZeV=-41\ \text{eV}$.

5-30 知识点窍 电势.

逻辑推理 由"无限大"均匀带电平板的电场强度叠加求电场强度的分布，然后求电势分布.

解题过程 由于电场强度 $E=\dfrac{\sigma}{\varepsilon_0}$，则根据题意可得到以下结论.

当 $x>a$ 时，$V=\displaystyle\int_x^a\boldsymbol{E}\cdot\mathrm{d}\boldsymbol{S}+\int_a^0\boldsymbol{E}\cdot\mathrm{d}\boldsymbol{S}=-\frac{\sigma}{\varepsilon_0}a$.

当 $x<-a$ 时，$V_{x<-a}=\displaystyle\int_x^{-a}\boldsymbol{E}\cdot\mathrm{d}\boldsymbol{S}+\int_{-a}^0\boldsymbol{E}\cdot\mathrm{d}\boldsymbol{S}=\frac{\sigma}{\varepsilon_0}a$.

当 $-a<x<a$ 时，$V_{-a<x<a}=\int_x^0 \boldsymbol{E}\cdot d\boldsymbol{S}=-\dfrac{\sigma}{\varepsilon_0}x$.

电势变化曲线如图解 5-30 所示.

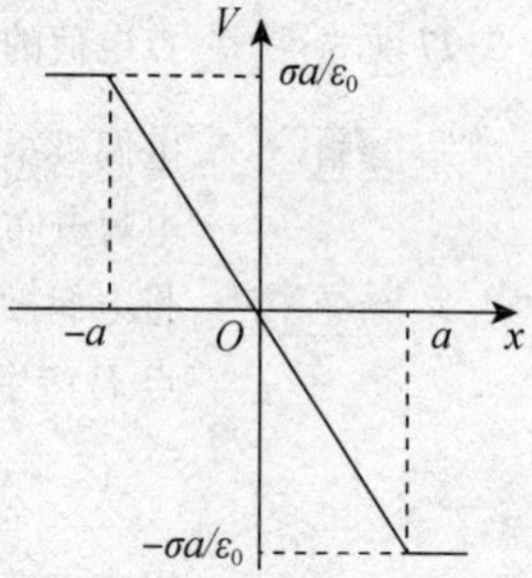

图解 5-30

5-31 逻辑推理 根据电荷球对称分布的特点，可选取同心球面为高斯面，利用高斯定理求出电场强度 $\boldsymbol{E}$ 的分布规律，再由公式 $V_P=\int_P^\infty \boldsymbol{E}\cdot d\boldsymbol{l}$ 求出电势的分布规律.

两球面的电势差可由公式 $U_{12}=\int_{R_1}^{R_2}\boldsymbol{E}\cdot d\boldsymbol{l}$ 求得.

解题过程 (1) 根据电荷分布的球对称性，取同心球面为高斯面，

由高斯定理有 $\oint_S \boldsymbol{E}\cdot d\boldsymbol{S}=\dfrac{1}{\varepsilon_0}\sum q$，即 $4\pi r^2E=\dfrac{\sum q}{\varepsilon_0}$，所以 $E=\dfrac{\sum q}{4\pi\varepsilon_0 r^2}$. 显然有

$$E=\begin{cases}0, & r<R_1\\ \dfrac{Q_1}{4\pi\varepsilon_0 r^2}, & R_1<r<R_2\\ \dfrac{Q_1+Q_2}{4\pi\varepsilon_0 r^2}, & r>R_2\end{cases}\quad (E\text{ 的方向沿径矢})$$

电势分布可由公式 $V_P=\int_P^\infty \boldsymbol{E}\cdot d\boldsymbol{l}$ 进行计算.

当 $r\leqslant R_1$ 时，有

$$\begin{aligned}V&=\int_r^\infty \boldsymbol{E}\cdot d\boldsymbol{l}=\int_r^{R_1}\boldsymbol{E}\cdot d\boldsymbol{l}+\int_{R_1}^{R_2}\boldsymbol{E}\cdot d\boldsymbol{l}+\int_{R_2}^\infty \boldsymbol{E}\cdot d\boldsymbol{l}\\&=\int_{R_1}^{R_2}\frac{Q_1}{4\pi\varepsilon_0 r^2}dr+\int_{R_2}^\infty\frac{Q_1+Q_2}{4\pi\varepsilon_0 r^2}dr\\&=\frac{1}{4\pi\varepsilon_0}\left(\frac{Q_1}{R_1}+\frac{Q_2}{R_2}\right).\end{aligned}$$

当 $R_1\leqslant r\leqslant R_2$ 时，有

$$\begin{aligned}V&=\int_r^{R_2}\boldsymbol{E}\cdot d\boldsymbol{l}+\int_{R_2}^\infty \boldsymbol{E}\cdot d\boldsymbol{l}\\&=\frac{1}{4\pi\varepsilon_0}\left(\frac{Q_1}{r}+\frac{Q_2}{R_2}\right).\end{aligned}$$

当 $r\geqslant R_2$ 时，$V=\int_r^\infty \boldsymbol{E}\cdot d\boldsymbol{l}=\dfrac{Q_1+Q_2}{4\pi\varepsilon_0 r}$.

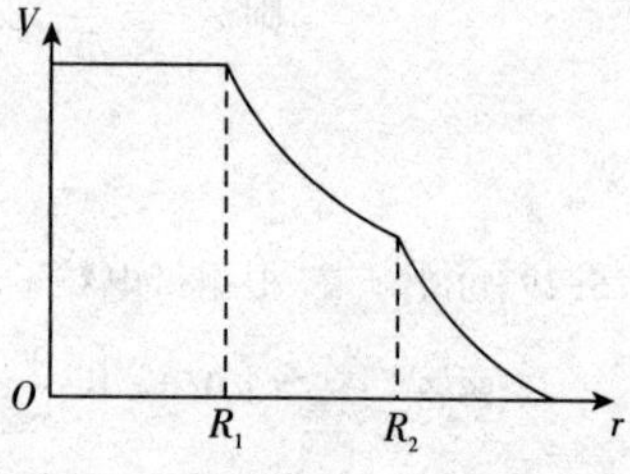

图解 5-31

电势分布曲线如图解 5-31 所示.

(2) 两球面的电势差为

$$U_{12}=\int_{R_1}^{R_2}\boldsymbol{E}\cdot d\boldsymbol{l}=\frac{Q_1}{4\pi\varepsilon_0}\left(\frac{1}{R_1}-\frac{1}{R_2}\right).$$

5-32 知识点窍 高斯定理：$\oint_S \boldsymbol{E}\cdot d\boldsymbol{S}=\dfrac{1}{\varepsilon_0}\sum q$；

电势差定义：$V_{ab}=V_a-V_b=\int_a^b \boldsymbol{E}\cdot d\boldsymbol{l}$.

逻辑推理 由于电荷呈轴对称分布，可选取同轴柱面为高斯面，利用高斯定理求出电场强度 $\boldsymbol{E}$

的分布规律，再由电势差定义 $V_{ab}=\int_a^b \boldsymbol{E}\cdot d\boldsymbol{l}$ 求出 a、b 两点的电势差，取点 b 在棒表面上，$V_b=0$，则 $V_{ab}=V_a$，从而求出电势分布.

解题过程 由电荷分布的轴对称性，取高度为 l、半径为 r 的同轴柱面为高斯面，由高斯定理 $\oint_S \boldsymbol{E}\cdot d\boldsymbol{S}=\frac{1}{\varepsilon_0}\sum q$ 得

$$E\cdot 2\pi rl=\frac{1}{\varepsilon_0}\sum q$$

$$E=\frac{\sum q}{2\pi\varepsilon_0 lr}\text{（方向沿径矢）}$$

当 $r\leqslant R$ 时，$\sum q=\rho\pi r^2 l$，则电场强度为

$$E=\frac{\rho\pi r^2 l}{2\pi\varepsilon_0 lr}=\frac{\rho r}{2\varepsilon_0}$$

当 $r\geqslant R$ 时，$\sum q=\rho\pi R^2 l$，则电场强度为

$$E=\frac{\rho\pi R^2 l}{2\pi\varepsilon_0 lr}=\frac{\rho R^2}{2\varepsilon_0 r}$$

由于棒表面电势 $V_b=0$，则点 a 的电势为

$$V_a=U_{ab}=\int_{(a)}^{(b)}\boldsymbol{E}\cdot d\boldsymbol{l}=\int_r^R \boldsymbol{E}\cdot d\boldsymbol{l}$$

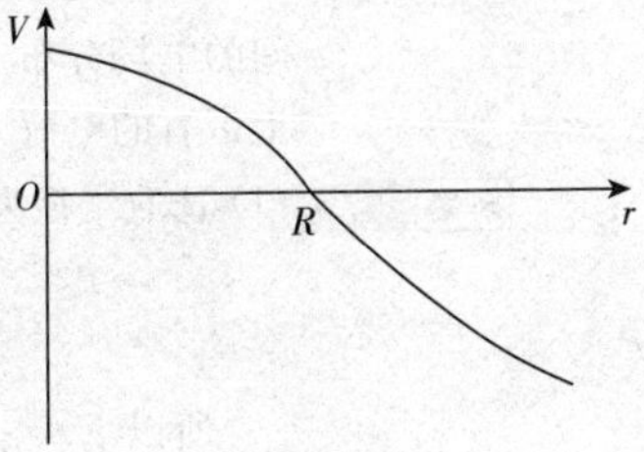

图解 5-32

若 $r\leqslant R$，则 $V_a=\int_r^R \frac{\rho r}{2\varepsilon_0}dr=\frac{\rho}{4\varepsilon_0}(R^2-r^2)$；

若 $r\geqslant R$，则 $V_a=\int_r^R \frac{\rho R^2}{2\varepsilon_0 r}dr=\frac{\rho R^2}{2\varepsilon_0}\ln\frac{R}{r}$.

电势分布曲线如图解 5-32 所示.

* **5-33** **知识点窍** 带电细圆环轴线上的电势分布：$V=\frac{1}{4\pi\varepsilon_0}\cdot\frac{q}{\sqrt{x^2+R^2}}$；

电场强度与电势的关系：$E_l=-\frac{dV}{dl}$.

逻辑推理 将带电圆盘分割成一组同心带电细圆环，写出一个带电细圆环在其轴线上某点 P 的电势 dV，通过积分就可求出整个圆盘在该点产生的电势，对电势 $V=V(x)$ 求导，即可求出轴线上电场强度的分布情况.

解题过程 (1) 在圆盘上取半径为 r、宽度为 dr 的带电细圆环，其所带电量为 $dq=\sigma 2\pi r dr$，细圆环在距盘中心为 x 的点 P 产生的电势为

$$dV=\frac{1}{4\pi\varepsilon_0}\frac{dq}{\sqrt{x^2+r^2}}=\frac{\sigma r dr}{2\varepsilon_0\sqrt{x^2+r^2}} \quad ①$$

所以，轴线上的电势分布为

$$V=\int dV=\int_0^R \frac{\sigma}{2\varepsilon_0}\frac{r dr}{\sqrt{x^2+r^2}}=\frac{\sigma}{2\varepsilon_0}(\sqrt{R^2+x^2}-x). \quad ②$$

(2) 由电场强度与电势的关系得轴线上的电场强度分布为

$$E_x=-\frac{dV}{dx}=\frac{\sigma}{2\varepsilon_0}\left(1-\frac{x}{\sqrt{R^2+x^2}}\right)\text{（方向沿 } x \text{ 轴方向）}.$$

(3) 将 $x=30.0$ cm 分别代入式 ①、式 ② 中的结论，得

$$V = 7.48 \times 10^{-4} \frac{\sigma}{\varepsilon_0} \mathrm{m} = 1691\ \mathrm{V},$$

$$E = 2.48 \times 10^{-3} \frac{\sigma}{\varepsilon_0} = 5607\ \mathrm{V \cdot m^{-1}}.$$

当 $x \gg R$ 时,圆盘也可视为点电荷:$q = \pi R^2 \sigma = 5.65 \times 10^{-8}$ C,

$$V = \frac{q}{4\pi\varepsilon_0 x} = 1695\ \mathrm{V},\ E = \frac{q}{4\pi\varepsilon_0 x^2} = 5649\ \mathrm{V \cdot m^{-1}}.$$

5-34 知识点窍 高斯定理:$\oint_S \boldsymbol{E} \cdot \mathrm{d}\boldsymbol{S} = \frac{1}{\varepsilon_0} \sum q$;电势差定义:$U_{12} = \int_{R_1}^{R_2} \boldsymbol{E} \cdot \mathrm{d}\boldsymbol{l}$.

逻辑推理 由圆柱面的轴对称性,可选取同轴柱面为高斯面,利用高斯定理求出两带电圆柱面间的电场分布 $\boldsymbol{E}$,再由电势差的定义及两柱面间电势差,即可求出圆柱面单位长度上带有的电荷 λ. 将 λ 代入电场分布表达式即可求出 $E = E(r)$.

解题过程 (1) 选取半径为 r 的同轴柱面为高斯面,其中 $R_1 \leqslant r \leqslant R_2$,由高斯定理得

$$\oint_S \boldsymbol{E} \cdot \mathrm{d}\boldsymbol{S} = E \cdot 2\pi r \cdot h = \frac{\lambda h}{\varepsilon_0}$$

所以 $E = \frac{\lambda}{2\pi\varepsilon_0 r}$($E$ 的方向沿径矢).

由电势差的定义可写出两圆柱面间的电势差表达式为

$$U_{12} = \int_{R_1}^{R_2} \boldsymbol{E} \cdot \mathrm{d}\boldsymbol{l} = \int_{R_1}^{R_2} \frac{\lambda}{2\pi\varepsilon_0} \cdot \frac{\mathrm{d}r}{r} = \frac{\lambda}{2\pi\varepsilon_0} \ln \frac{R_2}{R_1}$$

由此得圆柱面单位长度上所带电量为

$$\lambda = \frac{2\pi\varepsilon_0 U_{12}}{\ln \frac{R_2}{R_1}} = 2.1 \times 10^{-8}\ \mathrm{C \cdot m^{-1}}.$$

(2) 两圆柱面间 $r = 0.05$ m 处的电场强度为

$$E = \frac{\lambda}{2\pi\varepsilon_0 r} = \frac{3.74 \times 10^2}{r}\ \mathrm{V} = 7.5 \times 10^3\ \mathrm{V \cdot m^{-1}}.$$

***5-35** 知识点窍 将导线看作单位长度带电粒子,根据场强进行计算.

解题过程 设电荷线密度为 λ,则

$$E = \frac{\lambda}{2\pi\varepsilon_0 r}$$

当 $r = 1.2 \times 10^{-2}$ m 时,$E = 2 \times 10^4\ \mathrm{V \cdot m^{-1}}$. 于是

$$U = \int_a^b \boldsymbol{E} \mathrm{d}\boldsymbol{l} = \int_a^b \frac{\lambda}{2\pi\varepsilon_0 r} \mathrm{d}r = 2.4 \times 10^2 \int_{1.45 \times 10^{-4}}^{1.8 \times 10^{-2}} \frac{1}{r} \mathrm{d}r = 1.157 \times 10^3\ \mathrm{V}.$$

$$E_{\max} = \frac{\lambda}{2\pi\varepsilon_0 r} = \frac{2.4 \times 10^2}{1.45 \times 10^{-4}}\ \mathrm{V \cdot m^{-1}} = 1.65 \times 10^6\ \mathrm{V \cdot m^{-1}}.$$

5-36 知识点窍 点电荷周围的电势分布:$V = \frac{e}{4\pi\varepsilon_0 r}$;能量守恒定律:$\sum E =$ 恒量;

分子平动动能:$\overline{E}_k = \frac{3}{2} kT$.

逻辑推理 一质子从远处飞向另一质子时,势能增加,动能减少,当它们相距 $r = 2R$ 时,即视为相碰,此时势能达到最大,动能最小,其极限条件为零,由能量守恒定律可得

$E_{k初} = eV_{2R}$，式中 $eV_{2R} = \frac{e \cdot e}{4\pi\varepsilon_0 \cdot 2R}$ 为相碰时的势能，由此可求出质子的初动能. 再由初始动能等于分子平均动能及平均动能公式 $\overline{E}_k = \frac{3}{2}kT$，即可求出温度.

解题过程 (1) 由点电荷的电势分布及电势能定义可得两质子相距为 $2R$ 时的势能为

$$eV_{2R} = e \cdot \frac{e}{4\pi\varepsilon_0 2R} = \frac{e^2}{8\pi\varepsilon_0 R}$$

由能量守恒定律可得从无穷远处飞来的质子的初动能为 $E_{k0} \geqslant eV_{2R}$，E_{k0} 的极限值为

$$E_{k0} = \frac{e^2}{8\pi\varepsilon_0 R} = 7.2 \times 10^5 \text{ eV}.$$

(2) 依题意，氢分子的平动动能 $\overline{E}_k = E_{k0}$，即 $\frac{3}{2}kT = E_{k0}$，所以

$$T = \frac{2E_{k0}}{3k} = 5.6 \times 10^9 \text{ K}.$$

5-37 **逻辑推理** 已知两放电点间的电势差 U 及被迁移的电荷 q，由公式 $\Delta E = qU$ 可求出系统电势能的减少量，该能量全部转化为 0℃ 冰融化为 0℃ 水的热量，由 $m = \frac{\Delta Q}{L}$ 可求出被融化的冰的质量.

解题过程 (1) 该系统电势能的减少量为 $\Delta E = qU$，由题意知 $\Delta E = \Delta Q$.

所以可融化的冰的质量为 $m = \frac{\Delta Q}{L} = \frac{\Delta E}{L} = \frac{qU}{L} = 8.98 \times 10^4$ kg.

(2) 一个家庭一年消耗的能量为 $E_0 = 3000$ kW·h $= 1.08 \times 10^{10}$ J，则

$$n = \frac{\Delta E}{E_0} = \frac{qU}{E_0} = 2.8.$$

即一次闪电释放出的能量约可维持 3 个家庭一年的能量消耗.

***5-38** **知识点窍** 电势.

解题过程 (1) 根据题意知，x 轴上的电势为

$$V_x = k\frac{q}{r} = \frac{1}{4\varepsilon_0\pi} \cdot \frac{q}{\sqrt{R^2 + (x - l/2)^2}} - \frac{q}{4\varepsilon_0\pi\sqrt{R^2 + (x + l/2)^2}}.$$

$$(2)\ \lim_{x\to\infty} V_x = \lim_{x\to\infty}\left(\frac{1}{4\varepsilon_0\pi}\frac{q}{\sqrt{R^2 + (x - l/2)^2}} - \frac{1}{4\pi\varepsilon_0}\frac{q}{\sqrt{R_0^2 + (x + (l/2)^2}}\right)$$

$$= \frac{q}{4\varepsilon_0\pi x}\left(\frac{1}{\sqrt{1 - l/x}} - \frac{1}{\sqrt{1 + l/x}}\right) = \frac{ql}{4\pi\varepsilon_0 x^2}.$$

即当 $x \gg R$ 时，轴线上电势 $V = \frac{ql}{4\pi\varepsilon_0 x^2}$.

5-39 **知识点窍** 均匀带电球面外的电势公式：$V = \frac{q}{4\pi\varepsilon_0 r}$.

逻辑推理 由对称性可知在 Oxy 平面上距球心为 r 的圆周上各点电势相等且等于完整球面产生电势的一半. 完整球面外的电势由公式 $V_r = \frac{q}{4\pi\varepsilon_0 r}$ $(r > R)$ 进行计算，完整球面内的电势等于球面的电势，即 $V_内 = V_R = \frac{q}{4\pi\varepsilon_0 R}$，据此可求出电势差 U_{AB}.

解题过程 设想将半球面补充为完整球面,其带电量为 $Q=4\pi R^2\cdot\sigma$,因点 A 在球面内,其电势等于球面的电势,故完整球面在点 A 产生的电势为

$$V'_A=\frac{Q}{4\pi\varepsilon_0 R}=\frac{\sigma R}{\varepsilon_0}$$

完整球面在点 B 产生的电势为

$$V'_B=\frac{Q}{4\pi\varepsilon_0 r}=\frac{\sigma R^2}{\varepsilon_0 r}=\frac{2\sigma R}{3\varepsilon_0}$$

则半球面在 A、B 两点产生的电势分别为

$$V_A=\frac{1}{2}V'_A=\frac{\sigma R}{2\varepsilon_0}$$

$$V_B=\frac{1}{2}V'_B=\frac{\sigma R}{3\varepsilon_0}$$

A、B 两点的电势差为 $U_{AB}=V_A-V_B=\dfrac{\sigma R}{6\varepsilon_0}$.

5-40 逻辑推理 电子在玻尔轨道上的运动可视为由库仑力提供向心力的匀速圆周运动.由于电子在原子核周围的电场中具有电势能,其大小为 $E_p=qV=-e\cdot\dfrac{e}{4\pi\varepsilon_0 r}$,将电子拉出来即 $E_\infty=0$.

故要克服电场力需做的功为 $W=|E_p-E_\infty|=\dfrac{e^2}{4\pi\varepsilon_2 r}$.

电子的电离能应为 $E=|E_k+E_p|$,E_k 可由库仑力和向心力的关系确定.

解题过程 (1) 电子作圆周运动时的电势能为 $E_p=-eV=-\dfrac{e^2}{4\pi\varepsilon_0 r}$.

将电子从原子中拉出来克服电场力做的功应等于电势能的增加量,即

$$W=E_\infty-E_p=0-\frac{-e^2}{4\pi\varepsilon_0 r}=\frac{e^2}{4\pi\varepsilon_0 r}=27.2\ \text{eV}.$$

(2) 库仑力提供向心力,即 $\dfrac{e^2}{4\pi\varepsilon_0 r^2}=m\dfrac{v^2}{r}$,由此得电子的动能为

$$E_k=\frac{1}{2}mv^2=\frac{e^2}{8\pi\varepsilon_0 r}.$$

电子的总能量为 $E=E_k+E_p=-\dfrac{e^2}{8\pi\varepsilon_0 r}$.

电子的电离能为 $E_0=|E|=\dfrac{e^2}{8\pi\varepsilon_0 r}=13.6\ \text{eV}$.

***5-41** 解题过程 $2E_k=\dfrac{e^2}{4\pi\varepsilon_0 r_m}=\dfrac{e^2}{4\pi\varepsilon_0\cdot 2r_0}$,则

$$E_k=\frac{e^2}{16\pi\varepsilon_0 r_0}=0.36\ \text{MeV}.$$

5-42 知识点窍 (1) 根据万有引力定律计算逃逸速度.

(2) 根据能量守恒定律计算电荷量.

解题过程 由题意知 $\dfrac{1}{2}mv^2=\dfrac{Gm_{月}m}{R_{月}}$,即 $v=\sqrt{\dfrac{2Gm_{月}}{R_{月}}}$.

又 $qU=\dfrac{1}{2}mv^2$,即 $q=\dfrac{Gm_{月}m}{UR_{月}}$.

第六章

静电场中的导体与电介质

本章知识框架图

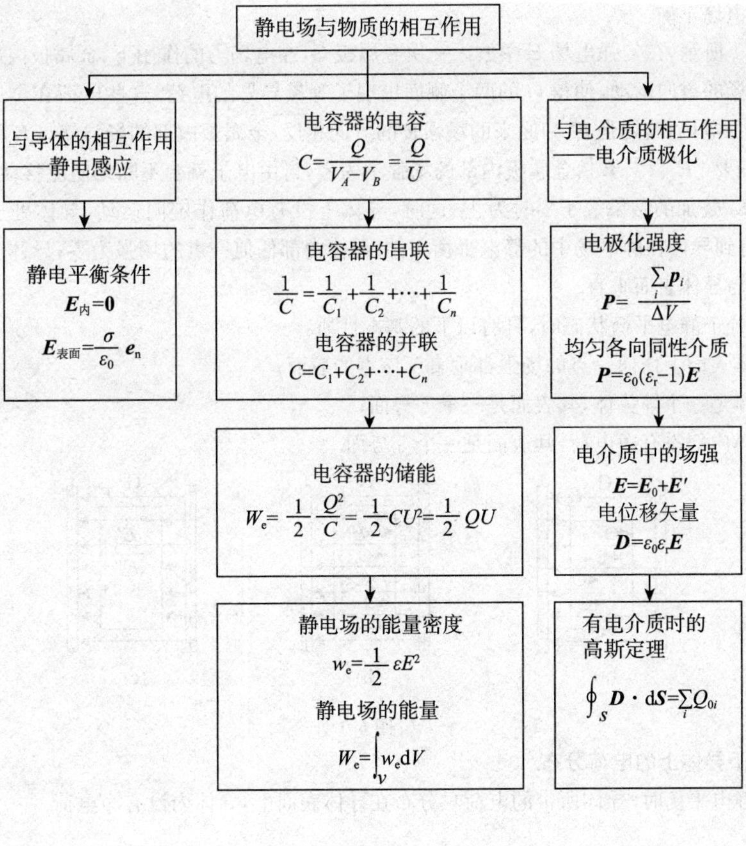

考试要点

重点	(1) 有导体时静电场的分析与计算. (2) 有电介质时静电场的高斯定理的应用. (3) 电容器的电容的计算. (4) 电场能量的计算	注:这部分内容主要是对真空中静电场知识的延续和深化
难点	有导体或电介质时的电场强度和电势的计算,电容器的电容和电场能量的计算	

知识点整理与解析

一、静电场中的导体

1. 导体的静电场平衡

如图 6-1 所示,在匀强电场 $\boldsymbol{E}$ 中放入一块金属板 G,在电场力的作用下,金属板内部的自由电子将逆着外电场的方向运动,使得 G 的两个侧面出现了等量异号的电荷,这些电荷在金属板的内部建立起一个附加电场,其场强 $\boldsymbol{E}'$ 和原来的场强 $\boldsymbol{E}$ 的方向相反,金属板内部的场强就是 $\boldsymbol{E}$ 和 $\boldsymbol{E}'$ 这两个场强的叠加. 只要 $|\boldsymbol{E}'|<|\boldsymbol{E}|$,金属板内部的场强不为零,自由电子就会不断地向左移动,从而使 $\boldsymbol{E}'$ 增大,直到 $\boldsymbol{E}$、$\boldsymbol{E}'$ 叠加的结果等于零时为止. 这时,导体上没有电荷作定向运动,导体处于静电平衡状态. 由此可得到导体在静电场中的静电平衡条件:导体内部任何一点的场强为零;导体表面处电场强度的方向都与导体表面垂直.

当导体处于静电平衡状态时,具有以下的基本性质:

(1) 导体表面上任何一点的场强都垂直于该点的表面;

(2) 导体是一个等势体,其表面是一个等势面;

(3) 导体内部没有净电荷,其表面是一个等势面.

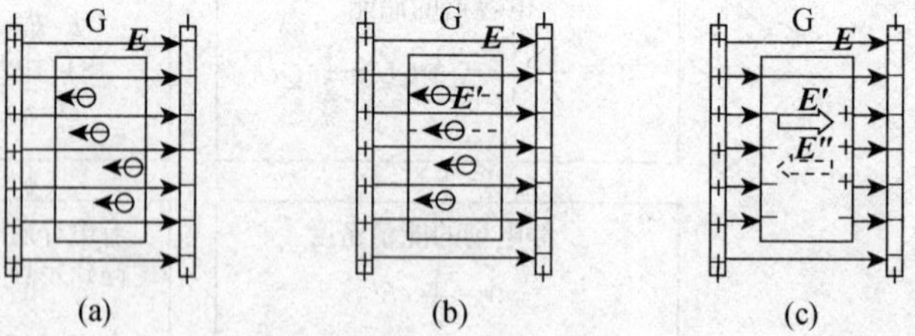

图 6-1

2. 静电平衡下导体上的电荷分布

(1) 在静电平衡时,导体所带的电荷只分布在导体表面上,导体内没有净电荷.

(2) 导体表面的电荷面密度与表面附近的电场强度大小成正比，即 $E=\frac{\sigma}{\varepsilon_0}$.

(3) 尖端放电现象：曲率半径越小，电荷密度和电场强度的值就越大，当场强达到一定值时，空气发生电离成为导体，由此产生尖端经空气放电的现象.

二、静电屏蔽

由于导体内部场强为零，所以若把一空间导体放在静电场中，电力线就将终止于导体的外表面，而不能穿过导体进入空腔. 图 6-2(a) 所示为匀强电场的电力线，图 6-2(b) 所示为引入导体后电力线的分布，这时，导体内部的空腔中的场强处处为零. 这表明，可以用空腔导体来屏蔽外电场，使空腔内的物体不受外电场的影响.

但是，有时也需要防止在空腔中的带电体对空腔外其他物体的影响. 例如，一空心球壳内有一带正电的小球，则球壳的内表面上将产生感应负电荷，外表面上产生感应正电荷，如图 6-3(a) 所示. 如把球壳接地，则外表面上正电荷将和从地上来的负电荷中和 —— 球壳外面的电场消失，如图 6-3(b) 所示，这样，空腔内的带电体对空腔外就不会产生任何影响.

因此，一个接地的空腔导体可以隔离内、外静电场的影响，这就是静电屏蔽的原理. 在实际中，常用编织得相当紧密的金属网来代替金属壳体. 例如高压设备周围的金属栅网就是静电屏蔽的应用.

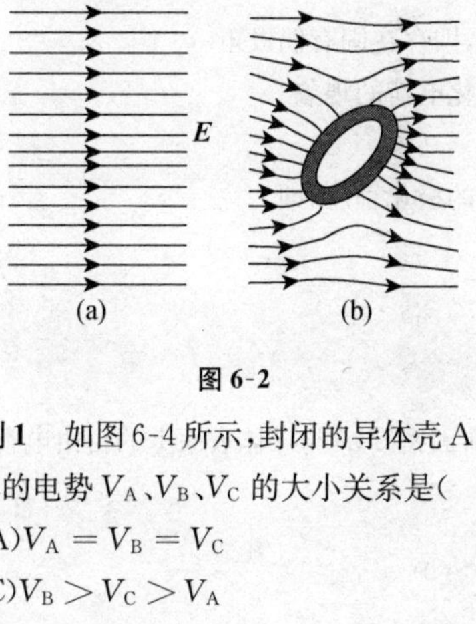

图 6-2

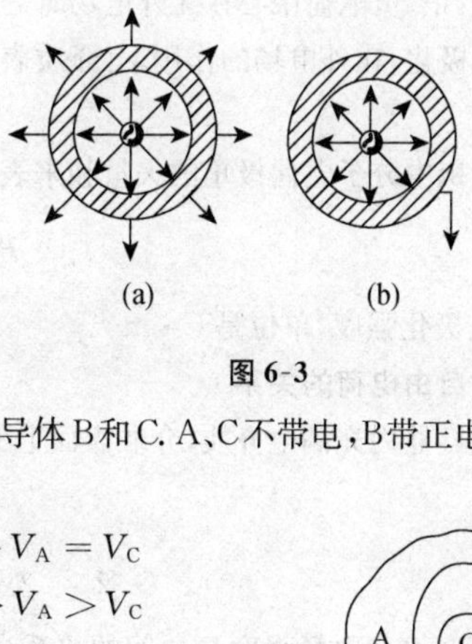

图 6-3

例 1 如图 6-4 所示，封闭的导体壳 A 内有两个导体 B 和 C. A、C 不带电，B 带正电，则 A、B、C 三个导体的电势 V_A、V_B、V_C 的大小关系是(　　).

(A) $V_A=V_B=V_C$　　(B) $V_B>V_A=V_C$

(C) $V_B>V_C>V_A$　　(D) $V_B>V_A>V_C$

解 答案为(C).

该装置类似于一个电容器，由于 B 带正电，所以 B 会在 C 上靠近 B 端感应出负电荷，远离 B 端感应出正电荷，而在 A 的内表面感应出负电荷，外表面感应出正电荷，所以 B 的电场线指向 C 上靠近 B 端，C 上远离 B 端的电场线指向 A 的内表面，所以有 $V_B>V_C>V_A$.

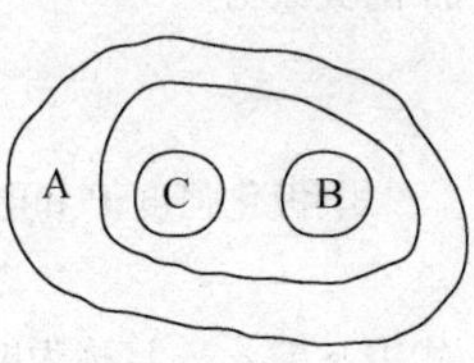

图 6-4

三、静电场中的电介质

1. 电介质对电场的影响　相对电容率

人们通常把电的绝缘体称为电介质，如玻璃、琥珀、塑料、陶瓷、橡胶等. 在电介质中几乎不存在自由电子，因此在一般情况下不导电. 实验表明，当电容器两极间充满某种均匀电介质时，电容将增大，即

$$C=\varepsilon_r C_0$$

式中，C_0 为真空时的电容，C 为有电介质时的电容，ε_r 称为电介质的相对电容率.

一些常见的电介质在静电场中的相对电容率见表 6-1.

表 6-1　一些常见电介质的相对电容率

电介质	相对电容率 ε_r	电介质	相对电容率 ε_r
真空	1	水	78
空气	1.00059	电容器纸	3.5
云母	6～8	聚苯乙烯	2.5
陶瓷	8	聚四氟烯	2.2

2. 电介质的极化

无极分子：正、负电荷中心在无外电场时是重合的.

有极分子：正、负电荷中心在无外电场时是不重合的，即存在固有偶极矩.

电介质的极化：在外电场的作用下，介质表面产生极化电荷的现象.

3. 电极化强度

用单位体积中分子电偶极矩的矢量和来表示电介质的极化程度，即

$$\boldsymbol{P}=\frac{\sum \boldsymbol{p}}{\Delta V}$$

式中 $\boldsymbol{P}$ 叫作电极化强度，单位是 $C\cdot m^{-2}$.

4. 极化电荷和自由电荷的关系

在平板电容器内充满电介质，介质表面上的极化电荷面密度 σ' 与导体表面上的自由电荷面密度 σ_0 的关系为

$$\sigma'=\sigma_0\left(1-\frac{1}{\varepsilon_r}\right)<\sigma_0$$

电极化强度 $\boldsymbol{P}$ 和电场强度 $\boldsymbol{E}$ 之间的关系为

$$\boldsymbol{P}=\chi\varepsilon_0\boldsymbol{E}$$

式中 $\chi=\varepsilon_r-1$，称为电极化率.

温馨提示　(1) 若将平板电容器的电介质换成导体，则导体表面上的感应电荷面密度 $\sigma'=\sigma_0$，比较上两式得，导体的相对电容率 $\varepsilon_r\to\infty$. 由此可知，电介质的 ε_r 越大，其导电性能越好，绝缘性能越差. (2) 极化电荷是束缚电荷，而感应电荷是自由电荷.

小结:电容器极化.

电容器两极板充有电介质后,电容器的电容增大,这一现象产生的原因是,电介质中各个分子都是由许多带正、负电荷的粒子组成的,这些正、负电荷彼此束缚较紧.在没有外电场作用时,电介质整体呈中性.在有外电场作用时,分子中的正、负电荷将作比较有序的排列,从宏观看,沿外电场方向的两个端面将分别出现正、负电荷,如图 6-5 所示,这种原来呈电中性状态的电介质,在外电场的作用下,其表面出现正、负电荷的现象,称为电介质的极化,出现的这种电荷称为极化电荷或束缚电荷,此时,在电介质中除了外电场 $\boldsymbol{E}_0$ 外,极化电荷也在电介质中产生电场 $\boldsymbol{E}'$,根据场强叠加原理,电介质中的合场强 $\boldsymbol{E}$ 为外电场 $\boldsymbol{E}_0$ 与极化电荷产生场强 $\boldsymbol{E}'$ 的矢量和,即

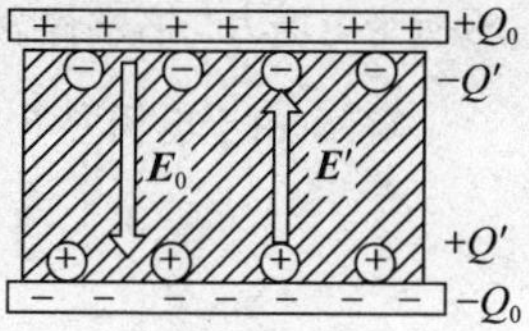

图 6-5

$$\boldsymbol{E}=\boldsymbol{E}_0+\boldsymbol{E}'$$

实验表明 $\boldsymbol{E}_0$、$\boldsymbol{E}$ 有如下关系:

$$\boldsymbol{E}=\frac{\boldsymbol{E}_0}{\varepsilon_r}$$

相对电容率 ε_r 和真空电容率 ε_0 的乘积称为电介质的电容率,以 ε 表示,即

$$\varepsilon=\varepsilon_0\varepsilon_r$$

因此,若在电场中充满相对电容率为 ε_r 的均匀电介质,那么,介质中的场强可以用真空中的场强除以 ε_r 来求得.例如,真空中点电荷的场强计算公式为

$$\boldsymbol{E}_0=\frac{q}{4\pi\varepsilon_0 r^2}\boldsymbol{e}_r$$

则在介质中,场强的计算公式为

$$\boldsymbol{E}=\frac{q}{4\pi\varepsilon_0\varepsilon_r r^2}\boldsymbol{e}_r=\frac{q}{4\pi\varepsilon r^2}\boldsymbol{e}_r.$$

四、电位移　有电介质时的高斯定理

$\boldsymbol{D}=\varepsilon\boldsymbol{E}$ 称为电位移,有电介质时的高斯定理可表示为

$$\oint_S \boldsymbol{D}\cdot d\boldsymbol{S}=\sum_{i=1}^{n}Q_{0i}$$

式中 $\oint_S \boldsymbol{D}\cdot d\boldsymbol{S}$ 是通过任意闭合曲面的电位移通量,$\boldsymbol{D}$ 的单位是 $C\cdot m^{-2}$.

温馨提示　(1)$\boldsymbol{D}$ 是描述电场的辅助物理量,没有物理意义,$\boldsymbol{E}$ 才是描述电场性质的基本物理量.(2)$\boldsymbol{E}$ 的高斯定理表明场强 $\boldsymbol{E}$ 由导体上的自由电荷和电介质共同决定,而由 $\boldsymbol{D}$ 的高斯定理可知,电位移 $\boldsymbol{D}$ 只与导体上的自由电荷有关,与电介质无关.

例 2　图 6-6 所示为一静电天平装置.空气平板电容器的下极板固定,上极板即天平左端的秤盘,极板面积为 S,两极板相距 d.电容器不带电时,天平正好平衡.当电容器两极板间加上电势差 U 时,天平另一端需加质量为 m 的砝码才能平衡,求所加电势差 U 的大小.

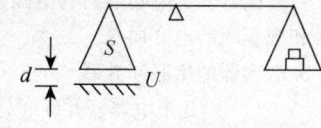

图 6-6

解题分析 这道题实际上是电场力的计算问题,电容器两极板间加上电势差 U 时,电容器上极板所受电场力与右端秤盘中砝码所受的重力相等,由此可求得天秤平衡时所加电势差 U 的大小.

解 由于电场力 $F = mg$,而 $F = \frac{\sigma}{2\varepsilon_0}q = \frac{\sigma^2 S}{2\varepsilon_0}$. 又因 $U = Ed = \frac{\sigma}{\varepsilon_0}d$,所以

$$F = \frac{S}{2\varepsilon_0}\left(\frac{U}{d}\varepsilon_0\right)^2 = \varepsilon_0 \frac{SU^2}{2d^2} = mg$$

从而可得 $U = d\sqrt{\frac{2mg}{\varepsilon_0 S}}$.

【思路总结】 在计算电容器上极板所受的电场力时,由平行板电容器的两极板之间的电场强度 $E = \frac{\sigma}{\varepsilon_0}$ 得到上极板受力 $F = \frac{\sigma^2 S}{\varepsilon_0}$ 的结论是错误的. 当计算上极板受到电场力的作用时,不能错误地用上、下极板所产生的合场强公式 $E = \frac{\sigma}{\varepsilon_0}$,而应考虑上极板为一带电体,处于下极板所形成的电场 $E = \frac{\sigma}{2\varepsilon}$ 中受力的情况,这样分析计算方可得出正确的结论.

五、电容和电容器

1. 孤立导体的电容

孤立导体所带的电荷 Q 与其电势 V 的比值称为孤立导体的电容,记为

$$C = \frac{Q}{V}$$

它是表示孤立导体电学性质的物理量,与是否带电无关,只与导体自身的结构(形状、尺寸及电介质情况等) 有关. 在国际单位制中,电容的单位是法拉(F).

例 3 设地球半径 $R = 6.4 \times 10^6$ m,求其电容.

解 设有一半径为 R、电荷为 q 的球形孤立导体,则该导体表面的电势为 $V = \frac{q}{4\pi\varepsilon_0 R}$.

根据电容的定义,可得 $C = \frac{q}{V} = 4\pi\varepsilon_0 R$.

若把地球看成一个孤立导体,则根据 $R = 6.4 \times 10^6$ m 可得

$$C = 4\pi \times 8.85 \times 10^{-12} \times 6.4 \times 10^6 \text{ F} = 712\ \mu\text{F}.$$

2. 电容器及电容器的电容

电容器是两个带有等值异号电荷的导体组成的系统,这两个导体称为电容器的两个极板或电极. 两极板间的电势差 U 与两极板所带电荷的数值 Q 之比为一常数,称为电容器的电容,可表示为 $C = \frac{Q}{U}$.

电容表示电容器的容电能力大小. 影响电容器电容的因素有两极板的形状、大小、两极板的间距和极板间的电介质等.

3. 电容器的串联和并联

(1) 当几个电容器并联时,各电容器两端电压相等,其等效电容等于这几个电容器之和,即 $C = \sum_{i=1}^{n} C_i$.

(2) 当几个电容器串联时，各电容器极板电荷相等，其等效电容的倒数等于这几个电容器电容的倒数之和，即$\frac{1}{C}=\sum_{i=1}^{n}\frac{1}{C_i}$.

温馨提示 电容器的串并联与电阻的串并联情况相反.

小结

项目	内容	说明
孤立导体的电容	$C=\frac{Q}{V}$	孤立导体球的电容 $C=4\pi\varepsilon_0 R$
电容器的电容	$C=\frac{Q}{V_A-V_B}$	电容是描述电容器本身性质的物理量，它只与电容器的几何形状、极板的相对距离、极板间的电介质有关
几种常见电容器的电容	(1) 平行板电容器 $C=\frac{\varepsilon_0\varepsilon_r S}{d}$ (2) 球形电容器 $C=4\pi\varepsilon_0\varepsilon_r\frac{R_A R_B}{R_B-R_A}$ (3) 圆柱形电容器 $C=2\pi\varepsilon_0\varepsilon_r\frac{l}{\ln\frac{R_B}{R_A}}$	电容器两极板间充满相对电容率为 ε_r 的电介质后，其电容是真空时电容的 ε_r 倍，即 $C=\varepsilon_r C_0$
电容器的串、并联	电容器串联 $\frac{1}{C}=\frac{1}{C_1}+\frac{1}{C_2}+\cdots+\frac{1}{C_n}$ 电容器并联 $C=C_1+C_2+\cdots+C_n$	电容器串联，提高耐压； 电容器并联，增大容量

例 4 如图 6-7(a) 所示，一空气平行板电容器，两极板面积均为 S，板间距离为 d(d 远小于极板线度)，在两极板间平行地插入一面积也是 S，厚度为 t($t<d$) 的金属片. 试求：

(1) 电容 C 等于多少？

(2) 金属片放在两极板间的位置对电容有无影响？

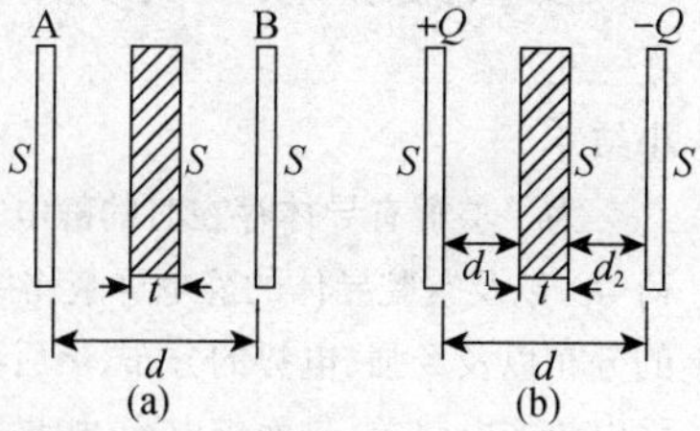

图 6-7

解题分析 这是一道平行板电容器电容 C 的计算问题. 可先假设两极板分别带电荷 $+Q$、$-Q$，然后求两极板 A、B 之间的电场强度分布及两极板间的电势差，最后再根据电容 C 的定义求之.

解 如图 6-7(b) 所示，设 A、B 两极板分别带有等量电荷 $+Q$、$-Q$，金属片与 A 板距离为 d_1，与 B 板距离为 d_2.

金属片与 A 板间电场强度为 $E_1=\frac{Q}{\varepsilon_0 S}$，金属片与 B 板间电场强度为 $E_2=\frac{Q}{\varepsilon_0 S}$.

则两极板间的电势差为

$$V_A-V_B=E_1 d_1+E_2 d_2=\frac{Q(d_1+d_2)}{\varepsilon_0 S}=\frac{Q}{\varepsilon_0 S}(d-t)$$

由此得 $C=\frac{Q}{V_A-V_B}=\frac{\varepsilon_0 S}{d-t}$.

因 C 仅与 d、t 有关，而与 d_1、d_2 无关，故金属片的位置对电容无影响.

思路总结 根据电容器电容的定义 $C=\frac{Q}{U}$ 计算电容器电容的具体步骤如下：①设两极板分别带有等量异号电荷 $\pm Q$；②计算两极板间的电场强度分布；③根据电势差的定义 $U_{AB}=\int_A^0 \boldsymbol{E}\cdot \mathrm{d}\boldsymbol{l}$ 求出电容器两极板的电势差；④根据电容器的定义 $C=\frac{Q}{U_{AB}}$ 求出电容器的电容.

六、静电场的能量　能量密度

1. 电容器的电能

$$W_e=\frac{1}{2}\frac{Q^2}{C}=\frac{1}{2}CU^2=\frac{1}{2}QU$$

温馨提示 上式一般应用在已知 C 求 W_e 或已知 W_e 求 C 的计算中.

2. 静电场能量密度

$$w_e=\frac{1}{2}\varepsilon E^2=\frac{D^2}{2\varepsilon}=\frac{1}{2}DE$$

静电场的能量：$W_e=\int_V w_e \mathrm{d}V$.

温馨提示 求 W_e 的一般方法为：Q 分布 → E 分布 → w_e 分布 → W_e，逐次求解.

小结

为了求解有导体存在时的静电学问题，应根据导体静电平衡的基本性质（如 $\boldsymbol{E}_{内}=\mathbf{0}$、内部无电荷等）以及空腔导体的静电屏蔽作用，电荷守恒和是否接地等，结合对称性分析，逐步确定自由电荷的分布以及场强、电势的分布，然后再求解. 本章题目大都采用高斯定理求场强，采用场强积分求场强电势或电势差，进而求电容. 如果还有电介质存在，因通常极化电荷未知（题目给出，另当别论），就使得用叠加原理计算场强和电势的方法失效，于是只能由已知的自由电荷分布用有电介质存在时的高斯定理求出 $\boldsymbol{D}$，进而求出 $\boldsymbol{E}$、ΔU、C 以及 $\boldsymbol{P}$、q' 等. 所以. 在本章题目的求解中，高斯定理的作用凸显，计算关键是恰当选取高斯面. 应该指出，可以用高斯定理求解的题目虽然有限，但高斯定理作为分析问题的有效手段，往往不可或缺. 另外，当有电介质存在时，也应熟悉 $\boldsymbol{D}$、$\boldsymbol{E}$、$\boldsymbol{P}$、q' 等量的关系.

点电荷体系的静电能（互能）用替代公式即可. 若电荷连续分布，可用 $W=\frac{1}{2}\int U\mathrm{d}q$ 或 $W=\frac{1}{2}\iiint \boldsymbol{E}\cdot\boldsymbol{D}\mathrm{d}V$ 或 $W=\frac{1}{2}CU^2$ 计算静电能.

课后习题全解

6-1 解题过程 由于将带正电的带电体靠近B时,B距A近端感应产生负电荷,远端产生正电荷,因此电势升高,选(A).

6-2 解题过程 由于接地以后,导体与大地相连,电势为0,即与无穷远处电势相等,故选(A).

6-3 解题过程 由于达到静电平衡时导体内各点的电场强度为0,球体带电荷量在球心的电势为0,而q在点O的电势为$v=k\dfrac{q}{r}$,则本题选(A).

6-4 解题过程 由静电场中的高斯定理知,闭合曲面上各点电场强度都为零时,曲面上的电荷的代数和必定为零,由于电介质能够使得自由电荷的空间分布发生变化,介质中的电位移矢量与自由电荷和极化电荷的分布有关,则本题选(E).

6-5 解题过程 电介质充满整个电场并且自由电荷的分布不发生变化时,由于极化电荷有可能改变电场条件及自由电荷的分布情况,由高斯定理,当电介质充满时,在电介质的高斯面上有电介质时该点的电场强度等于没有电介质时的$\dfrac{1}{\varepsilon_r}$倍,则本题选(A).

6-6 解题过程 由于q_d对A产生感应电荷,则当达到静电平衡时,则

$$F_d=k\frac{(q_b+q_c)q_d}{r^2}=\frac{(q_b+q_c)q_d}{4\pi\varepsilon_0 r^2}$$

而q_d在A的表面形成的感应电荷均匀分布,所以腔体内的电荷q_b、q_c受到的电场力为零.

6-7 知识点窍 电势能变化量的计算公式:$\Delta E_p=qU$;功能原理:$A_外=\Delta E_k$.

逻辑推理 电场力对电子所做的功等于电子的动能变化量,由此可求出电子到达阳极时的动能和速度.电子刚从阴极射出时所受的力可由公式$F=qE$进行计算.

解题过程 (1) 因电场力对电子所做的功为$A=eU=\dfrac{1}{2}mv_1^2-\dfrac{1}{2}mv_0^2$,又因为$v_0=0$,所以

$E_k=eU=4.8\times10^{-17}$ J,则

$$v_1=\sqrt{\frac{2E_k}{m}}=1.03\times10^7\ \mathrm{m\cdot s^{-1}}.$$

(2) 由于$R_1\ll L$,因此可将电极视为无限长圆柱面,由高斯定理得

$$\boldsymbol{E}=\frac{-\lambda}{2\pi\varepsilon_0 r}\boldsymbol{e}_r \qquad ①$$

两极间的电势差为

$$U=\int_{R_1}^{R_2}\boldsymbol{E}\cdot d\boldsymbol{r}=\int_{R_1}^{R_2}-\frac{\lambda}{2\pi\varepsilon_0 r}dr=-\frac{\lambda}{2\pi\varepsilon_0}\ln\frac{R_2}{R_1} \qquad ②$$

由式②得

$$\lambda = -\frac{2\pi\varepsilon_0 U}{\ln\frac{R_2}{R_1}} \quad ③$$

将式③代入式①并考虑阴极表面附近 $r = R_1$，得阴极表面附近的电场强度为

$$\boldsymbol{E} = \frac{U}{R_1 \ln\frac{R_2}{R_1}}\boldsymbol{e}_r$$

电子在阴极表面刚射出时所受的力为

$$\boldsymbol{F} = -\mathrm{e}\boldsymbol{E} = 4.37 \times 10^{-14}\boldsymbol{e}_r\ \mathrm{N}.$$

6-8 知识点窍 带电导体球(壳)的电势分布：$V = \begin{cases} \dfrac{q}{4\pi\varepsilon_0 R}, & r \leqslant R \\ \dfrac{q}{4\pi\varepsilon_0 r}, & r > R \end{cases}$；

带电导体球(壳)的场强分布：$\boldsymbol{E} = \begin{cases} \boldsymbol{0}, & r \leqslant R \\ \dfrac{q}{4\pi\varepsilon_0 r^2}\cdot\boldsymbol{e}_r, & r > R \end{cases}$；

电势叠加原理：$V = \sum V_i$；

场强叠加原理：$\boldsymbol{E} = \sum \boldsymbol{E}_i$.

逻辑推理 由电势分布和场强分布公式可分别求出半径为 R_1 的导体球和半径为 R_2 的导体球壳各自独立的电势分布规律和场强分布规律，再由电势叠加原理和场强叠加原理求出系统的电势分布和场强分布.

解题过程 设内球的带电量为 q，由电势叠加原理可知，内球的电势 V_0 由内球电荷 q 和外球壳电荷 Q 共同产生，即 $V_0 = \dfrac{q}{4\pi\varepsilon_0 R_1} + \dfrac{Q}{4\pi\varepsilon_0 R_2}$，由此可得内球带电量为

$$q = 4\pi\varepsilon_0 R_1 V_0 - \frac{R_1}{R_2}Q$$

所以此系统的电势分布如下：

$r \leqslant R_1$ 时，$V = V_0$；

$R_1 < r \leqslant R_2$ 时，$V = \dfrac{q}{4\pi\varepsilon_0 r} + \dfrac{Q}{4\pi\varepsilon_0 R_2} = \dfrac{R_1}{r}V_0 - \dfrac{R_1}{4\pi\varepsilon_0 R_2}\cdot\dfrac{Q}{r} + \dfrac{Q}{4\pi\varepsilon_0 R_2}$；

$r > R_2$ 时，$V = \dfrac{q}{4\pi\varepsilon_0 r} + \dfrac{Q}{4\pi\varepsilon_0 r} = \dfrac{R_1 V_0}{r} + \dfrac{(R_2 - R_1)Q}{4\pi\varepsilon_0 R_2 r}$.

此系统的场强分布如下：

$r \leqslant R_1$ 时，$E = 0$；

$R_1 < r < R_2$ 时，$E = \dfrac{q}{4\pi\varepsilon_0 r^2} = \dfrac{R_1}{r^2}V_0 - \dfrac{R_1 Q}{4\pi\varepsilon_0 R_2 r^2}$；

$r > R_2$ 时，$E = \dfrac{q+Q}{4\pi\varepsilon_0 r^2} = \dfrac{R_1 V_0}{r^2} + \dfrac{(R_2 - R_1)Q}{4\pi\varepsilon_0 R_2 r^2}$.

E 的方向沿径矢.

6-9 知识点窍 静电平衡时导体上电荷的分布；点电荷电场的电势：$V = \dfrac{q}{4\pi\varepsilon_0}\cdot\dfrac{1}{r}$；

带电圆环轴线上电势的分布：$V=\dfrac{1}{4\pi\varepsilon_0}\cdot\dfrac{q}{\sqrt{x^2+R^2}}$.

逻辑推理 在静电平衡时，导体所带的电荷只能分布在导体的表面上，导体内没有电荷，并且感应电荷的总和为 0. 利用这个特点以及带电导体球球心电势的求法——微元法，可以求得球心电势，再与带电圆环在该球心产生的电势相加，可得到总的电势. 注意电势叠加为代数求和.

解题过程 利用微元法，在导体球表面取电荷面元 $dq=\sigma dS$，由于无论是感应电荷或原来存在的电荷均只分布在导体球表面，故它们在球心处产生的电势为

$$V_a=\frac{1}{4\pi\varepsilon_0 a}\int_S\sigma dS$$

又因为感应电荷总和为 0，所以 $V_a=\dfrac{Q}{4\pi\varepsilon_0 a}$.

利用带电圆环轴线上电势分布公式得 $V_b=\dfrac{1}{4\pi\varepsilon_0}\cdot\dfrac{q}{\sqrt{b^2+r^2}}$.

故由电势叠加原理，球心的电势等于圆环和导体球激发电势之和，即

$$V=V_a+V_b=\frac{Q}{4\pi\varepsilon_0 a}+\frac{1}{4\pi\varepsilon_0}\cdot\frac{q}{\sqrt{b^2+r^2}}.$$

6-10 **知识点窍** 带电球(面)的电势分布：$V=\begin{cases}\dfrac{q}{4\pi\varepsilon_0 R}, & r\leqslant R\\ \dfrac{q}{4\pi\varepsilon_0 r}, & r>R\end{cases}$；

电势叠加原理：$V=\sum V_i$.

逻辑推理 由静电感应和静电平衡时导体表面电荷分布规律可知：球 A 所带电荷 Q_A 均匀分布在球的表面，球壳 B 内表面带电荷 $-Q_A$，外表面带电荷 Q_B+Q_A，电荷在导体表面均匀分布. 球 A 及球壳 B 的电势由电势分布公式及电势叠加原理求得.

球壳 B 接地后，其外表面的电荷变为零，内表面带电仍为 $-Q_A$.

球壳 B 接地断开后，A 球接地，此时 A 球的电势为零，设此时球 A 带电荷 q_A，则球壳 B 的内表面带电荷应为 $-q_A$，外表面带电荷 q_A-Q_A. 此时球 A 的电势 $V_A=\dfrac{q_A}{4\pi\varepsilon_0 R_1}+\dfrac{-q_A}{4\pi\varepsilon_0 R_2}+\dfrac{q_A-Q}{4\pi\varepsilon_0 R_3}$，而 $V_A=0$，故可解出球 A 所带的电荷 q_A. 再由电势叠加原理可求出球 A 和球壳 B 的电势.

解题过程 (1) 球壳内表面所带电荷为 $Q_{B_1}=-Q_A=-3.0\times10^{-8}$ C,

球壳外表面所带电荷为 $Q_{B_2}=Q_B+Q_A=5.0\times10^{-8}$ C,

球 A 的电势为 $V_A=\dfrac{Q_A}{4\pi\varepsilon_0 R_1}+\dfrac{-Q_A}{4\pi\varepsilon_0 R_2}+\dfrac{Q_B+Q_A}{4\pi\varepsilon_0 R_3}=5.6\times10^3$ V,

球壳 B 的电势为 $V_B=\dfrac{Q_B+Q_A}{4\pi\varepsilon_0 R_3}=4.5\times10^3$ V.

(2) 球壳 B 接地后断开，再把球 A 接地，此时 $V_A=0$，设球 A 带电荷 q_A，则球 A 的电

势为

$$V_A = \frac{q_A}{4\pi\varepsilon_0 R_1} + \frac{-q_A}{4\pi\varepsilon_0 R_2} + \frac{-Q_A + q_A}{4\pi\varepsilon_0 R_3} = 0,$$

解得 $q_A = \dfrac{R_1 R_2 Q_A}{R_1 R_2 + R_2 R_3 - R_1 R_3} = 2.1 \times 10^{-8}$ C.

球壳 B 内表面带电荷 $Q'_B = -q_A = -2.1 \times 10^{-8}$ C,

球壳 B 外表面带电荷 $Q''_B = q_A - Q_A = -0.9 \times 10^{-8}$ C,

球壳 B 的电势为 $V_B = \dfrac{-Q_A + q_A}{4\pi\varepsilon_0 R_3} = -7.92 \times 10^2$ V.

6-11 知识点窍 高斯定理:$\oint_S \boldsymbol{E} \cdot d\boldsymbol{S} = \dfrac{1}{\varepsilon_0} \sum q$;

利用电荷分布对称时电场的对称性求解电场分布;

电势 $V_{AB} = V_A - V_B = \int_{AB} \boldsymbol{E} \cdot d\boldsymbol{l}$.

逻辑推理 首先圆柱导线与导体圆筒必然带相反的电荷,故假设长直圆柱导线单位长度带电荷 λ,导体圆筒单位长度带电荷 $-\lambda$. 根据对称性,电场分布呈现轴对称特性,利用高斯定理求得 λ 以及长直圆柱形导线和导体圆筒间的电场强度.

解题过程 作同轴圆柱高斯面,利用高斯定理有

$$\oint_S \boldsymbol{E} \cdot d\boldsymbol{S} = 2\pi r L E = \frac{1}{\varepsilon_0}\lambda L$$

注:高斯面为半径 $r(R_1 < r < R_2)$、高 L 的圆柱面.

由上式求得

$$\boldsymbol{E} = \frac{\lambda}{2\pi\varepsilon_0 r} \quad ①$$

利用电势公式:

$$V_1 - V_2 = \int_{R_1}^{R_2} \boldsymbol{E} \cdot d\boldsymbol{l} = \int_{R_1}^{R_2} \frac{\lambda}{2\pi\varepsilon_0 r} dr = \frac{\lambda}{2\pi\varepsilon_0} \ln\frac{R_2}{R_1}$$

解得

$$\lambda = \frac{2\pi\varepsilon_0}{\ln(R_2/R_1)}(V_1 - V_2) \quad ②$$

将式 ② 代入式 ① 得 $E = \dfrac{V_1 - V_2}{r\ln(R_2/R_1)}$.

6-12 知识点窍 高斯定理:$\oint_S \boldsymbol{E} \cdot d\boldsymbol{S} = \dfrac{1}{\varepsilon_0} \sum q$;

电场分布的对称性,电势 $V_{AB} = V_A - V_B = \int_{AB} \boldsymbol{E} \cdot d\boldsymbol{l}$.

逻辑推理 与题 6-11 类似,电场分布呈现轴对称特性,利用高斯定理以及电势差的公式不难求出电场分布以及圆筒上的电荷线密度.

解题过程 假设长直导线单位长度带电荷 λ,根据电场分布的轴对称特性,选取半径为 $a < r < b$,高为 L 的圆柱形高斯面,根据高斯定理,得

$$\oint_S \boldsymbol{E} \cdot d\boldsymbol{S} = 2\pi rLE = \frac{1}{\varepsilon_0}\lambda L$$

求得

$$E = \frac{\lambda}{2\pi\varepsilon_0 r} \quad ①$$

根据题设知，导线的电势为 V，圆筒接地电势为零，则

$$V = \int_a^b \frac{\lambda}{2\pi\varepsilon_0 r}dr = \frac{\lambda}{2\pi\varepsilon_0}\ln\frac{b}{a}$$

解得

$$\lambda = \frac{2\pi\varepsilon_0 V}{\ln(b/a)} \quad ②$$

将式 ② 代入式 ① 得 $E = \dfrac{\lambda}{2\pi\varepsilon_0 r} = \dfrac{V}{r\ln(b/a)}$.

不难看出，圆筒上的电荷线密度 $\lambda' = \lambda = \dfrac{2\pi\varepsilon_0 V}{\ln(b/a)}$.

6-13 知识点窍 高斯定理.

逻辑推理 利用叠加原理，导体板上 4 个带电面在导体内任一点激发的合电场强度为零，所以平行导体板外侧两个面带等量同号电荷.

解题过程 (1) 本题可以利用叠加原理，将两面板的带电量同时投放在一点，并采用高斯定理求解. 设电场强度为 E，点电荷为 q，则设相向的两面电荷面密度分别为 σ_1、σ_2，由高斯定理得

$$\oint_S \boldsymbol{E} \cdot d\boldsymbol{S} = 0$$

$$q_{点} = \Delta S(\sigma_1 + \sigma_2) = 0$$

即 $\sigma_1 + \sigma_2 = 0$，$\sigma_1 = -\sigma_2$.

可以得出相向的两面电荷面密度大小相等，符号相反.

(2) 设相背的两面电荷面密度分别为 σ_3、σ_4，则导体中某点的场强为

$$E = \frac{\sigma_3}{2\varepsilon_0} - \frac{\sigma_1}{2\varepsilon_0} - \frac{\sigma_2}{2\varepsilon_0} - \frac{\sigma_4}{2\varepsilon_0} = 0,$$

由于 $\sigma_1 + \sigma_2 = 0$，则可以得到 $\sigma_3 = \sigma_4$.

即相背的两面电荷面密度大小相等，符号相同.

6-14 知识点窍 电荷分布规律.

逻辑推理 由上题知导体板达到静电平衡时，相对两个面带等量异号电荷，相背两个面带等量同号电荷.

解题过程 (1) 由题意设 A、B 两板的 4 个面的电荷面密度分别为 σ_1、σ_2、σ_3、σ_4.

由于 A 板带 Q 电量，B 板不带电，则可得

$$Q = (\sigma_1 + \sigma_2)S$$

$$0 = (\sigma_3 + \sigma_4)S$$

所以 $\sigma_1 = \sigma_2 = -\sigma_3 = \sigma_4 = \frac{Q}{2S}$.

即两板之间电势差为 $U_{AB} = \frac{E}{d} = \frac{\frac{Q}{2q \cdot S}}{d} = \frac{Qd}{2\varepsilon_0 S}$.

(2) 由于当 B 板接地时，和大地连接起来，导体上电荷为 0，则

$$\sigma_1 = \sigma_4 = 0,$$

则知此时 $U'_{AB} = \frac{Qd}{\varepsilon_0 S}$.

6-15 知识点窍 电势 $dV = \frac{dq}{4\pi\varepsilon_0 R}$.

逻辑推理 由上题知导体板达到静电平衡时，相对两个面带等量异号电荷，相背两个面带等量同号电荷.

导体球达到静电平衡时，内表面感应电荷 $-q$，外表面感应电荷 q；内表面感应电荷不均匀分布，外表面感应电荷均匀分布. 球心 O 处的电势由点电荷 q、导体表面的感应电荷共同决定.

由于 R 为常量，因而无论球面电荷如何分布，半径为 R 的带电球面在球心产生的电势为

$$V = \int_S \frac{dq}{4\pi\varepsilon_0 R} = \frac{q}{4\pi\varepsilon_0 R}$$

由电势的叠加原理可以求得球心的电势.

解题过程 导体达到静电平衡时，内表面感应电荷不均匀分布. 球心产生的电势为

$$dV = \frac{dq}{4\pi\varepsilon_0 r}$$

由于 $r = a$ 为常量，无论内球面上电荷如何分布，半径为 a 的内球面上的电荷在球心处产生的电势为

$$V = \int dV = \int \frac{dq}{4\pi\varepsilon_0 r} = -\frac{q}{4\pi\varepsilon_0 a}$$

外表面感应电荷均匀分布，在球心处产生的电势为

$$V = \frac{q+Q}{4\pi\varepsilon_0 b}$$

由电势的叠加原理求得球心处的电势为

$$V = \frac{q}{4\pi\varepsilon_0 r} - \frac{q}{4\pi\varepsilon_0 a} + \frac{q+Q}{4\pi\varepsilon_0 b}.$$

6-16 知识点窍 点电荷的电势分布：$V = \frac{q}{4\pi\varepsilon_0 r}$；

电势叠加原理：$V = \sum V_i$.

逻辑推理 金属球接地，其电势为零，由于金属球是等势体，其电势可由球心 O 处的电势表示. 球心 O 处的电势等于球表面感应电荷 Q 和球外的点电荷 q 各自产生的电势之和. 球表面感应电荷 Q 在点 O 产生的电势可用微元法表示，即取表面的电荷元 dQ，其在点

O 产生的电势元为 $dV_Q = \frac{dQ}{4\pi\varepsilon_0 R}$，再用积分法即可.

解题过程 球接地，球心 O 处的电势 $V = V_Q + V_q = 0$，式中 V_Q 和 V_q 分别为球面感应电荷 Q 和点电荷 q 在点 O 产生的电势.

显然

$$V_q = \frac{q}{4\pi\varepsilon_0 r} \quad ①$$

$$V_Q = \int dV_Q = \int_S \frac{dQ}{4\pi\varepsilon_0 R} = \frac{Q}{4\pi\varepsilon_0 R} \quad ②$$

由 $V_Q + V_q = 0$ 及式①、式②可得 $\frac{Q}{4\pi\varepsilon_0 R} + \frac{q}{4\pi\varepsilon_0 r} = 0$，所以球表面感应电荷之总量为 $Q = -\frac{R}{r}q$.

*6-17 知识点窍 带电导体球的电势：$V = \frac{Q}{4\pi\varepsilon_0 R}$.

解题过程 假设一滴水的体积为 $0.1\ \text{cm}^3$，则一滴水中的分子数为 $N = \frac{m}{M}N_A$（N_A 为阿伏加德罗常数）. 每个水分子有 $8+2=10$ 个电子，则总电荷量为

$$Q = 10N\cdot e = 5.36\times 10^3\ \text{C}.$$

假设地球为半径 $R = 6400\ \text{km}$ 的导体球，选取无穷远处为电势零点，根据带电导体球的电势公式可得，地球电势增加量为

$$V = \frac{Q}{4\pi\varepsilon_0 R} = 7.53\times 10^6\ \text{V},$$

可见珀塞耳教授的命题是正确的.

6-18 知识点窍 球形电容器的电容公式：$C = 4\pi\varepsilon_0 \frac{R_1 R_2}{R_2 - R_1}$.

逻辑推理 由题意，将地球-电离层系统视为球形电容器，显然其内球面半径 $R_1 = R_E$，外球面半径 $R_2 = R_E + h$.

由公式 $C = 4\pi\varepsilon_0 \frac{R_1 R_2}{R_2 - R_1}$ 可直接求出其电容.

解题过程 取 $R_1 = R_E = 6.37\times 10^6\ \text{m}$，$R_2 = 1.00\times 10^5\ \text{m} + R_E = 6.47\times 10^6\ \text{m}$，

由球形电容器的电容公式，可得 $C = 4\pi\varepsilon_0 \frac{R_1 R_2}{R_2 - R_1} = 4.58\times 10^{-2}\ \text{F}$.

6-19 知识点窍 无限长均匀带电直线外的场强分布：$E = \frac{\lambda}{2\pi\varepsilon_0 r}$；

场强叠加原理：$\boldsymbol{E} = \sum \boldsymbol{E}_i$；

电势差的定义：$U = \int_L \boldsymbol{E}\cdot d\boldsymbol{l}$；

电容定义：$C = \frac{Q}{U}$.

逻辑推理 设两输电导线电荷线密度分别为 λ 和 $-\lambda$，则由场强分布规律 $E = \frac{\lambda}{2\pi\varepsilon_0 r}$ 及场强叠加

原理可求出两导线之间任意一点的场强表达式:$E=\frac{\lambda}{2\pi\varepsilon_0 r}+\frac{\lambda}{2\pi\varepsilon_0(d-r)}$,再由电势差定义 $U=\int_L \boldsymbol{E}\cdot d\boldsymbol{l}$ 求出两导线间的电势差,代入 $C=\frac{Q}{U}$ 可求出电容.

解题过程 设导线的电荷线密度分别为 $\pm\lambda$,建立 Ox 坐标如图解 6-19 所示,而导线间任意一点 P 的电场强度可表示为

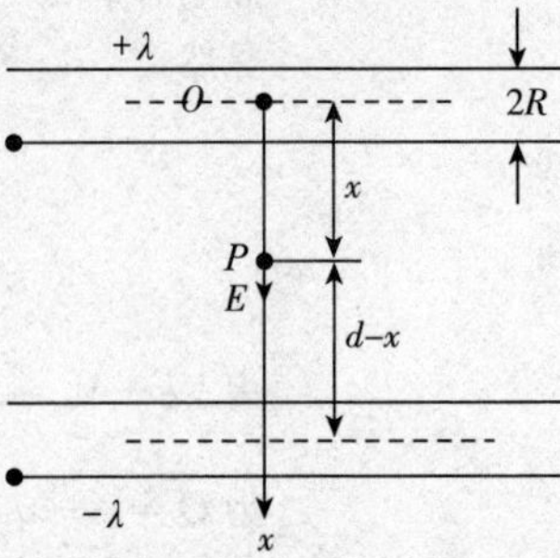

图解 6-19

$$E=\frac{\lambda}{2\pi\varepsilon_0 x}+\frac{\lambda}{2\pi\varepsilon_0(d-x)}$$

两导线间的电势差为

$$U=\int_L \boldsymbol{E}\cdot d\boldsymbol{l}=\int_R^{d-R}\frac{\lambda}{2\pi\varepsilon_0}\left(\frac{1}{x}+\frac{1}{d-x}\right)dx$$

$$=\frac{\lambda}{\pi\varepsilon_0}\ln\frac{d-R}{R},$$

因为 $d\gg R$,所以 $U\approx\frac{\lambda}{\pi\varepsilon_0}\ln\frac{d}{R}$.

所以单位长度的电容为 $C=\frac{Q}{U}\text{ m}=\frac{\pi\varepsilon_0}{\ln\frac{d}{R}}\text{ m}=5.52\times10^{-12}\text{ F}$.

6-20 **逻辑推理** 由电容的变化量求解(按下键时,距离减小,电容增大).

解题过程 设按下键前、后的电容分别为 C_1、C_2,长度分别为 l_1、l_2,由题意知

$$C_1=\frac{\varepsilon S}{l_1},C_2=\frac{\varepsilon S}{l_2}$$

据题意电容变化量最小为 0.25 pF,则

$$\Delta l=l_2-l_1=\frac{\Delta C d_0^2}{d_0\Delta C+\varepsilon_0 S}=0.152\text{ mm},$$

即按键需要按下 0.152 mm 才能给出必要的信号.

6-21 **知识点窍** 将细胞视作均匀带电球壳,计算场强. 根据电容定义计算电容.

解题过程 $q=4\pi r^2\rho=6.28\times10^{-8}\text{ C}$,则

$$E=\frac{1}{4\pi\varepsilon_r\varepsilon_0}\cdot\frac{q}{r^2}$$

电势差为

$$U=\int_{R_1}^{R_2}E\mathrm{d}r=\frac{q}{4\pi\varepsilon_r\varepsilon_0}\cdot\frac{R_2-R_1}{R_2R_1}=5.23\times10^{-2}\text{ V}$$

电容为

$$C=\frac{\varepsilon_r s}{4\pi R\mathrm{d}}=1.2\times10^{-11}\text{F}.$$

6-22 **解题过程** (1) 由电容器的串、并联,有

$$C_{AB}=C_1+C_2=12\ \mu\text{F},$$
$$C_{CD}=C_3+C_4=8\ \mu\text{F},$$

求得等效电容为

$$C_{AB}=4\ \mu\text{F}.$$

(2) 由题意知 $U_{AB}=12\text{ V}$,可得

$$\frac{U_{AC}}{U_{AB}}=\frac{\frac{Q_{AC}}{C_{AC}}}{\frac{Q_{AB}}{C_{AB}}}=\frac{C_{AB}}{C_{AC}}\cdot\frac{Q_{AC}}{Q_{AB}}=\frac{C_{AB}}{C_{AC}}$$

即 $U_{AC}=4\text{ V}$.

同理可得

$$\frac{U_{CD}}{U_{AB}}=\frac{C_{AB}}{C_{CD}},U_{CD}=6\text{ V},$$

$$\frac{U_{DB}}{U_{AB}}=\frac{C_{AB}}{C_{DB}},U_{AB}=2\text{ V}.$$

6-23 **知识点窍** 无限长带电直线的电场分布:$E=\dfrac{\lambda}{2\pi\varepsilon_0 r}$;

电势差定义:$U=\int_L \boldsymbol{E}\cdot\mathrm{d}\boldsymbol{l}$.

逻辑推理 两极间的电场可认为是无限长同轴带电圆柱体(筒)各自产生的电场的叠加,由于圆筒在其内部产生的电场强度为零,故两极间的电场强度只由圆柱体决定,可用公式 $E=\dfrac{\lambda}{2\pi\varepsilon_0 r}$ 表示,在圆柱体表面附近由 $r=R_1,E_1=\dfrac{\lambda}{2\pi\varepsilon_0 R_1}$ 求出 λ,再由 $U=\int_L \boldsymbol{E}\cdot\mathrm{d}\boldsymbol{l}$ 即可求出两极间的电势差.

解题过程 (1) 由于带电圆筒在其内部产生的场强为零,故两极间的电场强度为

$$E=\frac{\lambda}{2\pi\varepsilon_0 r}(R_1\leqslant r\leqslant R_2)$$

当 $r=R_1$ 时,$E=E_1=\dfrac{\lambda}{2\pi\varepsilon_0 R_1}$,解得 $\lambda=2\pi\varepsilon_0 R_1 E_1$.

两极间的电势差为

$$U=\int_{R_1}^{R_2}\boldsymbol{E}\cdot\mathrm{d}\boldsymbol{r}=\int_{R_1}^{R_2}\frac{\lambda}{2\pi\varepsilon_0 r}\mathrm{d}r=\int_{R_1}^{R_2}\frac{2\pi\varepsilon_0 R_1 E_1}{2\pi\varepsilon_0 r}\mathrm{d}r$$

$$=R_1 E_1\ln\frac{R_2}{R_1}.$$

(2) 将已知数据代入上式得 $U=2.52\times10^3\text{ V}$.

6-24 **逻辑推理** (1) 查表可知二氧化钛的相对电容率为 $\varepsilon_r=173$,代入平板电容器的电容公式即可求出电容器的电容.

(2) 由电容定义式可求出极板上的电荷 $Q=CU$,由公式 $\sigma_0=\dfrac{Q}{S}$ 及 $\sigma'=\dfrac{\varepsilon_r-1}{\varepsilon_r}\sigma_0$ 即可求出自由电荷和极化电荷的面密度.

(3) 电场强度可直接由 $E=\dfrac{U}{d}$ 求得.

解题过程 (1) 由平行板电容器的定义得 $C=\dfrac{\varepsilon_r\varepsilon_0 S}{d}$,查表可知二氧化钛的相对电容率为

$\varepsilon_r = 173$，代入上式得该电容器的电容为

$$C = 1.53 \times 10^{-9}\ \mathrm{F}.$$

(2) 当 $U = 12\ \mathrm{V}$ 时，由 $C = \dfrac{Q}{U}$ 得极板上的电荷为

$$Q = CU = 1.84 \times 10^{-8}\ \mathrm{C},$$

极板上自由电荷面密度为 $\sigma_0 = \dfrac{Q}{S} = 1.84 \times 10^{-4}\ \mathrm{C \cdot m^{-2}}$，

所以晶片表面极化电荷面密度为

$$\sigma' = \frac{\varepsilon_r - 1}{\varepsilon_r}\sigma_0 = 1.83 \times 10^{-4}\ \mathrm{C \cdot m^{-2}}.$$

(3) 电容器内的电场强度为 $E = \dfrac{U}{d} = 1.2 \times 10^{5}\ \mathrm{V \cdot m^{-1}}$.

6-25 **逻辑推理** 带电导体球上的自由电荷均匀分布在球体表面，电介质的极化电荷也均匀分布在介质的球形界面上，因而介质中的电场具有球对称性，据此可取同心球面为高斯面，由高斯定理 $\oint \boldsymbol{D} \cdot \mathrm{d}\boldsymbol{S} = \sum q_0$ 可得 $D(r)$，再由 $E(r) = \dfrac{D(r)}{\varepsilon_0 \varepsilon_r}$ 可得 $E(r)$.

介质中的电势分布可由 $U = \int_r^{\infty} \boldsymbol{E} \cdot \mathrm{d}\boldsymbol{l}$ 求得.

极化电荷面密度 $\sigma' = P_n = (\varepsilon_r - 1)\varepsilon_0 E$.

解题过程 (1) 取同心球面为高斯面，由高斯定理 $\oint \boldsymbol{D} \cdot \mathrm{d}\boldsymbol{S} = \sum q_0$ 得

$$D = \frac{\sum q_0}{4\pi r^2}$$

当 $r < R$ 时，$\sum q_0 = 0, D_1 = 0, E_1 = 0$；

当 $R < r < R + d$ 时，$\sum q_0 = Q, D_2 = \dfrac{Q}{4\pi r^2}, E_2 = \dfrac{Q}{4\pi\varepsilon_0\varepsilon_r r^2}$；

当 $r > R + d$ 时，$\sum q_0 = Q, D_3 = \dfrac{Q}{4\pi r^2}, E_3 = \dfrac{Q}{4\pi\varepsilon_0 r^2}$（方向均沿径矢）.

故：$r_1 = 5\ \mathrm{cm}$ 时，$D_1 = 0, E_1 = 0$；

$r_2 = 15\ \mathrm{cm}$ 时，该点在介质内，$\varepsilon_r = 5.0$，则

$$D_2 = \frac{Q}{4\pi r^2} = 3.5 \times 10^{-8}\ \mathrm{C \cdot m^{-2}}.$$

$$E_2 = \frac{Q}{4\pi\varepsilon_0\varepsilon_r r^2} = 8.0 \times 10^{2}\ \mathrm{V \cdot m^{-1}};$$

$r_3 = 25\ \mathrm{cm}$ 时，该点在空气内，$\varepsilon = \varepsilon_0$，则

$$D_3 = \frac{Q}{4\pi r^2} = 1.3 \times 10^{-8}\ \mathrm{C \cdot m^{-2}},$$

$$E_3 = \frac{Q}{4\pi\varepsilon_0 r^2} = 1.4 \times 10^{3}\ \mathrm{V \cdot m^{-1}}.$$

(2) $r_1 = 5\ \mathrm{cm}$ 时，$V_1 = \int_R^{R+d} \boldsymbol{E}_2 \cdot \mathrm{d}\boldsymbol{r} + \int_{R+d}^{\infty} \boldsymbol{E}_3 \cdot \mathrm{d}\boldsymbol{r}$

$$= \frac{Q}{4\pi\varepsilon_0\varepsilon_r R} - \frac{Q}{4\pi\varepsilon_0\varepsilon_r(R+d)} + \frac{Q}{4\pi\varepsilon_0(R+d)} = 540\ \text{V};$$

$r_2 = 15\ \text{cm}$ 时，$V_2 = \int_{r_2}^{R+d} \boldsymbol{E}_2 \cdot \mathrm{d}\boldsymbol{r} + \int_{R+d}^{\infty} \boldsymbol{E}_3 \cdot \mathrm{d}\boldsymbol{r}$

$$= \frac{Q}{4\pi\varepsilon_0\varepsilon_r r_2} - \frac{Q}{4\pi\varepsilon_0\varepsilon_r(R+d)} + \frac{Q}{4\pi\varepsilon_0(R+d)}$$

$$= 480\ \text{V};$$

$r_3 = 25\ \text{cm}$ 时，$V_3 = \int_{r_3}^{\infty} \boldsymbol{E}_3 \cdot \mathrm{d}\boldsymbol{r} = \frac{Q}{3\pi\varepsilon_0 r_3} = 360\ \text{V}.$

(3) 在介质外表面的极化电荷面密度为

$$\sigma' = P_n = (\varepsilon_r - 1)\varepsilon_0 E_n = \frac{(\varepsilon_r - 1)Q}{4\pi\varepsilon_r(R+d)^2} = 1.6 \times 10^{-8}\ \text{C} \cdot \text{m}^{-2}.$$

在介质内表面的极化电荷面密度为

$$\sigma'' = -P_n = -(\varepsilon_r - 1)\varepsilon_0 E_n = -\frac{(\varepsilon_r - 1)Q}{4\pi\varepsilon_r R^2} = -6.4 \times 10^{-8}\ \text{C} \cdot \text{m}^{-2}.$$

6-26 解题过程 (1) 细胞壁内的电场强度 $E = \frac{\sigma}{\varepsilon_0\varepsilon_r} = 9.8 \times 10^6\ \text{V} \cdot \text{m}^{-1}$，方向指向细胞外.

(2) 细胞壁两表面间的电势差 $U = Ed = 5.1 \times 10^{-2}\ \text{V}$.

6-27 知识点窍 高斯定理：$\oint \boldsymbol{D} \cdot \mathrm{d}\boldsymbol{S} = \varepsilon q_0$；电位移定义：$\boldsymbol{D} = \varepsilon_0\varepsilon_r\boldsymbol{E}$；电极化强度：$\boldsymbol{P} = \boldsymbol{D} - \varepsilon_0\boldsymbol{E}$.

逻辑推理 充电后断开电源，在介质插入前后，导体上的自由电荷保持不变，故可适当选取高斯面，利用高斯定理求出电位移 $\boldsymbol{D}$，再由 $\boldsymbol{E} = \frac{\boldsymbol{D}}{\varepsilon_0\varepsilon_r}$，$\boldsymbol{P} = \boldsymbol{D} - \varepsilon_0\boldsymbol{E}$ 求出电场强度 $\boldsymbol{E}$ 和电极化强度 $\boldsymbol{P}$.

解题过程 选取圆柱面为高斯面，如图解 6-27 所示，其底面积为 ΔS，由高斯定理得

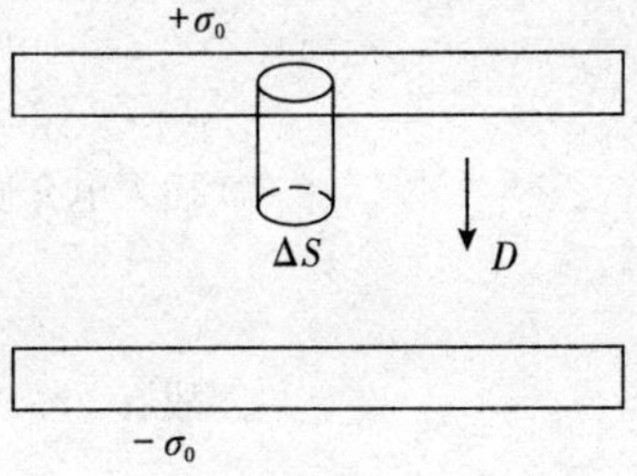

图解 6-27

$$\oint \boldsymbol{D} \cdot \mathrm{d}\boldsymbol{S} = \Delta S \cdot \sigma_0$$

$$\int_{S_上} \boldsymbol{D} \cdot \mathrm{d}\boldsymbol{S} + \int_{S_下} \boldsymbol{D} \cdot \mathrm{d}\boldsymbol{S} + \int_{S_侧} \boldsymbol{D} \cdot \mathrm{d}\boldsymbol{S} = \Delta S\sigma_0$$

而 $\int_{S_上} \boldsymbol{D} \cdot \mathrm{d}\boldsymbol{S} = \int_{S_侧} \boldsymbol{D} \cdot \mathrm{d}\boldsymbol{S} = 0$，所以

$$\Delta S \cdot D = \Delta S\sigma_0.$$

则

$$D = \sigma_0 = 4.5 \times 10^{-3}\ \text{C} \cdot \text{m}^{-2},$$

$$E = \frac{D}{\varepsilon_0\varepsilon_r} = 2.5 \times 10^8\ \text{V} \cdot \text{m}^{-1},$$

$$P = D - \varepsilon_0 E = 2.3 \times 10^{-3}\ \text{C} \cdot \text{m}^{-2},$$

$\boldsymbol{D}$、$\boldsymbol{E}$、$\boldsymbol{P}$ 方向均由正极板指向负极板.

6-28 解题过程 (1) $E'_A = E'_B = \frac{U}{d} = E_0$.

(2)$Q_0 = C_0 U = \frac{\varepsilon_0 S}{d} = Q$,

$Q = CU' = \left(\frac{\varepsilon S/2}{d} + \frac{\varepsilon_0 S/2}{d}\right)U'$,

$U' = \frac{2\varepsilon_0}{\varepsilon + \varepsilon_0}U$,

$E'_A = E'_B = \frac{U'}{d} = \frac{2\varepsilon_0}{\varepsilon + \varepsilon_0}E_0$.

6-29 知识点窍 电容定义式：$C = \frac{Q}{U}$；平板电容器内的电场强度：$E = \frac{Q}{\varepsilon \cdot s} = \frac{U}{d}$；

电介质中的电场强度：$E = \frac{E_0}{\varepsilon_r}$.

逻辑推理 接在恒压电源上的平板电容器，插入电介质或导体后，极板上的电荷会发生变化，但电势差保持不变. 又由于平板电容器的电容与两板间的电势差无关，只与导体的形状和尺寸有关，故充足电后，可直接由公式求出 Q、E、C. 当插入电介质后，电容器极板间电势差保持不变，电荷分布发生改变，电容发生改变，由题 6-28 得到电容公式，进而可求 Q 与 E. 当插入导体板时，相当于减小了电容器极板间的距离，与第一种情形计算方法相同.

解题过程 (1) 空气平板电容器的电容为

$$C_0 = \frac{\varepsilon_0 S}{d}$$

充电后，极板上的电荷和极板间的电场强度分别为

$$Q_0 = \frac{\varepsilon_0 S}{d}U$$

$$E_0 = U/d.$$

(2) 插入电介质后，电容器的电容 C_1 为

$$C_1 = Q\left[\frac{Q}{\varepsilon_0 S}(d-\delta) + \frac{Q}{\varepsilon_0 \varepsilon_r S}\delta\right] = \frac{\varepsilon_0 \varepsilon_r S}{\delta + \varepsilon_r(d-\delta)}$$

故有

$$Q_1 = C_1 U = \frac{\varepsilon_0 \varepsilon_r SU}{\delta + \varepsilon_r(d-\delta)}$$

电介质内电场强度为

$$E'_1 = \frac{Q_1}{\varepsilon_0 \varepsilon_r S} = \frac{U}{\delta + \varepsilon_r(d-\delta)}$$

空气中电场强度为

$$E_1 = \frac{Q_1}{\varepsilon_0 S} = \frac{\varepsilon_r U}{\delta + \varepsilon_r(d-\delta)}.$$

(3) 插入导体达到静电平衡后，导体为等势体，其电容和极板上的电荷分别为

$$C_2 = \frac{\varepsilon_0 S}{d-\delta}$$

$$Q_2=\frac{\varepsilon_0 SU}{d-\delta}$$

导体中电场强度为 $E'_2=0$，空气中电场强度为 $E_2=\frac{U}{d-\delta}$.

无论是插入介质还是插入导体，由于电容器的导体极板与电源相连，在维持电势差不变的同时都从电源获得了电荷，自由电荷分布的变化同样使得介质内的电场强度不再等于 E_0/ε.

6-30 知识点窍 高斯定理：$\oint \boldsymbol{D}\cdot \mathrm{d}\boldsymbol{S}=\sum q_0$；电位移：$\boldsymbol{D}=\varepsilon_0\varepsilon_r\boldsymbol{E}$；电极化强度：$\boldsymbol{P}=\boldsymbol{D}-\varepsilon_0\boldsymbol{E}$.

逻辑推理 由电荷的轴对称性可知，介质层内的 $\boldsymbol{D}$、$\boldsymbol{E}$、$\boldsymbol{P}$ 沿径矢且具有轴对称性. 选取同轴柱面为高斯面，利用高斯定理可求出 $\boldsymbol{D}$，再由 $\boldsymbol{E}=\frac{\boldsymbol{D}}{\varepsilon_0\varepsilon_r}$ 及 $\boldsymbol{P}=\boldsymbol{D}-\varepsilon_0\boldsymbol{E}$ 可求出介质层内的 $\boldsymbol{E}$ 和 $\boldsymbol{P}$.

解题过程 选取同轴柱面为高斯面. 如教材习题 6-23 图所示，由高斯定理有

$$\oint \boldsymbol{D}\cdot \mathrm{d}\boldsymbol{S}=\sum q_0$$

即 $D\cdot 2\pi rl=\lambda l$，所以 $D=\frac{\lambda}{2\pi r}$（方向沿径矢）.

再由 $\boldsymbol{D}=\varepsilon_0\varepsilon_r\boldsymbol{E}$ 得 $\boldsymbol{E}=\frac{\boldsymbol{D}}{\varepsilon_0\varepsilon_r}=\frac{\lambda}{2\pi\varepsilon_0\varepsilon_r r}\cdot\boldsymbol{e}_r$.

由电极化强度定义得 $\boldsymbol{P}=\boldsymbol{D}-\varepsilon_0\boldsymbol{E}=\left(1-\frac{1}{\varepsilon_r}\right)\frac{\lambda}{2\pi r}\boldsymbol{e}_r$.

***6-31** 知识点窍 半球形孤立电容器电容：$C=2\pi\varepsilon R$；孤立电容器的电势：$U=\frac{Q}{C}$.

逻辑推理 导体球可视为上、下两个半球形孤立电容器. 由于导体球为等势体，故有 $\frac{Q_1}{C_1}=\frac{Q_2}{C_2}$，且 $Q_1+Q_2=Q$. 联立两式即可求出上、下两部分各带的电荷 Q_1、Q_2.

解题过程 设上半球带电荷 Q_1，下半球带电荷 Q_2，则 $Q_1+Q_2=Q_0$. ①

将导体球视为两个半球形孤立电容器，其电容分别为 $C_1=2\pi\varepsilon_0 R$，$C_2=2\pi\varepsilon_0\varepsilon_r R$，整个球为等势体，由 $U=\frac{Q}{C}$ 得 $\frac{Q_1}{C_1}=\frac{Q_2}{C_2}$. ②

取立式①、式②并将 C_1、C_2 代入得

$$Q_1=\frac{C_1}{C_1+C_2}Q_0=\frac{1}{\varepsilon_r+1}Q_0$$
$$=0.50\times10^{-6}\ \mathrm{C},$$
$$Q_2=Q_0-Q_1=1.5\times10^{-6}\ \mathrm{C}.$$

6-32 知识点窍 有厚度为 δ 的介质的平板电容器：$C=\frac{\varepsilon_0\varepsilon_r S}{\varepsilon_r(d-\delta)+\delta}$；

有厚度为 δ 的导体的平板电容器：$C=\frac{\varepsilon_0 S}{d-\delta}$.

逻辑推理 在平板电容器中插入不同厚度的介质（或导体）时，设电容器的电容也不同，并且具

有一一对应的关系，因此可通过测量电容 C 而求出插入的电介质（或导体）的厚度.

解题过程 插入电介质后电势差为 $U=\dfrac{Q}{\varepsilon_0 S}(d_0-d)+\dfrac{Q}{\varepsilon_0\varepsilon_r}d$.

由此可得 $Q=\dfrac{\varepsilon_0\varepsilon_r SU}{\varepsilon_r(d_0-d)+d}$.

由公式 $C=\dfrac{Q}{U}=\dfrac{\varepsilon_0\varepsilon_r S}{\varepsilon_r(d_0-d)+d}$，即可知介质厚度为

$$d=\frac{\varepsilon_r d_0 C-\varepsilon_0\varepsilon_r S}{(\varepsilon_r-1)C}=\frac{\varepsilon_r d_0}{\varepsilon_r-1}-\frac{\varepsilon_0\varepsilon_r S}{(\varepsilon_r-1)C}.$$

如果待测材料是金属导体，则该装置的电容为 $C=\dfrac{\varepsilon_0 S}{d_0-d}$，解得导体材料的厚度为 $d=d_0-\dfrac{\varepsilon_0 S}{C}$.

6-33 知识点窍 柱形电容器的电容：$C=\dfrac{2\pi\varepsilon l}{\ln\dfrac{R_2}{R_1}}$；

并联电容器的等效电容：$C=C_1+C_2$.

逻辑推理 圆管 A 和导体棒 C 构成的柱形电容，由于有油部分和无油部分电容不一样，可分别求出两个电容，然后并联.

解题过程 导体圆管 A 与导体棒 C 构成的柱形电容器与油罐连通两液面等高，当液面高度为 h 时，电容器可视为一个长为 h 的介质电容器 C_1 和一个长度为 $(L-h)$ 的空气电容器 C_2 的并联，则

$$C=C_1+C_2=\frac{2\pi\varepsilon_0\varepsilon_r h}{\ln\dfrac{D}{d}}+\frac{2\pi\varepsilon_0(L-h)}{\ln\dfrac{D}{d}}$$

$$=\frac{2\pi\varepsilon L}{\ln\dfrac{D}{d}}+\frac{2\pi\varepsilon_0(\varepsilon_r-1)}{\ln\dfrac{D}{d}}\cdot h$$

当导体管与导体棒之间加电压 U 时，圆管上的电荷为

$$Q=CU=\frac{2\pi\varepsilon_0 LU}{\ln\dfrac{D}{d}}+\frac{2\pi\varepsilon_0(\varepsilon_r-1)}{\ln\dfrac{D}{d}}\cdot h\cdot U,$$

即 Q 是 h 的一次函数.

6-34 知识点窍 有电介质时的高斯定理：$\oint_S \boldsymbol{D}\cdot d\boldsymbol{S}=\sum Q$，其中 $\sum Q$ 为该高斯面内所包围的自由电荷的代数和.

电介质中电场强度与电位移矢量的关系：$E=\dfrac{D}{\varepsilon}$；

电势差计算公式 $U_{AB}=V_A-V_B=\int_{AB}\boldsymbol{E}\cdot d\boldsymbol{l}$.

逻辑推理 根据电场的对称性，作半径为 $r(R_1<r<R_2)$. 高度为 L 的圆柱形高斯面，假设导体圆筒的电荷线密度为 λ. 利用高斯定理 $D\cdot 2\pi rL=\lambda L\Rightarrow D=\dfrac{\lambda}{2\pi r}$ 及其矢量形式

$\boldsymbol{D}=\dfrac{\lambda}{2\pi r}\boldsymbol{e}_r$，再利用电介质中电场强度与电位移矢量的关系求得 E_1、E_2，根据不被击穿的要求，得到最大的 E_1、E_2，进而求得最大电势差.

解题过程 如图解 6-34 所示作圆柱形高斯面，利用高斯定理有：

$$D\cdot 2\pi rL=\lambda L\Rightarrow \boldsymbol{D}=\frac{\lambda}{2\pi r}\boldsymbol{e}_r\Rightarrow \boldsymbol{E}_1=\frac{\boldsymbol{D}}{\varepsilon_1}=\frac{\lambda}{2\pi\varepsilon_1 r}\boldsymbol{e}_r\,(R>r>R_1)$$

$$\boldsymbol{E}_2=\frac{\boldsymbol{D}}{\varepsilon_2}=\frac{\lambda}{2\pi\varepsilon_2 r}\boldsymbol{e}_r\,(R_2>r>R)$$

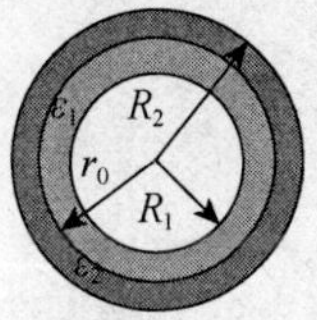

图解 6-34

每层介质中 r 最小处场强最大，则

$$E_{1\text{m}}=\frac{\lambda}{2\pi\varepsilon_1 R_1}=\frac{\lambda}{\pi\varepsilon_1 2R_1}$$

$$E_{2\text{m}}=\frac{\lambda}{2\pi\varepsilon_2 R_0}=\frac{\lambda}{\pi\varepsilon_1 R_0}$$

由 $R_0<2R_1$ 知 $E_{2\text{m}}<E_{1\text{m}}$，当电压升高时，外层介质先被击穿，击穿时有

$$E_{2\text{m}}=\frac{\lambda}{\pi\varepsilon_1 R_0}=E_{\text{m}}$$

此时 $\lambda=\pi\varepsilon_1 R_0 E_{\text{m}}$，不能大于此值.

这时两导体圆筒间电势差为

$$U_{12}=\int_{R_1}^{R_0}\boldsymbol{E}_2\cdot \mathrm{d}\boldsymbol{r}=\int_{R_1}^{R_0}\frac{\lambda}{2\pi\varepsilon_1 r}\mathrm{d}r$$

$$=\frac{\lambda}{2\pi\varepsilon_1}\ln\frac{R_0}{R_1}+\frac{\lambda}{\pi\varepsilon_1}\ln\frac{R_2}{R_0}=\frac{\lambda}{2\pi\varepsilon_1}\ln\frac{R_0}{R_1}+\frac{\lambda}{2\pi\varepsilon_1}\ln\frac{R_2^2}{R_0^2},$$

注意到：$\lambda=\pi\varepsilon_1 R_0 E_{\text{m}}$.

击穿时两导体圆筒间电势差为

$$U_{12}=\frac{R_0 E_{\text{m}}}{2}\ln\frac{R_2^2}{R_1 R_0}.$$

6-35 **知识点窍** 匀强电场的电压公式：$U=Ed$.

逻辑推理 按题意，该电容器的额定电压是指不被击穿的最大电压，查表可知材料的击穿电场强度 E_{b}，由公式 $U=Ed$ 可求出最大电压为：$U_{\max}=E_{\text{b}}\cdot d$.

解题过程 (1) 设两极板间的电压为 U_1，电场为 E，则 $U=E/d$.

查表可知聚四氟乙烯的击穿电场强度 $E_{\text{b}}=6\times 10^7\ \text{V}\cdot\text{m}^{-1}$，若电容器不被击穿，则电容器中的场强 $E\leqslant E_{\text{b}}$，由此可知，电容器的最大耐压为 $U_{\max}=E_{\text{b}}d=600\ \text{V}$. 这便是所求的额定电压.

(2) 电容器贮存的最大能量为 $W_{\text{e}}=\dfrac{1}{2}CU_{\max}^2=9\times 10^{-2}\ \text{J}$.

6-36 **知识点窍** 平板电容器内的电场强度：$E=\dfrac{U}{d}$；

插入厚为 δ 的介质后，空气层的电场强度：$E'=\dfrac{\varepsilon_{\text{r}}U}{\varepsilon_{\text{r}}(d-\delta)+\delta}$.

逻辑推理 (1) 由公式 $E=\dfrac{U}{d}$ 可求出空气平板电容器内的电场强度 E_0，查表可知空气的击穿

电场强度 E_b,比较 E_0 和 E_b 的大小便可知道电容器会不会被击穿.

(2) 插入厚为 δ 的玻璃后,空气层的厚度为 $d-\delta$,此时空气层内的电场强度变为 $E=\dfrac{\varepsilon_r U}{\varepsilon_r(d-\delta)+\delta}$. 由于 $E>E_b$,故空气层会被击穿,此后 40 kV 电压全加在玻璃板两侧,玻璃板内的电场强度 $E'=\dfrac{U}{\delta}$,也大于玻璃击穿电场强度的值 E'_b,玻璃也会被击穿,即整个电容器会被击穿.

解题过程 空气的击穿电场强度为 $E_b=3.0\times10^6\ \text{V}\cdot\text{m}^{-1}$,空气平板电容器内的电场强度为 $E_0=\dfrac{U}{d}=2.7\times10^6\ \text{V}\cdot\text{m}^{-1}$,因 $E_0<E_b$,所以电容器不会被击穿.

若在电容器内插入一厚度为 δ 的玻璃,则电容器内分成两层.

空气层的电场强度为 $E=\dfrac{\varepsilon_r U}{\varepsilon_r(d-\delta)+\delta}$(参照习题 6-28 结论). 代入数据得

$$E=3.2\times10^6\ \text{V}\cdot\text{m}^{-1}$$

由于 $E>E_b$,故空气层首先被击穿.

空气层击穿后,40 kV 电压全部加在玻璃板两侧,此时,玻璃板内的电场强度 $E'=\dfrac{U}{\delta}=1.3\times10^7\ \text{V}\cdot\text{m}^{-1}$,而玻璃的击穿电场强度 $E'_b=10\ \text{MV}\cdot\text{m}^{-1}$,即 $E'>E'_b$,玻璃也会被击穿,故整个电容器会被击穿.

6-37 **知识点窍** 平板电容器内的电场强度:$E=\dfrac{U}{d}$;平板电容器的电容:$C=\dfrac{\varepsilon_0\varepsilon_r S}{d}$.

逻辑推理 电容器不被击穿的条件:$E\leqslant E_b$,即 $E_m=E_b$. 由公式 $E=\dfrac{U}{d}$ 可确定极板间的最小距离 $d=\dfrac{U}{E_m}$,再由 $C=\dfrac{\varepsilon_0\varepsilon_r S}{d}$ 可求出极板的最小面积.

解题过程 由不被击穿条件可知介质内的电场强度 $E\leqslant E_b$,即介质内电场强度的最大值为 $E_m=E_b$.

由公式 $E=\dfrac{U}{d}$ 可得电容器两极板间的最小距离为

$$d=\frac{U_m}{E_m}=\frac{4.0\times10^3\ \text{V}}{18\times10^6\ \text{V}\cdot\text{m}^{-1}}=2.22\times10^{-4}\ \text{m},$$

由公式 $C=\dfrac{\varepsilon_0\varepsilon_r S}{d}$ 可得极板的最小面积为

$$S=\frac{Cd}{\varepsilon_0\varepsilon_r}=0.42\ \text{m}^2.$$

***6-38** **知识点窍** 静电场的能量:$\text{d}W_e=w_e\text{d}V=\dfrac{1}{2}\varepsilon E^2\text{d}V$.

电荷均匀分布在球面上的球体的场强分布:

$$\boldsymbol{E}=\begin{cases}\boldsymbol{0}, & r\leqslant R\\ \dfrac{e}{4\pi\varepsilon_0 r^2}\boldsymbol{e}_r, & r>R\end{cases}$$

电荷均匀分布在球体中的场强分布：

$$\boldsymbol{E}=\begin{cases}\dfrac{er}{3\varepsilon_0}\boldsymbol{e}_r, & r\leqslant R\\ \dfrac{e}{4\pi\varepsilon_0 r^2}\boldsymbol{e}_r, & r>R\end{cases}$$

其中，R 为球体半径，$\rho=\dfrac{3e}{4\pi R^3}$ 为球的电荷体密度.

逻辑推理 利用静电场的能量分式 $W_e=\int_\Omega \frac{1}{2}\varepsilon E^2 dV$，先求出电场分布，再求上述积分即可. 根据题目的假设有 $W_e=m_0c^2$，进而求得电子半径 R.

解题过程 (1) 假设电子电荷均匀分布在球面上，则电场能量密度为

$$w_e=\frac{1}{2}\varepsilon_0E^2=\frac{e^2}{32\pi^2\varepsilon_0 r^4}$$

静电场能量为

$$W_e=\int_\Omega w_e dV=\int_R^\infty w_e\cdot 4\pi r^2 dr=\frac{e^2}{8\pi\varepsilon_0 R}=m_0c^2$$

解得电子的半径 $R=\dfrac{e^2}{8\pi\varepsilon_0 m_0c^2}$，代入相关物理量得 $R\approx 1.41\times10^{-15}$ m.

(2) 电子电荷均匀分布在球体内，球内外电场能量密度分别为

$$w_{e1}=\frac{1}{2}\varepsilon_0E_1^2=\frac{e^2r^2}{32\pi^2\varepsilon_0R^6},w_{e2}=\frac{1}{2}\varepsilon_0E_2^2=\frac{e^2}{32\pi^2\varepsilon_0r^4}$$

则静电场能量为

$$\begin{aligned}W_e&=\int_{\Omega_1} w_{e1}dV+\int_{\Omega_2} w_{e2}dV\\&=\int_0^R w_{e1}\cdot4\pi r^2dr+\int_R^\infty w_{e2}\cdot4\pi r^2dr\\&=\frac{3e^2}{20\pi\varepsilon_0R}=m_0c^2,\end{aligned}$$

解得电子半径 $R=\dfrac{3e^2}{20\pi\varepsilon_0m_0c^2}$，代入相关物理量得 $R\approx1.69\times10^{-15}$ m.

***6-39** **知识点窍** 静电场的能量：$dW_e=w_edV=\frac{1}{2}\varepsilon E^2dV$.

逻辑推理 假设电荷均匀分布在导体球壳以及内、外表面，将电场量分为球壳内、外分别进行计算，得到总大于电荷分布在导体球壳外表面时的电场能量的结论.

解题过程 当电荷仅分布在金属球壳外表面时，电场只存在于球外，$E=\dfrac{Q}{4\pi\varepsilon_0r^2}$，电场能量为

$$w_{e\mathrm{I}}=\int_\Omega\frac{1}{2}\varepsilon_0E^2dV=\int_R^\infty\frac{Q^2}{32\pi^2\varepsilon_0r^4}\cdot4\pi r^2dr=\frac{Q^2}{8\pi\varepsilon_0R}$$

当电荷均匀分布在金属球壳内、外表面时，球壳内、外表面之间的电场不为 0，假设为 E'，则该区域电场能量为

$$W_{e\mathrm{II}}=\int_\Omega\frac{1}{2}\varepsilon_0E'^2dV=\int_{R_0}^R\frac{1}{2}\varepsilon_0E'^2\cdot4\pi r^2dr$$

$$= 2\pi\varepsilon_0\int_{R_0}^{R} E'^2 r^2 \mathrm{d}r \geqslant 0$$

而球壳外的电场能量与第一种情形相同,故电场的总能量

$$W_e = W_{eⅠ} + W_{eⅡ} = W_{eⅠ} + 2\pi\varepsilon_0\int_0^R E_i^2 r^2 \mathrm{d}r \quad (W_e \geqslant W_{eⅠ}, W_{\min} = W_{eⅠ})$$

即电荷分布在导体球壳外表面时,电场能量最小.

*6-40 知识点窍 电容器能量:$W = \dfrac{Q^2}{2C}$;平板空气电容器内的电场强度:$E = \dfrac{Q}{\varepsilon_0 S}$.

逻辑推理 (1) 在将电容器拉开的过程中,导体板上的电荷保持不变,由电容器的能量公式可求拉开前后电容器的能量,由此可求电容器能量的变化.

(2) 缓慢拉动,拉力 F 与静电引力 F_e 平衡,由此可求拉力所做的功.

解题过程 (1) 拉开前,电容器能量为 $W_1 = \dfrac{Q^2}{2C} = \dfrac{Q^2}{2\dfrac{\varepsilon_0 S}{d}} = \dfrac{Q^2}{2\varepsilon_0 S}d$,

拉开后,电容器能量为 $W_2 = \dfrac{Q^2}{2C'} = \dfrac{Q^2}{2\varepsilon_0 S}2d$,

所以电容器能量变化为 $\Delta W = W_2 - W_1 = \dfrac{Q^2}{2\varepsilon_0 S}d$.

(2) 静电引力为 $F_e = QE' = \dfrac{Q^2}{2\varepsilon_0 S}$,拉力与静电引力平衡,所以拉力做的功为

$$W = Fd = F_e d = \frac{Q^2}{2\varepsilon_0 S}d.$$

6-41 知识点窍 根据平行电容计算公式计算体积.

解题过程 由 $U = \dfrac{1}{2}\varepsilon_0 E_1^2 V_1$,得

$$V_1 = \frac{2U}{\varepsilon_0 E_1^2}$$

$$V = \frac{1}{2}\varepsilon_0 \varepsilon E_2^2 V_2$$

即 $$V_2 = \frac{2U}{\varepsilon_0 \varepsilon E_2^2} = 5.02 \times 10^{-2}\ \mathrm{m}^3,$$

因此 $\dfrac{V_1}{V_2} = \dfrac{\varepsilon E_2^2}{E_1^2} = 5.0 \times 10^4$.

第七章

恒定磁场

本章知识框架图

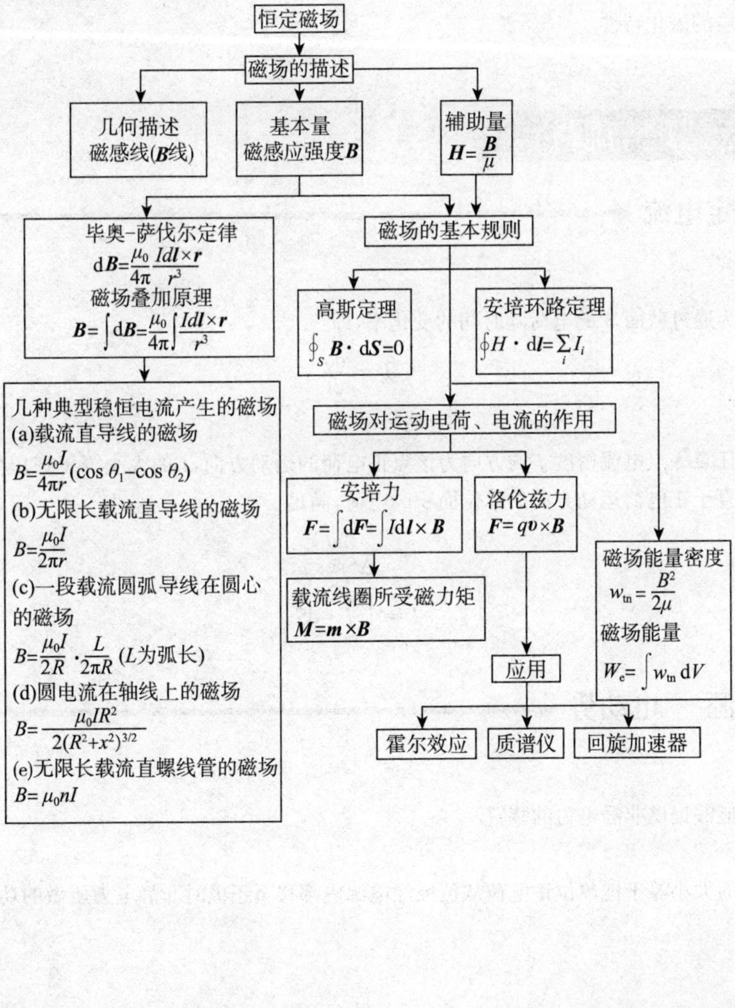

考试要点

1. 磁感应强度的概念.

2. 毕奥-萨伐尔定律，计算一些简单形状的电流的磁感应强度.

3. 磁通量的概念，计算磁通量.

4. 描述磁场性质的两条基本规律：磁场的高斯定理和安培环路定理，用安培环路定理计算某些磁场的磁感应强度.

5. 安培定律，磁矩的概念，用安培定律计算简单几何形状载流导体在磁场中所受的力和平面载流线圈在均匀磁场中所受的力矩.

6. 磁场对运动电荷作用的洛伦兹力及带电粒子在磁场中的运动规律.

7. 磁介质的磁化现象及微观机制，磁介质中的磁场.

8. 磁场强度 H 的概念及磁介质中的安培环路定理.

9. 铁磁质的磁化特性.

知识点整理与解析

一、恒定电流

1. 电流

电流 I 为通过截面 S 的电荷随时间的变化率，即

$$I=\frac{\mathrm{d}q}{\mathrm{d}t}$$

2. 电流密度

导体中任意一点电流密度 $\boldsymbol{j}$ 的方向为该点正电荷的运动方向，$\boldsymbol{j}$ 的大小等于在单位时间内通过该点附近垂直于正电荷运动方向的单位面积的电荷，满足

$$j=\frac{\Delta I}{\Delta S\cos\alpha}$$

$$I=\int_S \boldsymbol{j}\cdot\mathrm{d}\boldsymbol{S}$$

二、电源　电动势

1. 电源

电源是能够提供非静电力的装置.

2. 电动势

电动势的大小等于把单位正电荷从负极经电源内部移至正极时非静电力所做的功，即

$$\mathscr{E}=\oint_l \boldsymbol{E}_{\mathrm{k}} \cdot \mathrm{d}\boldsymbol{l}=\int_{\mathrm{in}} \boldsymbol{E}_{\mathrm{k}} \cdot \mathrm{d}\boldsymbol{l}$$

三、磁场　磁感应强度

1. 磁场

电流间(包括运动电荷间)的相互作用都是通过场来传递的,这种场称为磁场. 磁场是矢量场.

2. 磁感应强度

电荷在磁场中运动时,磁场力不仅与电荷的正负有关,还与电荷运动速度的大小和方向有关. 可用运动电荷在磁场中受力定义 $\boldsymbol{B}$.

(1)$\boldsymbol{B}$ 的方向:

正电荷($q>0$) 在磁场中某点不受力时的运动方向即为 $\boldsymbol{B}$ 的方向.

(2)$\boldsymbol{B}$ 的大小:

$$B=\frac{F_{\perp}}{qv}$$

磁场中某点的磁感应强度等于单位正电荷以单位速率运动时在该点所受的最大磁力.

单位:特斯拉(T),可表示为 $1\ \mathrm{T}=1\ \mathrm{N}\cdot\mathrm{A}^{-1}\cdot\mathrm{m}^{-1}$.

温馨提示　$F_{\perp}$ 的大小随场点、电荷 q 和速度 v 的变化而变化. 对某固定电荷,$F_{\perp}\propto qv$,而比值与 qv 无关,$\boldsymbol{B}$ 是表征磁场本身性质的物理量.

3. 磁场力(洛伦兹力)

运动的带电粒子在磁场中受到的作用力称为磁场力(洛伦兹力),表示为

$$\boldsymbol{F}=q\boldsymbol{v}\times\boldsymbol{B}$$

对式中 $\boldsymbol{B}$ 的说明见表 7-1.

表 7-1　对 $\boldsymbol{B}$ 的说明

项目	内容	说明
$\boldsymbol{B}$ 的大小	$B=\frac{F_{\max}}{qv}$	磁场中每一点的磁场的方向就是小磁针在该点静止时 N 极的指向
$\boldsymbol{B}$ 的方向	$\boldsymbol{F}_{\max}\times\boldsymbol{v}$ 的方向	

四、毕奥-萨伐尔定律

1. 毕奥-萨伐尔定律

在静电场中计算任意带电体在某点的电场强度 $\boldsymbol{E}$ 时,曾把带电体分成无限多个电荷元 $\mathrm{d}q$,求出每个电荷元在该点的电场强度 $\mathrm{d}\boldsymbol{E}$,而所有电荷元在该点的 $\mathrm{d}\boldsymbol{E}$ 的叠加即为此带电体在该点的电场强度 $\boldsymbol{E}$. 同样,为了求得任意载流导线所产生的磁场,把载流导线看成是无限多个电流元 $I\mathrm{d}\boldsymbol{l}$ 连接而成. 这样,载流导线在磁场中某点所产生的磁感应强度 $\boldsymbol{B}$ 就是由该导线的所有电流元在该点所产生的 $\mathrm{d}\boldsymbol{B}$

的叠加.

如图7-1所示，设在载流导线上有一电流元$I\mathrm{d}\boldsymbol{l}$，它在真空中某点$P$的磁感应强度$\mathrm{d}\boldsymbol{B}$的大小与电流元的大小$I\mathrm{d}l$成正比，与电流元$I\mathrm{d}l$到点$P$的矢径$\boldsymbol{r}$间的夹角的正弦成正比，并与电流元到点$P$的距离$r$平方成反比，即

$$\mathrm{d}B = k\frac{I\mathrm{d}l\sin\theta}{r^2}$$

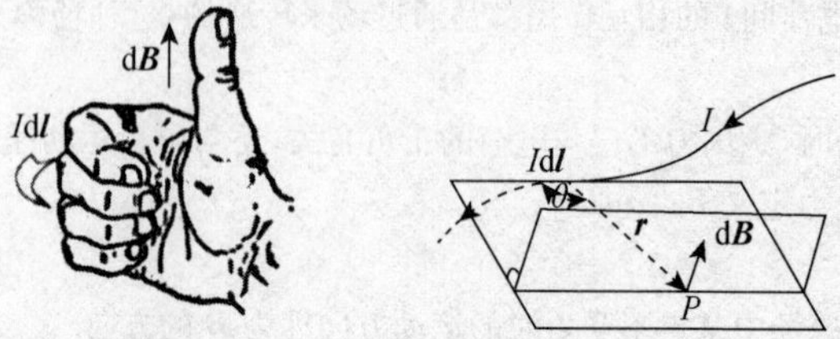

图 7-1

式中，k为比例系数，对于真空中的磁场，如式中各量用国际单位制，则比例系数$k=\frac{\mu_0}{4\pi}$，μ_0称为真空磁导率，其大小为$\mu_0=4\pi\times10^{-7}\ \mathrm{N\cdot A^{-2}}$. 这样，上式可写成

$$\mathrm{d}B = \frac{\mu_0}{4\pi}\frac{I\mathrm{d}l\sin\theta}{r^2}$$

$\mathrm{d}\boldsymbol{B}$的方向垂直于$\mathrm{d}\boldsymbol{l}$和$\boldsymbol{r}$所组成的平面，由$I\mathrm{d}\boldsymbol{l}$经小于180°的角转向$\boldsymbol{r}$时的右螺旋的前进方向所决定.

若用矢量表示，则毕奥-萨伐尔定律为

$$\mathrm{d}\boldsymbol{B} = \frac{\mu_0}{4\pi}\frac{I\mathrm{d}\boldsymbol{l}\times\boldsymbol{e}_r}{r^2}$$

式中，$\boldsymbol{e}_r=\frac{\boldsymbol{r}}{r}$是由电流元到所研究的场点$P$的矢径的单位矢量.

整个载流导线在点P处的磁感强度$\boldsymbol{B}$可以由上式求得，即

$$\boldsymbol{B} = \int\mathrm{d}\boldsymbol{B} = \int\frac{\mu_0}{4\pi}\frac{I\mathrm{d}\boldsymbol{l}\times\boldsymbol{e}_r}{r^2}$$

应当指出，毕奥-萨伐尔定律是在实验的基础上经过科学抽象而来的，并不是实验的直接结果. 但由这个定律出发得出的一些结果都很好地和实验相符合.

2. 毕奥-萨伐尔定律的应用

应用毕奥-萨伐尔定律可以求出任意稳恒电流所产生的磁场.

例 1　设有一载流长直导线CD放在真空中，通过导线的电流为I，试求此长直导线旁任意一点P的磁感应强度$\boldsymbol{B}$，点P到直导线的垂直距离为a，如图7-2所示.

解　在载流长直导线上取一电流元$I\mathrm{d}z$，根据毕奥-萨伐尔定律，此电流元在点P所产生的磁感应强度$\mathrm{d}\boldsymbol{B}$的大小为

$$\mathrm{d}B = \frac{\mu_0}{4\pi}\frac{I\mathrm{d}z\sin\theta}{r^2}$$

$\mathrm{d}\boldsymbol{B}$的方向垂直于电流元$I\mathrm{d}z$和矢径$\boldsymbol{r}$所组成的平面（即yOz平面），且沿x轴负方向，垂直纸面向里. 从图7-2中可以看出，直导线上各个电流元所产生的$\mathrm{d}\boldsymbol{B}$的方向都相同，都指向x轴负方向. 因此点P的磁感应强度就等于各个电流元产生的磁感应强度的代数和，用积分表示，有

$$B = \varepsilon\int_C^D \mathrm{d}B = \int_C^D \frac{\mu_0}{4\pi}\frac{I\mathrm{d}z\sin\theta}{r^2} \quad ①$$

由于z、r和θ都是变量，因此在进行积分运算时，必须首先把它们用同一个参量来表示. 现在取矢径 $\boldsymbol{r}$ 和点 P 到直导线的垂线 PO 之间的夹角β为自变量，有

$$\sin\theta = \cos\beta, r = a\sec\beta, z = a\tan\beta, \text{则}$$

$$\mathrm{d}z = a\sec^2\beta\mathrm{d}\beta$$

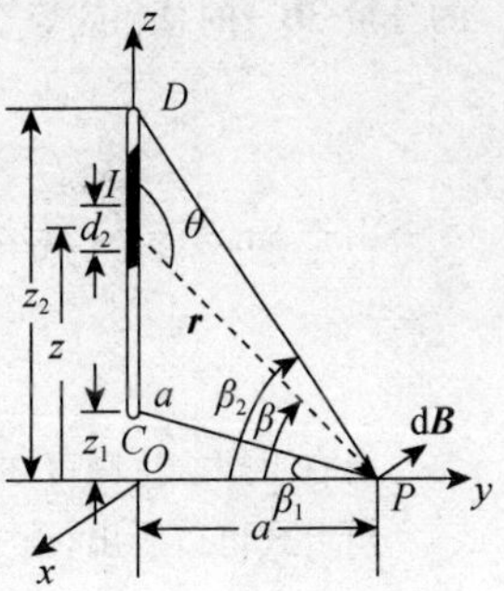

图 7-2

把这些关系式代入式①，且由图 7-2 可知积分的上、下限为β_1及β_2，得

$$B = \int_{\beta_1}^{\beta_2} \frac{\mu_0}{4\pi}\frac{Ia\sec^2\beta\mathrm{d}\beta\cos\beta}{a^2\sec^2\beta} = \frac{\mu_0 I}{4\pi a}\int_{\beta_1}^{\beta_2}\cos\beta\mathrm{d}\beta$$

即

$$B = \frac{\mu_0 I}{4\pi a}(\sin\beta_2 - \sin\beta_1)$$

式中，β_1 是从 PO 转到电流的起点C时，PO与PC之间的夹角；β_2 是从 PO 转到电流的终点D时，PO与PD之间的夹角. 当角β的旋转方向与电流方向相同时，β取正值；当角β的旋转方向与电流的方向相反时，β取负值. 图 7-2 中的 β_1 和 β_2 均为正值.

如果载流导线是一无限长的直导线，那么，$\beta_1 = -\frac{\pi}{2}$，$\beta_2 = \frac{\pi}{2}$，由上式可得

$$B = \frac{\mu_0}{2\pi}\frac{I}{a}.$$

例 2　如图 7-3 所示，设在真空中，有一半径为 R 的载流导线，通过的电流为 I. 试求通过圆心并垂直于圆形导线平面的轴线上任意点 P 的磁感应强度 $\boldsymbol{B}$.

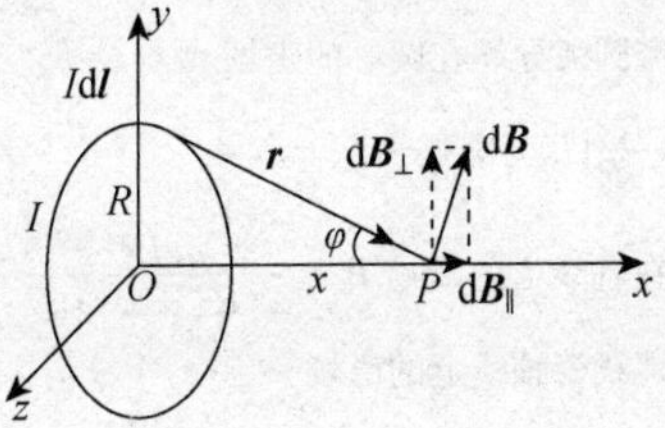

图 7-3

解　在圆上任取一电流元 $I\mathrm{d}\boldsymbol{l}$，则电流元在点 P 产生的磁感应强度为 $\mathrm{d}\boldsymbol{B}$，再由毕奥-萨伐尔定律得出

$$\mathrm{d}B = \frac{\mu_0}{4\pi}\frac{I\mathrm{d}l\sin\theta}{r^2}$$

由于 $\mathrm{d}\boldsymbol{l}$ 与 $\boldsymbol{r}$ 垂直，所以 $\theta = 90°$，上式化为

$$\mathrm{d}B = \frac{\mu_0}{4\pi}\frac{I\mathrm{d}l}{r^2}$$

$\mathrm{d}\boldsymbol{B}$ 的方向垂直于电流元 $I\mathrm{d}\boldsymbol{l}$ 和矢径 $\boldsymbol{r}$ 所组成的平面. 由于圆形导线上各电流元在点 P 所产生的磁感应强度的方向是不一致的，因此，可以把 $\mathrm{d}\boldsymbol{B}$ 分解成两个分量：一个是沿 x 轴的分量 $\mathrm{d}\boldsymbol{B}_{\parallel}$，另一个是垂直于 x 轴的分量 $\mathrm{d}\boldsymbol{B}_{\perp}$，考虑到直径两端电流元的对称性，所有电流元在点 P 产生的磁感应强度

的分量 $\mathrm{d}\boldsymbol{B}_{\perp}$ 的总和应等于零. 所以，点 P 的磁感应强度的数值为

$$B=\int_L \mathrm{d}B_{\parallel}=\int_L \mathrm{d}B\sin\varphi=\int_L=\frac{\mu_0}{4\pi}\frac{I\mathrm{d}l}{r^2}\sin\varphi$$

由于 $\sin\varphi=\dfrac{R}{r}$，对给定点 P 来说，r、l 和 R 都是常量，有

$$B=\frac{\mu_0}{4\pi}\frac{IR}{r^3}\int_0^{2\pi R}\mathrm{d}l=\frac{\mu_0}{2}\frac{R^2I}{(R^2+x^2)^{\frac{3}{2}}}$$

由右手螺旋法则可知，$\boldsymbol{B}$ 的方向垂直于圆形导线平面，沿 x 轴正向.

由上式可以看出，当 $x=0$ 时，则圆心 O 处的磁感应强度 $\boldsymbol{B}$ 的数值为

$$B=\frac{\mu_0}{2}\frac{I}{R}.$$

小结：$\boldsymbol{B}$ 的方向垂直于圆形导线平面.

项目	内容	说明
毕奥-萨伐尔定律	$\mathrm{d}\boldsymbol{B}=\dfrac{\mu_0}{4\pi}\dfrac{I\mathrm{d}\boldsymbol{l}\times\boldsymbol{r}}{r^3}$	$\mathrm{d}\boldsymbol{B}$ 的方向为 $I\mathrm{d}\boldsymbol{l}\times\boldsymbol{r}$ 的方向，即 $\mathrm{d}\boldsymbol{B}$ 的方向垂直于 $I\mathrm{d}\boldsymbol{l}$ 与 $\boldsymbol{r}$ 所决定的平面，遵循右手螺旋法则
磁场叠加原理	$\boldsymbol{B}=\int\mathrm{d}\boldsymbol{B}=\dfrac{\mu_0}{4\pi}\int\dfrac{I\mathrm{d}\boldsymbol{l}\times\boldsymbol{r}}{r^3}$	任意形状的稳恒电流在空间某点处激发的磁场
毕奥-萨伐尔定律的应用	几种典型稳恒电流产生的磁场 (a) 载流直导线的磁场 $B=\dfrac{\mu_0 I}{4\pi r}(\cos\theta_1-\cos\theta_2)$ (b) 无限长载流直导线的磁场 $B=\dfrac{\mu_0 I}{2\pi r}$ (c) 一段载流圆弧导线在圆心的磁场 $B=\dfrac{\mu_0 I}{2R}\cdot\dfrac{L}{2\pi R}$（$L$ 为圆弧长） (d) 圆电流在轴线上的磁场 $B=\dfrac{\mu_0 IR^2}{2(R^2+x^2)^{3/2}}$ (e) 载流直螺线管轴线上的磁场 $B=\dfrac{\mu_0 nI}{2}(\cos\beta_2-\cos\beta_1)$ (f) 无限长载流直螺线管的磁场 $B=\mu_0 nI$	根据毕奥-萨伐尔定律计算出来的一些特殊形状载流导体的磁场和磁场叠加原理，还可进一步计算一些其他形状载流导体的磁场
注释：毕奥-萨伐尔定律是一条关于电流元在空间激发磁场的基本规律. 利用毕奥-萨伐尔定律求电流的磁场时，如果整段电流上各电流元激发的磁感应强度 $\mathrm{d}\boldsymbol{B}$ 的方向都相同，可直接积分 $B=\int\mathrm{d}B$，否则，需建立直角坐标系，分别计算 $B_x=\int\mathrm{d}B_x$，$B_y=\int\mathrm{d}B_y$，$B_z=\int\mathrm{d}B_z$，再求 $\boldsymbol{B}=B_x\boldsymbol{i}+B_y\boldsymbol{j}+B_z\boldsymbol{k}$		

3. 磁矩

圆电流的磁矩为 $\boldsymbol{m}=IS\boldsymbol{e}_{\mathrm{n}}$.

4. 运动电荷的磁场

一个以速度 v 运动的电荷，在距它 r 处所激发的磁感应强度为 $\boldsymbol{B}=\frac{\mathrm{d}\boldsymbol{B}}{\mathrm{d}N}=\frac{\mu_0}{4\pi}\frac{q\boldsymbol{v}\times\boldsymbol{r}}{r^3}$.

五、磁通量　磁场的高斯定理

1. 磁感线

可用磁感线来形象地描述磁场；磁感线上某点的切线方向为该点的磁场方向；磁感线的疏密表示磁感应强度的大小.

2. 磁通量　磁场的高斯定理

通过磁场中某一曲面的磁感线条数叫作通过此曲面的磁通量，表达式为

$$\Phi=\int_S\boldsymbol{B}\cdot\mathrm{d}\boldsymbol{S}$$

通过磁场中任意闭合曲面的磁通量应等于零，其数学表达式为

$$\oint_S\boldsymbol{B}\cdot\mathrm{d}\boldsymbol{S}=0$$

温馨提示　磁场的高斯定理与静电场中的高斯定理相比，形式上虽相似，但本质是不同的. 它是表明磁场性质的重要定理之一，揭示磁场是无源场，磁感线是无头无尾的闭合曲线，总是环绕着电流成涡旋状，是有旋场.

小结

项目	内容	说明
磁通量	$\Phi=\int_S\boldsymbol{B}\cdot\mathrm{d}\boldsymbol{S}$	
磁场的高斯定理	$\oint_S\boldsymbol{B}\cdot\mathrm{d}\boldsymbol{S}=0$	通过任意闭合曲面的磁通量恒等于零，反映了稳恒磁场是有旋场

六、安培环路定理

在静电场中，场强 $\boldsymbol{E}$ 的环流 $\oint\boldsymbol{E}\cdot\mathrm{d}\boldsymbol{l}=0$，它反映了静电场是保守力场. 那么，磁场是不是保守力场呢？磁感应强度的环流等于多少呢？下面以无限长载流直导线所激发的磁场为例进行讨论.

对于真空中一根无限长载流直导线，它所激发的磁场的磁感线是一组以导线与平面交点为圆心的同心圆，如图 7-4 所示. 从中取一半径为 r 的圆，则圆上任一点的磁感应强度方向沿切线方向，磁感应强度大小为 $B=\frac{\mu_0 I}{2\pi r}$，如图 7-4 所示，以该圆作为闭合路径 L，它的绕行方向与电流方向遵从右手螺旋法则. 这样，该路径上某点的线元 $\mathrm{d}\boldsymbol{l}$ 与该点 $\boldsymbol{B}$ 的方向一致，即 $\theta=0$，则 $\boldsymbol{B}$ 沿 L 的线积分为

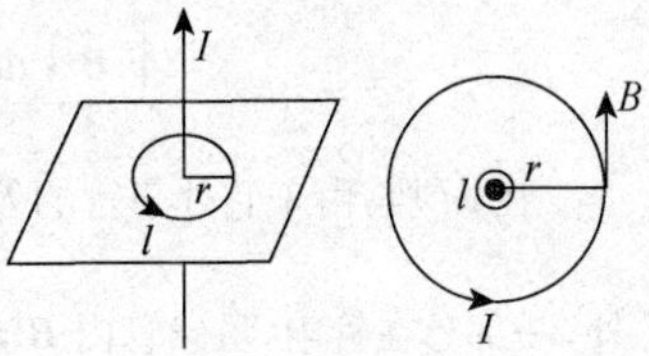

图 7-4

$$\oint_L \boldsymbol{B}\cdot \mathrm{d}\boldsymbol{l}=\oint_L B\cos\theta \mathrm{d}l=\oint_L \frac{\mu_0 I}{2\theta r}\mathrm{d}l=\frac{\mu_0 I}{2\pi r}2\pi r=\mu_0 I$$

由此可见，磁场 $\boldsymbol{B}$ 沿闭合路径 L 的线积分，等于穿过环路 L 所围曲面的电流的 μ_0 倍. 利用毕奥-萨伐尔定律可以证明，这一结论可以推广到任意形状的闭合环路以及任意电流的分布情况，从而得到安培环路定理：磁感应强度沿任何闭合环路的线积分，等于穿过该环路的所有电流的代数和的 μ_0 倍，即

$$\oint_L \boldsymbol{B}\cdot \mathrm{d}\boldsymbol{l}=\mu_0\sum_{i=1}^{n}L$$

式中，电流的正负规定如下：当回路的绕行方向与回路所围电流的方向互相遵守右手螺旋法则时，电流 $I>0$；反之 $I<0$. 若电流没有穿过回路 L，则它对积分无贡献，不能计入上式右端的电流求和. 图 7-5 中：(a) $I>0$；(b) $I<0$；(c) $\sum I=I_1-I_2=0$；(d) $\sum I=0$.

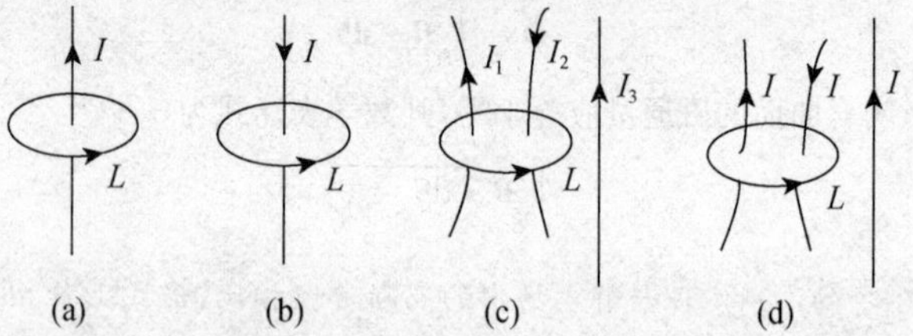

图 7-5

在安培环路定理中，公式的右端仅包括闭合环路 L 所围的电流，但等式左边的 $\boldsymbol{B}$ 则是指空间所有电流产生的磁场的矢量和，其中也包括那些未被 L 包围的电流所产生的磁场. 如果该线积分 $\oint_L \boldsymbol{B}\cdot \mathrm{d}\boldsymbol{l}=0$，则只能说明 $\boldsymbol{B}$ 沿 L 的环流为零，这时 L 所围的电流的代数和为零，或者 L 没有包围任何电流，但是磁场 $\boldsymbol{B}$ 在环路 L 上各点的值却不一定为零.

由安培环路定理还可以看出，由于磁场中 $\boldsymbol{B}$ 的环流一般不等于零，所以，稳恒电流的磁场的基本性质与静电场是不同的. 静电场是保守场，磁场是非保守场，因此，磁场不存在相对应的势能.

例 3 求载流长直螺线管内中部的磁感应强度. 图 7-6 所示为一个密绕的无限长螺线管中间的一段，在单位长度上绕有 n 匝线圈，通过的电流为 I，管内的磁感应强度 $\boldsymbol{B}$ 的方向处处与管轴平行，且大小均相等，在管外贴近管壁处的磁感应强度为零.

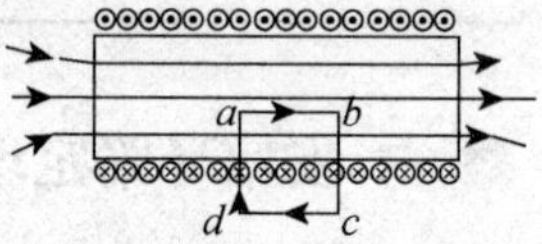

图 7-6

解 在图 7-6 中作一矩形闭合路径 $abcda$. 磁感应强度 $\boldsymbol{B}$ 沿此闭合路径的积分，可以分成四段进行，即

$$\oint_L \boldsymbol{B}\cdot \mathrm{d}\boldsymbol{l}=\int_a^b \boldsymbol{B}\cdot \mathrm{d}\boldsymbol{l}+\int_b^c \boldsymbol{B}\cdot \mathrm{d}\boldsymbol{l}+\int_c^d \boldsymbol{B}\cdot \mathrm{d}\boldsymbol{l}+\int_d^a \boldsymbol{B}\cdot \mathrm{d}\boldsymbol{l}$$

在 cd 段，由于它处于管的外侧，磁感应强度为零，所以 $\int_c^d \boldsymbol{B}\cdot \mathrm{d}\boldsymbol{l}=0$. 在 bc 段和 da 段，一部分在管外，一部分在管内，虽然管内 $\boldsymbol{B}\neq 0$ 但 $\boldsymbol{B}$ 与 $\mathrm{d}\boldsymbol{l}$ 垂直（$\theta=90°$），所以 $\int_b^c \boldsymbol{B}\cdot \mathrm{d}\boldsymbol{l}=\int_d^a \boldsymbol{B}\cdot \mathrm{d}\boldsymbol{l}=0$. 而在 ab 段，磁感应强度的大小均为 B，且方向与 $\mathrm{d}\boldsymbol{l}$ 相同，所以 $\int_a^b \boldsymbol{B}\cdot \mathrm{d}\boldsymbol{l}=B\overline{ab}$. 这样，上式可写为

$$\oint_L \boldsymbol{B} \cdot \mathrm{d}\boldsymbol{l} = B\overline{ab}$$

由于螺线管上每单位长度有 n 匝线圈，而通过每匝线圈的电流为 I，其流向与回路 $abcda$ 构成右螺旋关系，故取正值，所以闭合路径 $abcda$ 所包围的总电流为$\overline{ab}nI$. 根据安培环路定理，可得

$$\oint_L \boldsymbol{B} \cdot \mathrm{d}\boldsymbol{l} = B\overline{ab} = \mu_0\, \overline{ab}nI$$

$$B = \mu_0 nI$$

上式表明，无限长载流螺线管内任意点的磁感应强度的大小与通过螺线管的电流和单位长度线圈的匝数成正比.

上式虽然是由无限长载流螺线管得出来的，但对长直密绕螺线管内各点磁感应强度仍然适用. 若管长为 l，总匝数为 N，那么上式可以写成

$$B = \mu_0 \frac{N}{l} I$$

图 7-7(a) 表示一环形螺线管. 环上的线圈绕得很密集，环外的磁场是很微弱的，磁场几乎全部集中在螺线管内. 根据磁场的对称性，管内的磁感线形都是同心圆，在同一条磁感线上，磁感应强度 $\boldsymbol{B}$ 的大小相等，方向就是该圆形磁感线的切线方向.

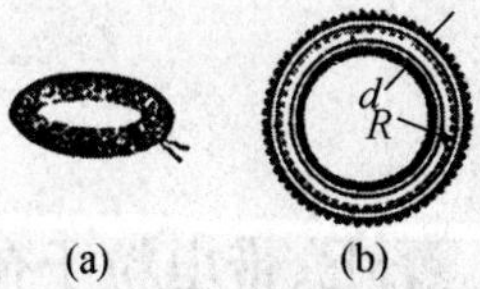

图 7-7

解 过环内点 P 以半径 R 作一圆形闭合路径 L，如图 7-7(b) 所示，由于闭合路径上各点的磁感应强度方向都和闭合路径相切，且各点 $\boldsymbol{B}$ 的值相等，圆内电流的流向和圆形闭合路径构成右螺旋关系. 这样，根据安培环路定理，有

$$\oint_L \boldsymbol{B} \cdot \mathrm{d}\boldsymbol{l} = B2\pi R = \mu_0 NI$$

式中，N 为环形螺线行的总匝数. 从上式可得

$$B = \frac{\mu_0 NI}{2\pi R}$$

当环形螺线管中心线的直径比线圈的直径大得多，即 $2R \gg d(d = r_2 - r_1)$ 时，管内的磁场可近似地看成是均匀的，管内任意点的磁感强度为

$$B = \mu_0 nI$$

式中，$n = \dfrac{N}{2\pi R}$ 为环形螺线管单位长度上的匝数.

例 4 求无限长载流圆柱体的磁场. 如图 7-8 所示，设在圆柱形导体中，电流是沿轴向流动的，电流在截面积上的分布是均匀的，且圆柱截面的半径为 R. 如果圆柱形导体很长，那么在导体的中部，磁场的分布是对称的.

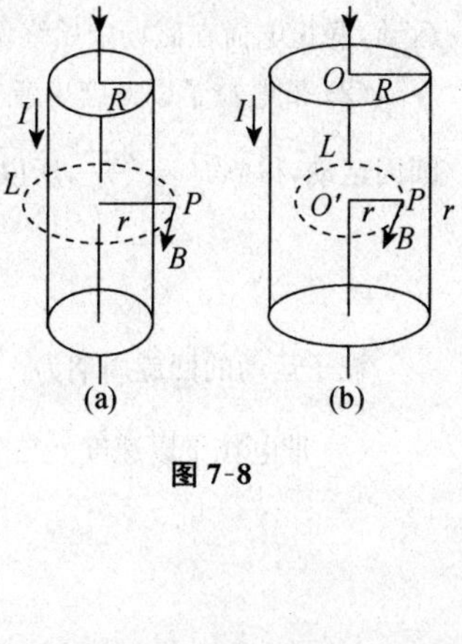

图 7-8

解 如图 7-8(a) 所示，设点 P 与圆柱体轴线的垂直距离为 r，且 $r > R$. 过点 P 作半径为 r 的圆，圆面与圆柱体的轴线垂直. 由于对称性，在以 r 为半径的圆周上，$\boldsymbol{B}$ 的大小相等，方向是沿圆的切线. 根据安培环路定理，有

$$\oint_L \boldsymbol{B}\cdot \mathrm{d}\boldsymbol{l}=\oint_L B\mathrm{d}l = B\oint_L \mathrm{d}l = B2\pi r=\mu_0 I,\text{得}$$

$$B=\frac{\mu_0}{2\pi}\frac{I}{r}(r>R)$$

由上式可以看出，无限长圆柱体电流外部的磁感应强度和上式无限长直线电流的磁感强度相同.

如图 7-8(b) 所示，设点 P 在圆柱体内，与圆柱体轴线的垂直距离为 r. 同样，由于对称性，在以 r 为半径的圆周上，$\boldsymbol{B}$ 的大小相等，方向沿圆的切线. 但是在这种情况下，闭合路径所包围的电流为

$$I'=\frac{I}{\pi R^2}\pi r^2=\frac{Ir^2}{R^2}$$

根据安培环路定理，有

$$\oint_L \boldsymbol{B}\cdot \mathrm{d}\boldsymbol{l}=B2\pi r=\mu_0 I'=\mu_0\frac{Ir^2}{R^2},\text{得}$$

$$B=\frac{\mu_0 Ir}{2\pi R^2}(r<R).$$

七、带电粒子在电场和磁场中的运动

1. 带电粒子在电场和磁场中所受的力

运动的带电粒子在磁场中受到的磁场力（洛伦兹力）为

$$\boldsymbol{F}=q\boldsymbol{v}\times\boldsymbol{B}$$

带电粒子若既在电场中又在磁场中运动，那么作用在带电粒子上的力应为电场力与洛伦兹力之和，即

$$\boldsymbol{F}=q\boldsymbol{E}+q\boldsymbol{v}\times\boldsymbol{B}$$

温馨提示 根据公式，洛伦兹力始终与电荷的运动方向垂直，所以它永远不对电荷做功，因此它不能改变电荷速度的大小，只改变电荷速度的方向.

带电粒子在恒定磁场中的运动可分为以下几种情况：

(1) 带电粒子的速度 $\boldsymbol{v}$ 平行于磁场 $\boldsymbol{B}$，不受洛伦兹力的作用，电荷在磁场中以速度 $\boldsymbol{v}$ 作匀速直线运动，静止电荷在磁场中始终保持其静止状态.

(2) 带电粒子以速度 $\boldsymbol{v}$ 垂直于磁场 $\boldsymbol{B}$ 的方向进入一恒定磁场中，洛伦兹力作为向心力使粒子作圆周运动，得 $qvB=\frac{mv^2}{R}$，所以粒子的运动半径为

$$R=\frac{mv}{qB}$$

粒子运动的回旋周期为 $$T=\frac{2\pi R}{v}=\frac{2\pi m}{qB}.$$

(3) 带电粒子以速度 $\boldsymbol{v}$ 与磁场 $\boldsymbol{B}$ 的夹角为 θ 时的方向进入一恒定磁场中，粒子的运动轨迹为等距

螺旋线.

粒子运动的半径为 $$R=\frac{mv\sin\theta}{qB}$$

粒子运动的周期为 $$T=\frac{2\pi m}{qB}$$

粒子运动的螺距为 $$h=Tv\cos\theta=\frac{2\pi mv\cos\theta}{qB}.$$

小结

项目	内容	说明
运动电荷的磁场	$\boldsymbol{B}=\frac{\mu_0}{4\pi}\frac{q\boldsymbol{v}\times\boldsymbol{r}}{r^3}$	当 $q>0$ 时,$\boldsymbol{B}$ 的方向为 $\boldsymbol{v}\times\boldsymbol{r}$ 的方向 当 $q<0$ 时,$\boldsymbol{B}$ 的方向为 $\boldsymbol{v}\times\boldsymbol{r}$ 的反方向
洛伦兹力	$\boldsymbol{F}=q\boldsymbol{v}\times\boldsymbol{B}$	当 $q>0$ 时,$\boldsymbol{F}$ 的方向为 $\boldsymbol{v}\times\boldsymbol{B}$ 的方向 当 $q<0$ 时,$\boldsymbol{F}$ 的方向为 $\boldsymbol{v}\times\boldsymbol{B}$ 的反方向
安培力	$\mathrm{d}\boldsymbol{F}=I\mathrm{d}\boldsymbol{l}\times\boldsymbol{B}$ 任意一段载流导线所受安培力 $\boldsymbol{F}=\int\mathrm{d}\boldsymbol{F}=\int I\mathrm{d}\boldsymbol{l}\times\boldsymbol{B}$	$\mathrm{d}\boldsymbol{F}$ 的方向为 $I\mathrm{d}\boldsymbol{l}\times\boldsymbol{B}$ 的方向,即 $\mathrm{d}\boldsymbol{F}$ 的方向垂直于 $I\mathrm{d}\boldsymbol{l}$ 与 $\boldsymbol{B}$ 所决定的平面,遵循右手螺旋法则
载流线圈所受磁力矩	$\boldsymbol{M}=\boldsymbol{m}\times\boldsymbol{B}$	$\boldsymbol{m}=IS\boldsymbol{e}_\mathrm{n}$ 是线圈磁矩,$\boldsymbol{e}_\mathrm{n}$ 为线圈平面的法线正方向的单位矢量,$\boldsymbol{e}_n$ 的方向与电流的流向满足右手螺旋法则

2. 霍耳效应

把一块宽为 b,厚度为 d 的导电板放在磁感应强度为 $\boldsymbol{B}$ 的磁场中,并在导电板中通以纵向电流 I,在板的横向两侧面之间会出现电势差 U_H,这一现象称为霍耳效应,所产生的电势差称为霍耳电压,其表达式为

$$U_\mathrm{H}=K\frac{IB}{d}$$

其中 $K=\frac{1}{nq}$ 为霍耳系数.

八、载流导线在磁场中所受的力

1. 安培力

如图 7-9 所示,磁场对电流元 $I\mathrm{d}\boldsymbol{l}$ 的作用力,在数值上等于电流元的大小、电流元所在处的磁感应强度大小以及电流元 $I\mathrm{d}\boldsymbol{l}$ 和磁感应强度之间的夹角的正弦之乘积,这个规律称为安培定律,表达式为

$$\mathrm{d}\boldsymbol{F}=I\mathrm{d}\boldsymbol{l}\times\boldsymbol{B}$$

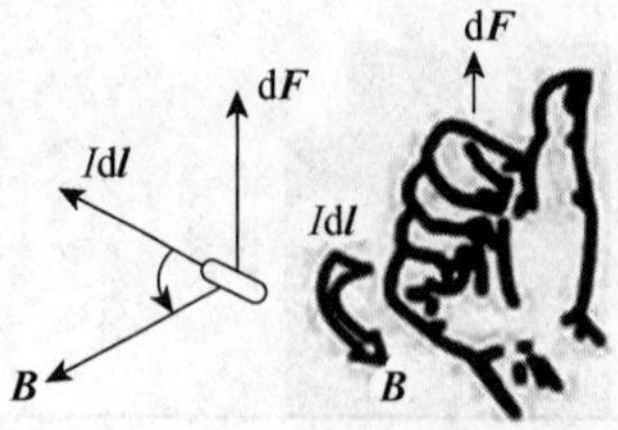

图 7-9

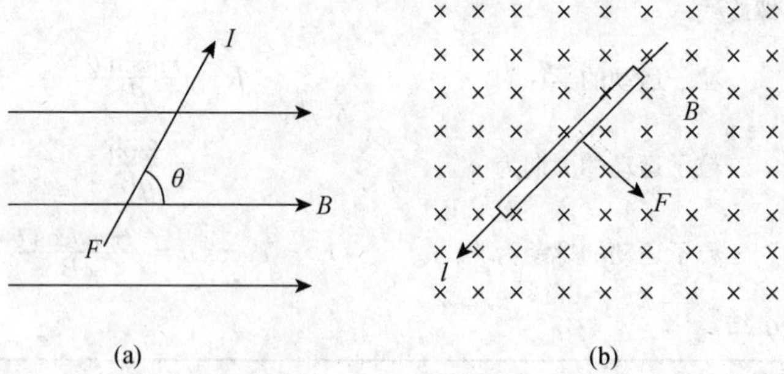

图 7-10

如果有一长为 l、通以电流为 I 的直导线，放在磁感应强度为 $\boldsymbol{B}$ 的均匀磁场中，若电流方向与 $\boldsymbol{B}$ 的夹角为 θ，如图 7-10(a) 所示. 因为各电流元所受安培力方向一致，可采用标量积分，由上式可以求得此载流导线所受安培力的大小为

$$F = BIl\sin\theta$$

力 $\boldsymbol{F}$ 的方向垂直于直导线和磁感应强度所组成的平面.

由上式可以看出，当 $\theta = 0°$，即通过导线的电流流向和 $\boldsymbol{B}$ 的方向相同时，载流导线所受的安培力为零；当 $\theta = 90°$，即电流流向和 $\boldsymbol{B}$ 的方向相垂直时，载流导线所受的力最大，为 $F = IlB$，如图 7-10(b) 所示.

小结：磁场的安培环路定理及应用.

项目	内容	说明
安培环路定理	$\oint \boldsymbol{B} \cdot \mathrm{d}\boldsymbol{l} = \mu_0 \sum_i I_i$	若电流的流向与积分环路满足右手螺旋法则，则电流取正，反之取负
安培环路定理的应用	几种典型恒定电流产生的磁场 (1) 无限长载流直导线的磁场 $B = \frac{\mu_0 I}{2\pi r}$ (2) 无限长载流圆柱体的磁场 $B = \frac{\mu_0}{2\pi}\frac{Ir}{R^2}(r \leqslant R)$，$B = \frac{\mu_0 I}{2\pi r}(r > R)$ (3) 无限长载流圆柱面的磁场 $B = 0(r < R)$　$B = \frac{\mu_0 I}{2\pi r}(r > R)$ (4) 载流螺绕环的磁场 $B = \frac{\mu_0 NI}{2\pi r}$ (5) 无限长载流直螺线管的磁场 $B_{内} = \mu_0 nI$，$B_{外} = 0$ (6) 无限大载流薄平板的磁场 $B = \frac{1}{2}\mu_0 i$（i 为电流面密度）	对具有对称性的磁场，可应用安培环路定理来求解 $\boldsymbol{B}$

小结:磁介质中的安培环路定理.

项目	内容	说明
磁介质中的磁场	$\boldsymbol{B}=\boldsymbol{B}_0+\boldsymbol{B}'$	$\boldsymbol{B}'$ 为磁化电流产生的附加磁场,$\boldsymbol{B}_0$ 为外磁场
磁场强度	$\boldsymbol{H}=\frac{\boldsymbol{B}}{\mu}$	适用于各向同性的电介质
磁介质中的安培环路定理	$\oint \boldsymbol{H}\cdot d\boldsymbol{l}=\sum_i I_i$	对具有对称性的磁场,可应用磁介质中的安培环路定理来求解 $\boldsymbol{H}$,然后根据 $\boldsymbol{B}=\mu\boldsymbol{H}$ 求 $\boldsymbol{B}$

例 5 如图 7-11 所示,一铅直放置的长直导线,通电流 $I_1=2\text{A}$,另一水平直导线,其长 $l_2=40\text{ cm}$,通电流 $I_2=3\text{A}$,水平直导线的始点与长直导线相距 $l_1=40\text{ cm}$,求水平直导线上所受的力.

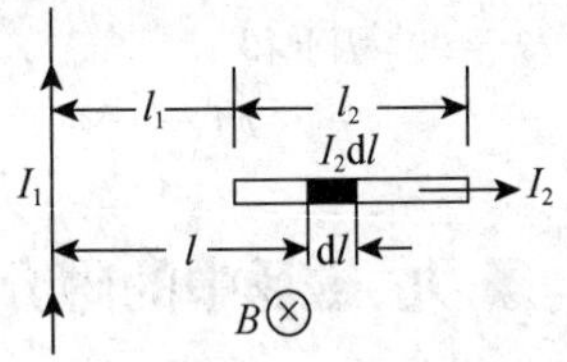

图 7-11

解 长直导线所激发的磁场是非均匀的,因此,可在水平直导线上截取一段电流元 $I_2\mathrm{d}l$,它与长直导线相距 l,在 $\mathrm{d}l$ 的微小范围内,磁感应强度可视为相等,这样

$$B=\frac{\mu_0}{2\pi}\frac{I_1}{l}$$

其方向垂直纸面向里,而 $(\widehat{\mathrm{d}\boldsymbol{l},\boldsymbol{B}})=90°$,电流元 $I\mathrm{d}l$ 受力大小为

$$\mathrm{d}F=BI_2\mathrm{d}l\sin 90°=\frac{\mu_0}{2\pi}\frac{I_1}{l}I_2\mathrm{d}l$$

根据右手螺旋法则,其方向是在纸面上,而且垂直于水平直导线指向上方,由于水平直导线上任意一电流元所受力的方向都是相同的,因此,整个水平直导线上所受的力 F 是许多同方向平行力之和,可用积分方法算出,即

$$F=\int_L \mathrm{d}F=\int_{l_1}^{l_1+l_2}\frac{\mu_0}{2\pi}\frac{I_1I_2}{l}\mathrm{d}l=\frac{\mu_0 I_1I_2}{2\pi}\int_{l_1}^{l_1+l_2}\frac{\mathrm{d}l}{l}$$
$$=\frac{\mu_0 I_1I_2}{2\pi}\ln\frac{l_1+l_2}{l_1}$$

代入题设数据后,得

$$F=\frac{4\pi\times10^{-7}}{2\pi}\times2\times3\times\ln\frac{0.8}{0.4}\text{ N}=10^{-7}\times12\times0.693\text{ N}=8.32\times10^{-7}\text{ N},$$

力 F 的方向垂直于水平直导线,指向上方.

2. 磁场作用于载流线圈的磁力矩

载流线圈在磁场中所受的磁力称为磁力矩,实验表明,载流线圈所受的磁力矩为

$$M=P_{\mathrm{m}}B\sin\theta$$

根据矢积的定义,可以把上式写成矢量式,即

$$\boldsymbol{M}=\boldsymbol{P}_{\mathrm{m}}\times\boldsymbol{B}$$

$$\boldsymbol{P}_{\mathrm{m}}=NIS\boldsymbol{n}$$

式中,$\boldsymbol{P}_m$ 为载流线圈的磁矩;I 为线圈中的电流;N 为线圈匝数;S 为线圈面积;$\boldsymbol{n}$ 为线圈平面正法线方向的单位矢量,$\boldsymbol{n}$ 的方向是这样规定的:当右手四指沿电流方向回转时,大拇指的指向为 $\boldsymbol{n}$ 的方向.上式适用于任何形状的平面线圈.

在国际单位制中,磁力矩的单位为 N·m(牛顿·米).

例 6 如图 7-12 所示,一正三角形线圈放在均匀磁场中,磁场与线圈平行,设 $I=10\ \text{A}$, $B=1.0\ \text{Wb}\cdot\text{m}^{-2}$,正三角形边长 $l=0.1\ \text{m}$,求线圈所受磁力大小.

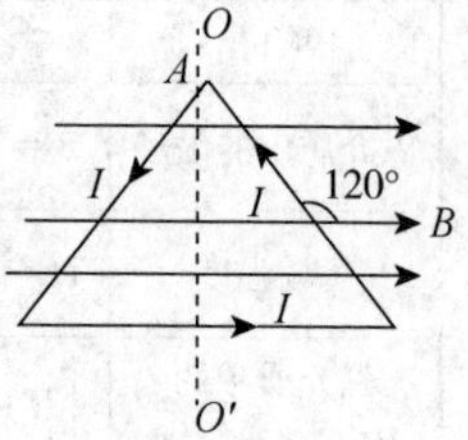

图 7-12

解 按磁力距公式有

$$M=NBIS\sin\theta$$

在本题中,$N=1$,$S=\frac{1}{2}l^2\sin 60^\circ=\frac{1}{2}\times 0.1^2\times\frac{\sqrt{3}}{2}\ \text{m}^2=4.33\times10^{-3}\ \text{m}^2$,$\theta=90^\circ$.因此得

$$M=1\times1.0\times10\times4.33\times10^{-3}\times\sin 90^\circ\ \text{N}\cdot\text{m}=4.33\times10^{-2}\ \text{N}\cdot\text{m}.$$

九、磁场中的磁介质

1. 磁介质的磁化

前面所讨论的磁场是电流在真空中所激发的.在实际磁场中,一般都存在着各种各样的物质,这些物质的存在对磁的空间分布有一定影响,因而被称为磁介质.电场中存在电介质时,介质会因极化而产生附加电场,并对电场的分布产生影响.同样,磁场中若存在磁介质,由于磁场对磁介质的作用,磁介质会处于一种称为磁化的特殊状态.磁化了的磁介质会产生附加磁场,从而对介质内外的磁场产生影响.例如,通电螺线管中放进一铁芯,其空间各点的磁场就会极大地加强.这是由于磁场对处于磁场中的物质会产生作用,使其磁化,磁化了的磁介质将产生附加磁场,影响原磁场的分布.

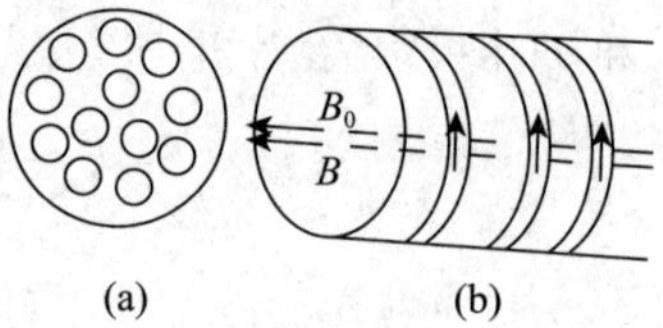

图 7-13

安培认为,由于电子的运动,每个磁介质分子(或原子)相当于一个环形电流,称为分子电流.分子电流的磁矩称为分子磁矩.在没有外磁场时,磁介质中各分子磁矩的方向是杂乱的,大量分子的磁矩相互抵消,所以宏观上磁介质不显磁性.当外磁场存在时,各分子磁矩受磁场力矩的作用,或多或少地转向磁场方向,这就是磁介质的磁化.例如,在长直螺线管中充有某种均匀磁介质,当线圈通有电流时,电流的磁场对分子磁矩产生取向作用,假定每个分子磁矩转到与外磁场相同的方向,螺线管截面上的分子电流规则排列如图 7-13(a) 所示.从宏观来看,在磁介质表面相当于有一层电流流过,如图 7-13(b) 所示,这是分子电流规则排列的宏观效果,这种因磁化而出现的电流称为磁化电流,它产生的磁场称为附加磁场.

2. 磁介质中的磁感应强度

所有的物质都可以被磁化.实验表明,如果在均匀磁场中放入均匀磁介质,那么,磁介质磁化后,内部的磁感应强度 $\boldsymbol{B}$ 应为磁介质不存在时的真空磁感应强度 $\boldsymbol{B}_0$ 与因磁化而产生的附加磁场的磁感应强度 $\boldsymbol{B}'$ 的叠加,即

$$\boldsymbol{B}=\boldsymbol{B}_0+\boldsymbol{B}'$$

如果 $\boldsymbol{B}'$ 的方向与 $\boldsymbol{B}_0$ 的方向相同,则 $B>B_0$,这种物质称为顺磁质,如锰、氮、氧、铬等;如果 $\boldsymbol{B}'$ 的方向与 $\boldsymbol{B}_0$ 的方向相反,则 $B<B_0$,这种物质称抗磁质,如硫、氢、银、金等;如果 $\boldsymbol{B}'$ 的方向与 $\boldsymbol{B}_0$ 的方向

相同，且 $\boldsymbol{B}' > \boldsymbol{B}_0$，这种物质称为铁磁质，如铁、钴、镍等.

实验表明：在无限大均匀磁介质中的磁感应强度 $\boldsymbol{B}$ 与真空中磁感应强度 $\boldsymbol{B}_0$ 的关系为

$$\boldsymbol{B} = \mu_r \boldsymbol{B}_0$$

显然，对顺磁质，$\mu_r > 1$；对抗磁质，$\mu_r = 1$；对铁磁质，$\mu_r \gg 1$. μ_r 称为磁介质的相对磁导率，是一纯数. 相对磁导率 μ_r 和真空磁导率的乘积称为磁介质的磁导率，以 μ 表示，即

$$\mu = \mu_0 \mu_r$$

一些常见的磁介质在真空中的相对磁导率见表 7-2 和表 7-3.

表 7-2　几种顺磁质和抗磁质的相对磁导率

顺磁质	μ_r	抗磁质	μ_r
氮	0.013×10^{-6}	氢	-0.063×10^{-6}
氧	1.9×10^{-6}	铜	-8.8×10^{-6}
铝	23×10^{-6}	铋	176×10^{-6}

表 7-3　几种铁磁质的相对磁导率

铁磁质	μ_r
铸铁	$200 \sim 400$
铸钢	$500 \sim 2\,200$
纯铁(99.5%)	18000(最大值)
硅钢(含硅 4%)	7000(最大值)
坡莫合金(73.5%Ni,21.5%Fe)	100000(最大值)

因此，若在磁场中充满相对磁导率为 μ_r 的均匀磁介质，那么，在磁介质中磁感应强度可以通过真空中的磁感应强度乘以 μ_r 求得. 例如，在真空中一无限长的载流导线的磁感应强度为

$$B = \frac{\mu_0 I}{2\pi a}$$

则在磁介质中，磁感应强度为

$$B = \frac{\mu_0 \mu_r I}{2\pi a} = \frac{\mu I}{2\pi a}.$$

3. 铁磁质

铁磁质常用于电动机、电器设备、电子器件，它有如下特性.

(1) 在外磁场作用下，铁磁质能产生很强的与外磁场同方向的附加磁场，即铁磁质具有很大的磁导率 μ，高 μ 值铁磁质有广泛的用途. 在产生强磁场的装置中，几乎都采用这样的铁磁材料.

(2) 铁磁质的磁导率 μ 不是常数.

(3) 在外磁场消失后，铁磁质内部仍将保留部分磁性，这称为铁磁质的剩磁现象. 欲消除铁磁质中的剩磁，可以给铁磁质加反向磁场.

(4) 每种铁磁质都有一临界温度，称为居里点. 当温度越过居里点时，铁磁质的铁磁性立即消失而变为顺磁质. 例如，铁的居里点为 1043 K.

课后习题全解

7-1 解题过程 由题中已知条件，两个螺线管的长度相同，但半径之比为 $R:r=2:1$，而通过螺线管的电流相同，因此可知在螺线管中的磁感应强度 $\frac{B_R}{B_r}=\frac{n_R}{n_r}=\frac{r}{R}=\frac{1}{2}$. 即可得 $B_r=2B_R$，本题选(C).

7-2 知识点窍 高斯定理.

解题过程 如图解 7-2 所示，由于磁场方向与半球面的平面斜交，而 B 可以分解为两个方向：竖直方向和水平方向，而水平方向不产生磁通量，因为 $S=0$，所以通过半球的磁通量为 $B\cdot\cos\alpha\cdot\pi r^2$，本题选(D).

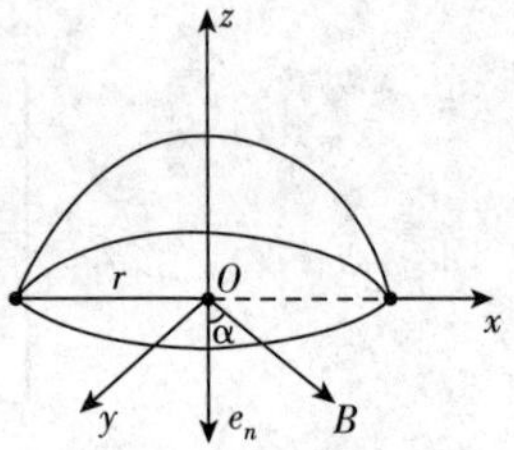

图解 7-2

7-3 知识点窍 安培环路定理.

解题过程 磁感应强度沿闭合回路的积分为零时，回路上各点的磁感应强度不一定为零；闭合回路上各点磁感应强度为零时，穿过回路的电流代数和必定为零. 因而正确答案为(B).

7-4 知识点窍 安培环路定理.

解题过程 教材习题 7-4 图(a) 与图(b) 的差异是，图(b) 右端放置电流 I_3，由安培环路定理，图(a) 和图(b) 磁感应强度沿环线的积分相同，但 I_3 却改变了回路中磁场的分布，本题选(C).

7-5 知识点窍 安培环路定理.

解题过程 利用安培环路定理可先求出磁介质中的磁场强度，再由 $\boldsymbol{M}=(\mu_r-1)\boldsymbol{H}$ 求得磁介质内的磁化强度，因而正确答案为(B).

7-6 解题过程 由题可知，环中电流大小为 $I=\frac{q}{t}$. 设整个环中电子数量为 n，则周长为 l. 则

$$I=\frac{q}{t}=\frac{en}{l/c}$$

所以 $n=\frac{Il}{ec}=4\times10^{10}$.

7-7 逻辑推理 由假设，每个铜原子贡献出一个自由电子，其电荷为 e，电流密度 $j_m=nev_d$. 解得电子的漂移速率 v_d.

由气体动理论，电子热运动的平均速率 $\bar{v}=\sqrt{\frac{8kT}{\pi m_e}}$，

其中，k 为玻耳兹曼常量，m_e 为电子质量，从而可解得电子的平均速率与漂移速率的关系.

解题过程 (1) 单位体积铜原子数目为 $n=\frac{\rho\cdot 1}{M}N_A=\frac{\rho N_A}{M}$. 由电流密度可以得 $j_m=nev_m$, 则

$$v_d=\frac{j_m}{ne}=\frac{j_m}{\frac{\rho N_A}{M}e}=4.45\times10^{-4}\ \mathrm{m\cdot s^{-1}}.$$

(2) 室温下由气体动理论可知, 电子热运动的平均速率为

$$\bar{v}=\sqrt{\frac{8kT}{\pi m}}$$

则 $\frac{\bar{v}}{v_d}=\frac{\sqrt{\frac{8kT}{\pi m_e}}}{v_d}=2.4\times10^{8}$.

7-8 知识点窍 电流密度定义: $j=\frac{I}{S}$.

逻辑推理 根据电流密度的轴对称性及恒定电流的连续性可知, 在两圆柱面之间半径为 r 的任意圆柱面上, 流过的电流均为 I, 由此可得 $j=\frac{I}{S}$, 式中 $S=2\pi rL$ 为圆柱面的面积.

解题过程 根据轴对称性, 在两圆柱面间的任意同轴圆柱面上的电流密度相同, 流过该圆柱面的电流为 I, 因此有 $j=\frac{I}{S}=\frac{I}{2\pi rL}$.

将已知数据代入上式可得所求的电流密度为

$$j=1.33\times10^{-5}\ \mathrm{A\cdot m^{-2}}.$$

7-9 知识点窍 圆形电流轴线上的磁感应强度公式 $B=\frac{\mu_0R^2I}{2(R^2+x^2)^{3/2}}$.

逻辑推理 由于北极的磁感应强度 $\boldsymbol{B}$ 已知, 由公式 $B=\frac{\mu_0R^2I}{2(R^2+x^2)^{3/2}}$ 及 $x=R$ 可解出电流 I.

解题过程 设所求电流为 I, 方向如教材习题 7-9 图所示, 因为圆电流在其轴线上的磁感应强度为

$$B=\frac{\mu_0R^2I}{2(R^2+x^2)^{3/2}} \quad ①$$

对于北极点, $x=R$, 由式 ① 得 $B=\frac{\mu_0R^2I}{2(R^2+R^2)^{3/2}}=\frac{\mu_0I}{4\sqrt{2}R}$.

则赤道上的等效圆电流为 $I=\frac{4\sqrt{2}RB}{\mu_0}=1.73\times10^{9}$ A.

根据右手螺旋法则, 此电流方向由东向西, 与地球自转方向相反.

7-10 知识点窍 毕奥-萨伐尔定律: $\mathrm{d}\boldsymbol{B}=\frac{\mu_0}{4\pi}\cdot\frac{I\mathrm{d}\boldsymbol{l}\times\boldsymbol{e}_r}{r^2}$;

磁场叠加原理: $\boldsymbol{B}=\sum\boldsymbol{B}_i$;

线圆中心的磁场: $B=\frac{\mu_0I}{2R}$.

逻辑推理 因环中心位于直线电流的延长线上, 两直线电流对点 O 的磁感应强度没有贡献. 磁

场来自两段圆弧产生的磁感应强度的叠加. 每段圆弧产生的磁感应强度大小可通过任取电流元由毕奥-萨伐尔定律积分并将两段圆弧的端电压相等条件代入得到.

解题过程 设铁环 acb 弧长为 l_1，其中电流为 I_1；而 adb 弧长为 l_2，电流为 I_2. 因这两段弧可形成并联电路，所以两端电压相等，于是有 $I_1R_1 = I_2R_2$.

考虑环的截面积和电阻率是一定的，电阻与长度成正比，所以上式改写为

$$I_1 l_1 = I_2 l_2 \qquad ①$$

l_1 弧：一电流元在点 O 产生的磁感应强度为

$$\mathrm{d}B_1 = \frac{\mu_0 I_1}{4\pi R^2}\mathrm{d}l\text{（方向垂直纸面向里）}$$

整个弧在点 O 产生的磁感应强度为

$$B_1 = \int \mathrm{d}B_1 = \int_0^{l_1} \frac{\mu_0 I_1}{4\pi R^2}\mathrm{d}l = \frac{\mu_0 I_1 l_1}{4\pi R^2}\text{（方向垂直纸面向里）}$$

同理，l_2 在点 O 产生的磁感应强度为

$$B_2 = \frac{\mu_0 I_2 l_2}{4\pi R^2}\text{（方向垂直纸面向外）}$$

由毕奥-萨伐尔定律知 de 和 af 段在点 O 产生的磁感应强度为 0，而由题知 ef 离 O 很远，故 ef 导体在点 O 的磁感应强度也为 0，所以点 O 的总磁感应强度为

$$B = B_1 - B_2 = \frac{\mu_0}{4\pi R^2}(I_1 l_1 - I_2 l_2) \qquad ②$$

将式 ① 代入式 ② 得 $B = 0$.

7-11 **知识点窍** 毕奥-萨伐尔定律：$\mathrm{d}B = \frac{\mu_0}{4\pi}\frac{I\mathrm{d}\boldsymbol{l} \times \boldsymbol{e}_r}{r^2}$；

圆形电流中心的磁感应强度公式 $B = \frac{\mu_0 I}{2R}$；

长直导线的磁感应强度公式 $B = \frac{\mu_0 I}{2\pi r}$.

逻辑推理 点 O 的场强可由典型电流的磁场叠加求得.

解题过程 (a) 点 O 的磁感应强度由两根半无限长直导线和 $\frac{1}{4}$ 圆弧导线激发，但点 O 在两直线导线的延长线上，由毕奥-萨伐尔定律知直线导线对点 O 的磁感应强度没有贡献，故点 O 的磁感应强度为

$$B = \frac{1}{4}\cdot\frac{\mu_0 I}{2R} = \frac{\mu_0 I}{8R}\text{（方向垂直纸面向外）.}$$

(b) 因无限长直导线在点 O 的磁感应强度为 $B_1 = \frac{\mu_0 I}{2\pi R}$，方向垂直纸面向外；而圆弧导线在点 O 的磁感应强度为 $B_2 = \frac{\mu_0 I}{2R}$（方向垂直纸面向里）. 由叠加原理得

$$B = \frac{\mu_0 I}{2R} - \frac{\mu_0 I}{2\pi R}\text{（方向垂直纸面向里）.}$$

(c) 点 O 的磁感应强度可视为半圆弧导线及两半无限长直导线各自在点 O 产生的磁

感应强度的叠加.

半圆弧导线在点O产生的磁感应强度为$B_1=\frac{\mu_0 I}{4R}$,方向垂直纸面向外;两段半无限长直导线产生的磁感应强度分别为$B_2=\frac{\mu_0 I}{4\pi R}$,$B_3=\frac{\mu_0 I}{4\pi R}$,方向垂直纸面向外.

所以整个导线在点O产生的磁感应强度为

$$B=B_1+B_2+B_3$$
$$=\frac{1}{2}\cdot\frac{\mu_0 I}{2R}+\frac{1}{2}\cdot\frac{\mu_0 I}{2\pi R}+\frac{1}{2}\cdot\frac{\mu_0 I}{2\pi R}=\frac{\mu_0 I}{4\pi R}(2+\pi)$$

方向垂直纸面向外.

7-12 逻辑推理 圆弧载流导线在圆心激发的磁感应强度为$B=\frac{\mu_0 I\alpha}{4\pi R}$,其中$\alpha$为圆弧载流导线所张的圆心角,磁感应强度的方向依照右手螺旋法则确定;半无限长直载流导线在圆心O激发的磁感应强度为$B=\frac{\mu_0 I}{4\pi R}$,磁感应强度的方向依照右手螺旋法则确定.

点O的磁感应强度为B_0可以视为由圆弧载流导线、半无限长直载流导线等激发的磁场在空间点O的叠加.

解题过程 圆弧导线在圆心激发的磁感应强度为$B=\frac{\mu_0 I\alpha}{4\pi R}$,点$O$的磁感强度$B$可以视为圆弧载流导线、半无限长直载流导线等激发的磁感应强度在空间点O的叠加. 对于教材中习题 7-12 图,有

(a) 中:$\boldsymbol{B}_0=-\frac{\mu_0 I}{4R}\boldsymbol{i}-\frac{\mu_0 I}{4\pi R}\boldsymbol{k}-\frac{\mu_0 I}{4\pi R}\boldsymbol{k}=-\frac{\mu_0 I}{4R}\boldsymbol{i}-\frac{\mu_0 I}{2\pi R}\boldsymbol{k}$;同理可知,

(b) 中:$\boldsymbol{B}_0=-\frac{\mu_0 I}{4R}\left(\frac{\pi+1}{\pi}\right)\boldsymbol{i}-\frac{\mu_0 I}{4\pi R}\boldsymbol{k}$;

(c) 中:$\boldsymbol{B}_0=-\frac{3\mu_0 I}{8R}\boldsymbol{i}-\frac{\mu_0 I}{4\pi R}\boldsymbol{j}-\frac{\mu_0 I}{4\pi R}\boldsymbol{k}$.

7-13 知识点窍 安培环路定理:$\oint\boldsymbol{B}\cdot\mathrm{d}\boldsymbol{l}=\mu_0-\sum I$;

磁场叠加原理:$\boldsymbol{B}=\int\mathrm{d}\boldsymbol{B}$.

逻辑推理 将无限长半圆柱面视为由许多平行的无限长直载流导线组成,根据安培环路定理求得每根导线在轴线上点O激发的磁场,应用磁场叠加原理可求出点O的磁感应强度.

解题过程 将无限长半圆柱面视为由许多平行的无限长直载流导线所组成,考虑处于θ角处的长直载流导线,如图解 7-13 所示,其电流为$\mathrm{d}I=\frac{I}{\pi R}\mathrm{d}l=\frac{I}{\pi}\mathrm{d}\theta$,由安培环路定理,易求得 $\mathrm{d}I$ 在点O激发的磁感应强度为

图解 7-13

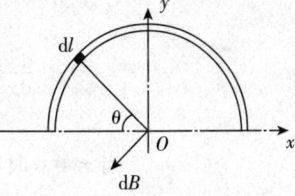

$$dB = \frac{\mu_0 dI}{2\pi R} = \frac{\mu_0 I}{2\pi^2 R} d\theta$$

方向如图解 7-13 所示.

建立 Oxy 坐标系，由对称性可知各导线在点 O 所产生的 $d\boldsymbol{B}$ 的 y 分量抵消，仅有 x 分量，但沿 x 轴负向，故有

$$dB_x = dB\sin\theta = \frac{\mu_0 I d\theta}{2\pi^2 R}\sin\theta$$

所以轴线上某点 O 处的磁感应强度为

$$B = \int dB_x = \int_0^{\pi} \frac{\mu_0 I}{2\pi^2 R}\sin\theta d\theta = \frac{\mu_0 I}{\pi^2 R}$$

$\boldsymbol{B}$ 的方向指向 x 轴负向.

7-14 **知识点窍** 圆形电流轴线上的磁感应强度：$B = \dfrac{\mu_0 R^2 I}{2(R^2 + x^2)^{3/2}}$；

磁场叠加原理：$\boldsymbol{B} = \sum \boldsymbol{B}_i$.

逻辑推理 线圈轴线上任一点磁感应强度由两圆形电流各自产生的磁场叠加而成，求其对 x 的一阶导数和二阶导数可确定 B 的极值，证明当 $d = R$ 时，点 O 的 $\dfrac{dB}{dx} = 0$ 和 $\dfrac{d^2 B}{dx^2} = 0$，则点 O 附近磁场均匀.

解题过程 以点 O 为原点建立 Ox 坐标轴，设点 P 为中点附近的一点，坐标为 $(0,x)$，而线圈在点 P 产生的磁场方向相同，其大小分别为

$$B_1 = \frac{\mu_0}{2}\cdot\frac{IR^2}{\left[R^2 + \left(\frac{d}{2}+x\right)^2\right]^{3/2}}, B_2 = \frac{\mu_0}{2}\cdot\frac{IR^2}{\left[R^2 + \left(\frac{d}{2}-x\right)^2\right]^{3/2}}$$

点 P 的总磁感应强度为

$$B = B_1 + B_2 = \frac{\mu_0 IR^2}{2}\left\{\frac{1}{\left[R^2 + \left(\frac{d}{2}+x\right)^2\right]^{3/2}} + \frac{1}{\left[R^2 + \left(\frac{d}{2}-x\right)^2\right]^{3/2}}\right\}$$

方向沿 x 轴正向.

$$\frac{dB}{dx} = \frac{-3\mu_0 IR^2}{2}\left\{\frac{\frac{d}{2}+x}{\left[R^2 + \left(\frac{d}{2}+x\right)^2\right]^{5/2}} - \frac{\frac{d}{2}-x}{\left[R^2 + \left(\frac{d}{2}-x\right)^2\right]^{5/2}}\right\}$$

当 $x = 0$ 时，$\dfrac{dB}{dx} = 0$，说明 B 在点 O 有极值，由于

$$\frac{d^2 B}{dx^2} = \frac{3\mu_0 IR^2}{2}\left\{\frac{4\left(\frac{d}{2}+x\right)^2 - R^2}{\left[R^2 + \left(\frac{d}{2}+x\right)^2\right]^{7/2}} + \frac{4\left(\frac{d}{2}-x\right)^2 - R^2}{\left[R^2 + \left(\frac{d}{2}-x\right)^2\right]^{7/2}}\right\}$$

当 $x = 0$ 时，$\dfrac{d^2 B}{dx^2} = \dfrac{3\mu_0 IR^2(d^2 - R^2)}{\left(R^2 + \frac{d^2}{4}\right)^{7/2}}$，当 $d = R$ 时，$\dfrac{d^2 B}{dx^2} = 0$，说明 B 在点 O 附近变化极为缓慢，则该区域磁场可看成是匀强磁场.

7-15 逻辑推理 在矩形平面上取一面积元 $\mathrm{d}S = l\mathrm{d}x$（如图解 7-15 所示），则穿过该面积元的磁通量为：$\mathrm{d}\Phi = \boldsymbol{B} \cdot \mathrm{d}\boldsymbol{S} = \dfrac{\mu_0 I}{2\pi x} \cdot l\mathrm{d}x$；

矩形平面的总磁通量为：$\Phi = \int \mathrm{d}\Phi$.

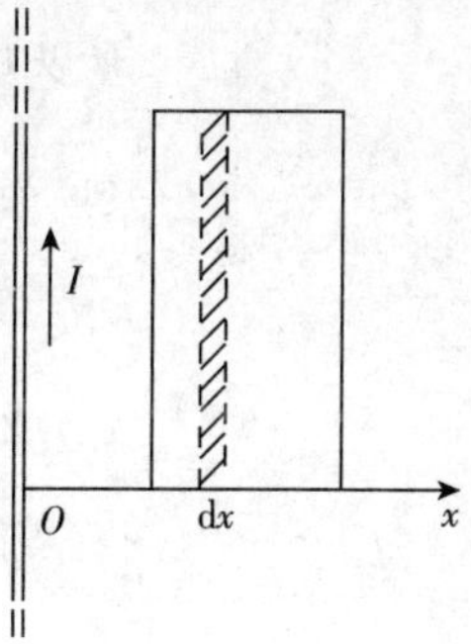

图解 7-15

解题过程 建立 Ox 坐标如图解 7-15 所示，对于 $x \sim x+\mathrm{d}x$ 的面元，其面积为 $\mathrm{d}S = l\mathrm{d}x$，由 $\Phi = \boldsymbol{B} \cdot \boldsymbol{S}$ 得穿过该面积元的磁通量为

$$\mathrm{d}\Phi = \boldsymbol{B} \cdot \mathrm{d}\boldsymbol{S} = \frac{\mu_0 I}{2\pi x} l\mathrm{d}x.$$

矩形平面的总磁通量为

$$\Phi = \int \mathrm{d}\Phi = \int_{d_1}^{d_2} \frac{\mu_0 I}{2\pi x} l\mathrm{d}x = \frac{\mu_0 Il}{2\pi} \ln \frac{d_2}{d_1}.$$

7-16 知识点窍 安培环路定理：$\oint \boldsymbol{B} \cdot \mathrm{d}\boldsymbol{l} = \mu_0 \sum I$.

逻辑推理 由于电流在导线横截面上均匀分布，其磁场必然呈轴对称性分布，即在与导线同轴的圆柱面上各点，磁感应强度 $\boldsymbol{B}$ 的大小相等，方向与电流成右手螺旋关系，因此可利用安培环路定理求出导线内外的磁场分布规律.

解题过程 取半径为 r、与铜体同轴的圆环.

(1) 由安培环路定理有

$$\oint \boldsymbol{B} \cdot \mathrm{d}\boldsymbol{l} = 2\pi r \cdot B = \mu_0 \sum I$$

则 $B = \dfrac{\mu_0 \sum I}{2\pi r}$，方向与电流成右手螺旋关系.

若 $r < R$，则 $\sum I = \dfrac{I}{\pi R^2} \cdot \pi r^2 = \dfrac{r^2}{R^2} \cdot I$，因此在导线内，有

$$B = \frac{\mu_0}{2\pi r} \cdot \frac{r^2}{R^2} I = \frac{\mu_0 Ir}{2\pi R^2} \qquad ①$$

若 $r > R$，则 $\sum I = I$，因此在导线外，有

$$B = \frac{\mu_0 I}{2\pi r}. \qquad ②$$

(2) 在导线表面 $r = R$ 时，磁场连续分布，由式 ② 得导线表面的磁感应强度为

$$B = \frac{\mu_0 I}{2\pi R} = 5.6 \times 10^{-3}\ \mathrm{T}.$$

7-17 知识点窍 安培环路定理：$\oint \boldsymbol{B} \cdot \mathrm{d}\boldsymbol{l} = \mu_0 \sum I$.

逻辑推理 由于电流均匀分布，其磁场具有轴对称性，适当选取积分路径可得 $\oint \boldsymbol{B} \cdot \mathrm{d}\boldsymbol{l} = B \cdot 2\pi r$，再利用安培环路定理即可求解.

解题过程 根据磁场的轴对称性，取半径为 r 的同心圆为积分路径，利用安培环路定理有

$$\oint \boldsymbol{B} \cdot \mathrm{d}\boldsymbol{l} = B \cdot 2\pi r = \mu_0 \sum I$$

所以 $B=\dfrac{\mu_0}{2\pi r}\sum I$.

(1) 当 $r<R_1$ 时, $\sum I=\dfrac{I}{\pi R_1^2}\cdot\pi r^2=\dfrac{r^2}{R^1}\cdot I$,所以

$$B_1=\frac{\mu_0 Ir}{2\pi R_1^2}.$$

(2) 当 $R_1<r<R_2$ 时, $\sum I=I$,所以

$$B_2=\frac{\mu_0 I}{2\pi r}.$$

(3) 当 $R_2<r<R_3$ 时, $\sum I=I-\dfrac{I\cdot\pi(r^2-R_2^2)}{\pi(R_3^2-R_2^2)}=\dfrac{R_3^2-r^2}{R_3^2-R_2^2}\cdot I$,所以

$$B_3=\frac{\mu_0 I}{2\pi r}\cdot\frac{R_3^2-r^2}{R_3^2-R_2^2}.$$

(4) 当 $r>R_3$ 时, $\sum I=0$,所以

$$B_4=0.$$

$B(r)$ 的分布曲线如图解 7-17 所示.

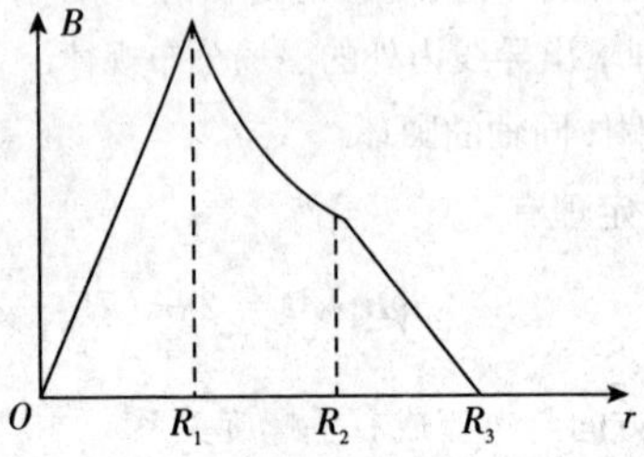

图解 7-17

7-18 知识点窍 安培环路定理: $\oint \boldsymbol{B}\cdot d\boldsymbol{l}=\mu_0\sum I$.

逻辑推理 根据右手螺旋法则,螺线管内磁感应强度的方向与螺线管中心轴线构成同心圆. 据此可选取半径为 r 的圆周为积分环路,在环路上的磁感应强度为常量,因而可利用安培环路定理求出环内的磁场分布.

解题过程 取半径为 r 的同心圆为积分环路,由安培环路定理得

$$\oint \boldsymbol{B}\cdot d\boldsymbol{l}=2\pi r\cdot B=\mu_0\sum I$$

即 $$B=\frac{\mu_0}{2\pi r}\sum I,$$

若 $r<R_1$,则 $\sum I=0$,所以 $B=0$;

若 $R_1<r<R_2$,则 $\sum I=NI$,所以 $B=\dfrac{\mu_0 NI}{2\pi r}$;

若 $r>R_2$,则 $\sum I=0$,所以 $B=0$.

7-19 知识点窍 毕奥-萨伐尔定律: $d\boldsymbol{B}=\dfrac{\mu_0}{4\pi}\cdot\dfrac{Id\boldsymbol{l}\times\boldsymbol{e}_r}{r^2}$.

逻辑推理 将电流密度分解为垂直轴线方向和平行轴线方向两个分量. 根据对称性,平行轴线方向的电流密度分量在轴线上的磁感应强度为零,只有垂直轴线方向的电流密度产生磁感应强度.

解题过程 $\mathrm{d}\boldsymbol{B}=\frac{\mu_0}{4\pi}\cdot\frac{I_\perp\,\mathrm{d}\,\boldsymbol{l}\times\boldsymbol{e}_r}{R^2}$,因为 $\mathrm{d}\boldsymbol{l}\perp\boldsymbol{e}_r$,即 $\theta=90°$,则 $|\mathrm{d}\boldsymbol{l}\times\boldsymbol{e}_r|=|\mathrm{d}\boldsymbol{l}|$,所以

$$\mathrm{d}B=\frac{\mu_0}{4\pi}\cdot\frac{I_\perp\,\mathrm{d}l}{R^2}=\frac{\mu_0}{4\pi}\frac{I_\perp\cdot r\mathrm{d}\theta}{R^2}=\frac{\mu_0}{4\pi}\cdot\frac{I_\perp}{R}\mathrm{d}\theta,$$

$$B=\int_0^{2\pi}\frac{\mu_0}{4\pi}\cdot\frac{I_\perp}{R}\mathrm{d}\theta=\frac{\mu_0}{2R}I_\perp=\mu_0 j\sin\alpha.$$

7-20 逻辑推理 电流沿轴向均匀流过直导线,其磁场具有轴对称性. 据此可利用安培环路定理求出磁感应强度的分布 $B=B(r)$,再由磁通量的定义 $\Phi=\int\boldsymbol{B}\cdot\mathrm{d}\boldsymbol{S}$ 求出穿过图中剖面的磁通量.

解题过程 在导体内围绕轴线取半径为 r 的同心圆为积分环路($r<R$),则环路内的电流为

$$\sum I=\frac{I}{\pi R^2}\cdot\pi r^2=\frac{r^2}{R^2}I$$

根据安培环路定理有 $\oint\boldsymbol{B}\cdot\mathrm{d}\boldsymbol{l}=B\cdot 2\pi r=\mu_0\sum I=\mu_0\frac{r^2}{R^2}I$

所以 $$B=\frac{\mu_0 Ir}{2\pi R^2}$$

在图示剖面上取面积元 $\mathrm{d}S=l\mathrm{d}r$,则穿过该面积元的磁通量为

$$\mathrm{d}\Phi=B\mathrm{d}S=\frac{\mu_0 Ir}{2\pi R^2}\cdot l\mathrm{d}r$$

所以单位长度导线内的磁通量为

$$\Phi=\int_S\mathrm{d}\Phi=\int_0^R\frac{\mu_0 I}{2\pi R^2}\cdot r\mathrm{d}r=\frac{\mu_0 I}{4\pi}.$$

7-21 知识点窍 安培环路定理:$\oint\boldsymbol{B}\cdot\mathrm{d}\boldsymbol{l}=\mu_0\sum I$.

逻辑推理 根据右手螺旋法则及对称性分析可知,无限大导电平面两侧的磁感应强度反向平行,其大小具有面对称性,据此可选教材习题 7-20 图中的矩形回路为积分环路,利用安培环路定理求解.

解题过程 取矩形回路 $abcda$ 为积分环路,其中 ab 与 cd 关于平面对称,设 ab 的长为 L,由安培环路定理有

$$\oint_L\boldsymbol{B}\cdot\mathrm{d}\boldsymbol{l}=\int_{ab}\boldsymbol{B}_1\cdot\mathrm{d}\boldsymbol{l}+\int_{bc}\boldsymbol{B}_2\cdot\mathrm{d}\boldsymbol{l}+\int_{cd}\boldsymbol{B}_3\cdot\mathrm{d}\boldsymbol{l}+\int_{da}\boldsymbol{B}_4\cdot\mathrm{d}\boldsymbol{l}$$
$$=\mu_0\sum I$$

由对称性分析可知

$$B_1=B_3=B$$

因为 $\boldsymbol{B}_2$、$\boldsymbol{B}_4$ 与积分路径正交,所以

$$\oint_L \boldsymbol{B}\cdot \mathrm{d}\boldsymbol{l}=\int_{ab}\boldsymbol{B}\cdot \mathrm{d}l+\int_{cd}\boldsymbol{B}\cdot \mathrm{d}\boldsymbol{l}=2BL=\mu_0 L\cdot j$$

所以 $$B=\frac{\mu_0 j}{2},$$

其方向由右手螺旋法则确定.

7-22 逻辑推理 空间各处的磁场由两无限大载流平面各自的磁场叠加而成. 在两平面之间，两板产生的磁场方向相同，所以 $B=\frac{1}{2}\mu_0 j+\frac{1}{2}\mu_0 j=\mu_0 j$；在两平面之外，$B=\frac{1}{2}\mu_0 j-\frac{1}{2}\mu_0 j=0$.

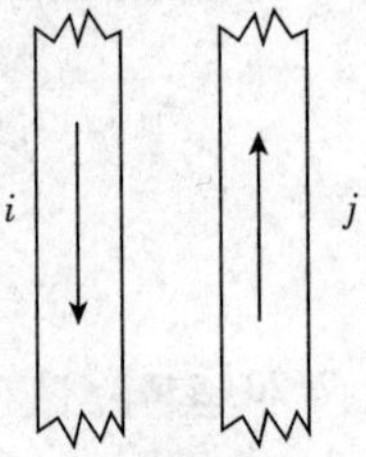

图解 7-22

解题过程 (1) 在两平面之间，由于两板在该区域产生磁场方向相同，所以该区域的磁感强度为

$$B=B_1+B_2=\frac{1}{2}\mu_0 j+\frac{1}{2}\mu_0 j=\mu_0 j$$

方向由右手螺旋法则确定. 电流方向如图解 7-22 所示，则合磁场方向为垂直纸面向外.

(2) 在两平面之外，两平面在该区域产生的磁场方向相反，所以有

$$B=B_1-B_2=\frac{1}{2}\mu_0 j-\frac{1}{2}\mu_0 j=0.$$

7-23 知识点窍 磁矩的定义：$\boldsymbol{m}=IS\boldsymbol{e}_n$.

逻辑推理 电子在平面内绕原子核匀速转动可以视作圆电流，等效电流为 $i=-\frac{e}{T}$. 利用磁矩定义以及已知的电子的角动量 L 不难求得轨道磁矩.

解题过程 $i=-\frac{e}{T}=-\frac{\omega}{2\pi}$，又电子的角动量 $L=m_e r^2\omega$，则电子沿圆周轨道运动的轨道磁矩为

$$\boldsymbol{m}=iS\boldsymbol{e}_n=-\frac{e\omega}{2\pi}\pi r^2\boldsymbol{e}_n=-\frac{e}{2m_e}\boldsymbol{L}.$$

7-24 知识点窍 圆形载流导线轴线上的磁场：

$$B=\frac{\mu_0}{2}\cdot\frac{R^2 I}{(R^2+x^2)^{3/2}}.$$

逻辑推理 带电圆环旋转可等效为圆电流(即圆形载流导线)，代入公式即可得轴线上任一点的磁感应强度.

解题过程 带电圆环绕过圆心的轴线转的等效圆电流为 $i=\frac{2\pi R\lambda}{2\pi/\omega}=R\lambda\omega$，代入圆形载流导线轴线上的磁场公式，得

$$B=\frac{\mu_0 R^2 i}{2(R^2+x^2)^{3/2}}=\frac{\mu_0 R^3\lambda\omega}{2(R^2+x^2)^{3/2}}.$$

7-25 知识点窍 根据运动电荷磁感应强度计算公式求解.

解题过程 $\boldsymbol{B}=\frac{\mu_0}{4\pi}\cdot\frac{q(\boldsymbol{v}\times\boldsymbol{r})}{r^2}$，则

点 M：$B_M=\frac{\mu_0}{4\pi}\cdot\frac{qv}{r^2}=8.0\times10^{-7}$ T；

点 N：$B_N=\frac{\mu_0}{4\pi}\cdot\frac{qv}{r^2}=2.0\times10^{-7}$ T.

根据右手螺旋法则，两者磁感应强度方向相同，于是

$$B=B_M+B_N=1.0\times10^{-6}\ \text{T}.$$

*7-26 知识点窍 圆电流轴线上的磁感应强度：

$$B=\frac{\mu_0 r^2 I}{2(r^2+x^2)^{3/2}}$$

截流圆线圈的磁矩：$\boldsymbol{P}_\text{m}=IS\boldsymbol{n}$.

逻辑推理 将圆盘分割成无数多个同心细圆环，圆盘转动时，每一细圆环都可等效为一个圆电流，根据圆电流轴线上的磁感应强度公式及磁场叠加原理，求出在轴线上距盘中心 x 处的磁感应强度. 旋转圆盘的磁矩可由公式 $\boldsymbol{P}_\text{m}=IS\boldsymbol{n}$ 及矢量叠加原理求得.

解题过程 取半径为 r、宽为 $\text{d}r$ 的圆环，其电荷为 $\text{d}q=2\pi\sigma r\text{d}r$，等效电流为

$$\text{d}I=\frac{\text{d}q}{T}=\sigma\omega r\text{d}r$$

该圆电流在点 P 产生的磁感应强度为

$$\text{d}B=\frac{\mu_0 r^2\text{d}I}{2(r^2+x^2)^{3/2}}=\frac{\mu_0\sigma\omega r^3\text{d}r}{2(r^2+x^2)^{3/2}}$$

整个圆片在点 P 产生的磁感应强度为

$$B=\int\text{d}B=\int_0^R\frac{\mu_0\sigma\omega r^3}{2(r^2+x^2)^{3/2}}\text{d}r$$

$$=\frac{\mu_0\sigma\omega}{2}\left[\frac{R^2+2x^2}{\sqrt{x^2+R^2}}-2x\right]$$

方向沿 x 轴正向.

载流圆线圈的磁矩大小为 $\quad \text{d}P_\text{m}=\text{d}IS=\pi r^2\text{d}I=\pi\sigma\omega r^3\text{d}r$，

旋转圆片的磁矩大小为 $\quad P_\text{m}=\int\text{d}P_\text{m}=\int_0^R\pi\sigma\omega r^2\text{d}r=\frac{1}{4}\pi\sigma\omega R^4$，

方向沿 x 轴正向.

7-27 知识点窍 角动量公式：$L=mvr$；圆电流轴线上的磁场分布：$B=\frac{\mu_0 r^2 I}{2(r^2+x^2)^{3/2}}$.

逻辑推理 由于 $L=\frac{h}{2\pi}$ 已知，由公式 $L=mva_0$ 可求出电子绕核运动的速率 v，从而求出电子作圆周运动的等效电流 $I=\frac{e}{T}=\frac{e}{2\pi a_0/v}$，再由圆电流轴线上的磁场分布规律并考虑 $x=0$，即可求出圆电流中心的磁感应强度，即质子所在位置的磁感应强度.

解题过程 由 $L=mva_0=\frac{h}{2\pi}$ 可得电子作圆周运动的速率为

$$v=\frac{h}{2\pi ma_0}$$

等效圆电流为 $$I = \frac{e}{T} = \frac{e}{2\pi a_0/v} = \frac{he}{4\pi^2 ma_0^2}.$$

该圆电流在圆心处产生的磁感应强度为

$$B = \frac{\mu_0 I}{2a_0} = \frac{\mu_0 he}{8\pi^2 ma_0^3} = 12.5\ \text{T}.$$

7-28 知识点窍 带电粒子在均匀磁场中运动的轨道半径：$R = \frac{mv}{qB}$.

解题过程 洛伦兹力的大小为 $$F = qvB,$$

对质子： $$q_1 vB = m_1 v^2/R_1,$$

对电子： $$|q_2| vB = m_2 v^2/R_2,$$

因为 $q_1 = |q_2|$，所以

$R_1/R_2 = m_1/m_2 = 1\ 833.$

7-29 知识点窍 回旋半径：$R = \frac{mv_0}{qB}$；

回旋频率：$f = \frac{qB}{2\pi m}$.

解题过程 将电子的速度分解为垂直于磁场的分量与平行于磁场的分量，只有垂直于磁场的分量才受到磁场力的作用，代入上述公式，得轨道半径为

$$k = \frac{mv_\perp}{eB} = \frac{mv\sin\theta}{eB} = 2.84 \times 10^{-6}\ \text{m},$$

回转频率为 $$f = \frac{eB}{2\pi m} = 2.79 \times 10^8\ \text{Hz}.$$

7-30 知识点窍 洛伦兹力公式：$\boldsymbol{F}_\text{m} = q\boldsymbol{v} \times \boldsymbol{B}$.

逻辑推理 (1) 洛伦兹力的方向可由 $\boldsymbol{v} \times \boldsymbol{B}$ 确定.

(2) 洛伦兹力的大小可通过 $F = qvB$ 进行计算，该力与重力的比可由$\frac{F}{mg}$求得.

解题过程 (1) 由式 $\boldsymbol{F}_\text{洛} = q\boldsymbol{v} \times \boldsymbol{B}$ 知洛伦兹力的方向由 $\boldsymbol{v} \times \boldsymbol{B}$ 的乘积确定.

(2) $F_\text{洛} = Bqv = 3.2 \times 10^{-16}\ \text{N}.$

该质子所受到的万有引力由自身重力提供，即

$$F_\text{万} = mg = 1.6 \times 10^{-26}\ \text{N},$$

则 $$\frac{F_\text{洛}}{F_\text{万}} = \frac{3.2 \times 10^{-16}\ \text{N}}{1.6 \times 10^{-26}\ \text{N}} = 2 \times 10^{10},$$

质子所受的洛伦兹力远大于重力.

* **7-31** 知识点窍 根据点电荷场强公式和磁感应强度公式求解.

知识点窍 当 $v \ll c$ 时，电荷产生的场强为

$$E = \frac{1}{4\pi\varepsilon_0} \cdot \frac{q}{r^2}$$

磁感应强度为

$$B = \frac{\mu_0}{4\pi} \cdot \frac{q}{r^2} \cdot v = \mu_0 \varepsilon E v.$$

7-32 知识点窍 欧姆定律的微分形式：$\boldsymbol{j}=\frac{1}{\rho}\boldsymbol{E}$（式中，$\rho$ 是导体的电阻率，$\boldsymbol{E}$ 为电场强度）；

霍尔电场强度公式：$\boldsymbol{E}_H=-\boldsymbol{v}\times\boldsymbol{B}$（式中 $\boldsymbol{v}$ 是载流子的速度）；

电流密度定义：$j=nev$.

逻辑推理 由欧姆定律微分公式及霍耳电场强度公式联立求解.

解题过程 由欧姆定律的微分公式 $j=\frac{1}{\rho}E$ 可得恒定电场强度为

$$\boldsymbol{E}_c=\rho\boldsymbol{j} \quad ①$$

霍耳电场的电场强度为 $\boldsymbol{E}_H=-\boldsymbol{v}\times\boldsymbol{B}$，而 $\boldsymbol{v}\perp\boldsymbol{B}$，即

$$E_H=vB \quad ②$$

又

$$j=nev$$

由式①～③得

$$\frac{E_H}{E_c}=\frac{vB}{\rho j}=\frac{vB}{\rho\cdot nev}=\frac{B}{ne\rho}. \quad ③$$

7-33 逻辑推理 由 $qvB=qE_H$ 得血流的速度.

解题过程 $v=\frac{E_H}{B}=\frac{U_H}{dB}=0.63\ \mathrm{m\cdot s^{-1}}$.

***7-34** 解题过程 (1) 由题意知导电液体在加磁场的时候，受到安培力的作用，$F_{安}=BIl$. 因此安培力对管产生压力，所以

$$\Delta p=\frac{F_{安}}{S}=\frac{BIl}{S}=BlJ.$$

(2) 由(1)可知 $J=\frac{\Delta p}{Bl}=\frac{1.01\times10^5}{1.5\times0.02}\mathrm{A\cdot m^{-2}}=3.4\times10^6\ \mathrm{A\cdot m^{-2}}$.

7-35 解题过程 由于质子在垂直于磁场飞过的时候，洛伦兹力提供向心力，则

$$Bqv=m\frac{v^2}{R}$$

两边约去 v，整理得 $p=mv=BqR=1.12\times10^{-21}\ \mathrm{kg\cdot m\cdot s^{-1}}$，

而质子的动能为 $F_{动}=\frac{1}{2}mv^2$，

所以 $E_{动}=\frac{1}{2}mv^2=\frac{(mv)^2}{2m}=\frac{p^2}{2m}=2.35\ \mathrm{keV}$.

7-36 解题过程 当电子进入地球赤道上空高层范艾仑辐射带中，洛仑兹力提供向心力，则

$$m\frac{v^2}{R}=Bqv$$

所以

$$R=\frac{mv}{Bq}=1.1\times10^2\ \mathrm{m}.$$

而在电子进入北极附近时 $B=2\times10^{23}$ T，有

$$R'=\frac{mv}{B'q}=23\ \mathrm{m}.$$

7-37 知识点窍 长直导线的磁场分布：$B=\frac{\mu_0 I}{2\pi r}$；安培力：$\boldsymbol{F}=I\boldsymbol{l}\times\boldsymbol{B}$.

逻辑推理 矩形回路置于长直载流导线产生的磁场中,各边均受安培力的作用,其上、下两边所受的力相互平衡,其左、右两边所受的力虽然方向相反,但由于它们所在位置的磁感应强度 B 不同,其受力的大小也不同,不能互相抵消.

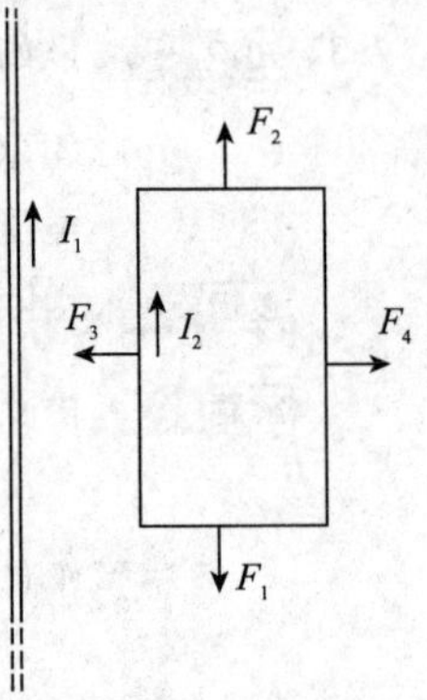

图解 7-37

解题过程 矩形导线框置于长直导线产生的磁场中,其各边受力情况如图解 7-37 所示,其中 F_1 与 F_2 平衡,则

$$F_3 = I_2 lB_1, B_1 = \frac{\mu_0 I_1 I_2 l}{2\pi d}$$

$$F_4 = I_2 lB_2, B_2 = \frac{\mu_0 I_1 I_2 l}{2\pi(d+b)}$$

线框所受的合力为

$$F = F_3 - F_4 = \frac{\mu_0 I_1 l}{2\pi}\cdot\left(\frac{1}{d} - \frac{1}{d+b}\right) = 1.28\times10^{-3}\ \text{N}$$

方向垂直指向长直导线.

7-38 知识点窍 磁力矩:$\boldsymbol{M} = IS\boldsymbol{e}_n \times \boldsymbol{B} = \boldsymbol{m}\times\boldsymbol{B}$;

力矩平衡:$\sum \boldsymbol{m}_i = \boldsymbol{0}$.

逻辑推理 线圈受到的安培力矩和重力矩相反,由力矩平衡的条件可以解出线圈电流.

解题过程 $Mg = mgR\sin\theta$,

$\boldsymbol{M}_A = 2R\boldsymbol{l}\times NI\cdot\boldsymbol{B}\sin\theta$,

由力矩平衡:

$Mg = M_A \Rightarrow mgR\sin\theta = 2RlNIB\sin\theta$,

解得 $I = \dfrac{mg}{2lNB}$.

即当圆柱体静止在斜面上不动时通过回路的电流 $I = \dfrac{mg}{2lNB}$.

7-39 逻辑推理 由右手螺旋法则可知:载流平面在平面左侧产生的磁感应强度与 $\boldsymbol{B}_0$ 方向相反,在右侧产生的磁感应强度与 $\boldsymbol{B}_0$ 方向相同,大小均为 $B' = \frac{1}{2}\mu_0 j$. 由磁场叠加原理可知,$B_1 = B_0 - \frac{1}{2}\mu_0 j$,$B_2 = B_0 + \frac{1}{2}\mu_0 j$,由此可求出 B_0 和 j. 再由 $\mathrm{d}\boldsymbol{F} = I\mathrm{d}\boldsymbol{l}\times\boldsymbol{B}_0$ 可求出单位面积载流平面所受的安培力.

解题过程 在平板左侧:
$$B_1 = B_0 - \frac{1}{2}\mu_0 j \quad ①$$

在平板右侧:
$$B_2 = B_0 + \frac{1}{2}\mu_0 j \quad ②$$

联立式①、式②得

$$B_0 = \frac{1}{2}(B_1 + B_2)$$

$$j = \frac{1}{\mu_0}(B_2 - B_1)$$

取一垂直于纸面的矩形，长为 l、宽为 d，则此矩形在 $\boldsymbol{B}_0$ 场中受力为

$$F = B_0 Il = B_0 jdl$$

由此可得单位面积受力为

$$\frac{F}{S} = \frac{F}{dl} = B_0 j = \frac{1}{2\mu_0}(B_2^2 - B_1^2)$$

由右手螺旋法则可知磁场力的方向为水平向左.

7-40 知识点窍 载流线圈的磁矩公式：$\boldsymbol{P}_{\mathrm{m}} = IS\boldsymbol{n}$.

逻辑推理 (1) 由于所有电子的磁矩方向相同，由矢量的合成法则可知圆盘的磁矩为

$$P_{\mathrm{m}} = N\mu_{\mathrm{e}}.$$

(2) 由磁矩的定义 $\boldsymbol{P} = IS\boldsymbol{n}$ 可得等效电流为 $I = \dfrac{P}{S}$.

解题过程 (1) 由题给条件知铜原子数目和每个电子的自旋磁矩为 μ_{e}，则

$$P_{\mathrm{m}} = N\cdot\mu_{\mathrm{e}} = 6.2\times10^{14}\times9.3\times10^{-24}\ \mathrm{A\cdot m^{-2}} = 1.6\times10^{-7}\ \mathrm{A\cdot m^{-2}}.$$

(2) 由于载流线圈的磁矩公式为 $\boldsymbol{P}_{\mathrm{m}} = IS\boldsymbol{n}$，由已知条件得

$$I = 2.0\times10^{-3}\ \mathrm{A}.$$

***7-41** 知识点窍 安培环路定理：$\oint \boldsymbol{H}\cdot\mathrm{d}\boldsymbol{l} = \sum I$；

磁场强度定义式：$\boldsymbol{H} = \dfrac{\boldsymbol{B}}{\mu}$；

磁化强度公式：$\boldsymbol{M} = (\mu_{\mathrm{r}} - 1)\boldsymbol{H}$.

逻辑推理 将磁场按照对称性划分为不同的区域，由磁介质中的安培环路定理选择适当的环路，解出该区域内的磁场强度，对应的磁感强度和磁化强度可直接由公式得出.

解题过程 (1) 长直同轴电缆的磁感线是一组以轴线上某点为圆心的同心圆. 取任一圆环为积分环路，根据安培环路定理有

$$\oint \boldsymbol{H}\cdot\mathrm{d}\boldsymbol{l} = 2\pi r\cdot H = \sum I$$

若 $r < R_1$，则 $\sum I = \dfrac{I}{\pi R_1^2}\cdot\pi r^2$，此时 $H_1 = \dfrac{Ir}{2\pi R_1^2}$，由于忽略导体的磁化，即 $\mu_{\mathrm{r}} = 1$，所以

$$M_1 = 0, B_1 = \frac{\mu_0 Ir}{2\pi R_1^2};$$

若 $R_1 < r < R_2$，则 $\sum I_{+} = I, H_2 = \dfrac{I}{2\pi r}$，由于介质的相对磁导率为 μ_{r}，所以

$$M_2 = (\mu_{\mathrm{r}} - 1)\cdot\frac{1}{2\pi r}, B_2 = \frac{\mu_0\mu_{\mathrm{r}} I}{2\pi r};$$

若 $R_2 < r < R_3$，则 $\sum I_{+} = I - \dfrac{I}{\pi(R_3^2 - R_2^2)}\cdot\pi(r^2 - R_2^2), H_3 = \dfrac{I(R_3^2 - r^2)}{2\pi r(R_3^2 - R_2^2)}$，$\mu_{\mathrm{r}} = 1$，所以

$$M_3 = 0, B_3 = \frac{\mu_0 I(R_3^2 - r^2)}{2\pi r(R_3^2 - R_2^2)};$$

若 $r > R_3$，则 $\sum I_+ = 0$，所以

$$H_4 = 0, M_4 = 0, B_4 = 0.$$

(2) 由于磁化电流 $I_s = M \cdot L = M \cdot 2\pi r$，所以磁介质表面的磁化电流大小为

内表面：$I_s = M_2(R_1) \cdot 2\pi R_1 = (\mu_r - 1)I$；

外表面：$I'_s = M_2(R_2) \cdot 2\pi R_2 = (\mu_r - 1)I$.

抗磁质($\mu_r < 1$)的表面磁化电流和内、外导体传导电流相反，顺磁质($\mu_r > 1$)与抗磁质相反.

7-42 知识点窍 磁偶极子的磁力矩：$\boldsymbol{M} = \boldsymbol{P}_m \times \boldsymbol{B}$.

逻辑推理 (1) 铁棒的原子数为 $N = \frac{\rho V}{M_0} N_A$，铁棒内铁原子磁矩同方向排列，因而棒的磁矩为$m = Nm_0$.

(2) 需要的力矩与铁棒的磁力矩平衡，即 $M = mB_0$.

解题过程 (1) 铁棒的原子数为 $N = \frac{m}{m_0} = \frac{\rho V}{M_0} \cdot N_A$（$N_A$ 为阿伏伽德罗常数），所以铁棒的磁矩为

$$P_m = M_0 N = \frac{M_0 \rho V}{M_0} N_A = \frac{m_0 \rho SL}{M_0} N_A = 7.58\ \text{A} \cdot \text{m}^{-2}.$$

(2) 使铁棒与磁场正交，所需力矩为

$$M = mB_0 = 11.4\ \text{N} \cdot \text{m}.$$

7-43 逻辑推理 环形螺线管内部的磁感线是一组以环中心 O 为圆心的同心圆. 取一条磁感线为积分环线，由安培环路定理有

$$\oint \boldsymbol{H} \cdot d\boldsymbol{l} = 2\pi r H = NI$$

由上式求出 H，进而求出对应的磁感应强度 B 的表达式：$B = \mu_0 \mu_r H$，即 $\mu_r = \frac{B}{\mu_0 H}$.

将 $B = \frac{\Phi}{S}$ 代入 μ_r，即可求出该材料的相对磁导率.

解题过程 由安培环路定理易得 $H = \frac{NI}{2\pi r}$，所以

$$B = \mu H = \frac{\mu_0 \mu_r NI}{2\pi r} \qquad ①$$

由 $\Phi = BS$ 得

$$B = \frac{\Phi}{S} \qquad ②$$

将式②代入式①得

$$\frac{\mu_0 \mu_r NI}{2\pi r} = \frac{\Phi}{S}$$

因而

$$\mu_r = \frac{2\pi r \Phi}{\mu_0 NIS} = 4.78 \times 10^3.$$

7-44 解题过程 略.

第八章 电磁感应 电磁场

本章知识框架图

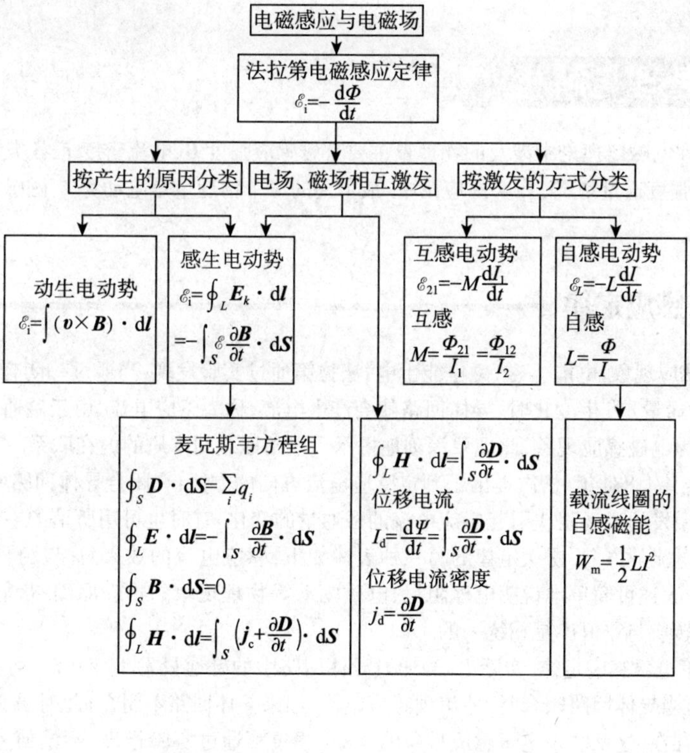

考试要点

1. 法拉第电磁感应定律及其物理意义，应用法拉第电磁感应定律计算感应电动势的大小和方向，应用楞次定律准确判断感应电动势的方向.

2. 动生电动势，用动生电动势的公式计算简单几何形状的导体，在均匀磁场或对称分布的非均匀磁场中运动时产生的动生电动势.

3. 感生电动势和感生电场（也叫涡旋电场）的概念，感生电场的基本性质以及它与静电场的区别，计算简单的感生电场强度及感生电动势，判断感生电场的方向.

4. 自感、互感的概念及现象，计算简单几何形状的导体回路的自感系数、互感系数及自感电动势和互感电动势.

5. 磁场能量（简称磁能）和磁能密度的概念，自感磁能、互感磁能和磁场能量的计算方法.

6. 位移电流和全电流的概念，位移电流的特性及与传导电流特性的区别，位移电流密度和位移电流的计算.

7. 麦克斯韦电磁场理论的基本概念及麦克斯韦方程组的积分形式.

知识点整理与解析

电磁感应和电磁场理论中涉及的物理量主要有磁感应强度 $\boldsymbol{B}$、电流密度 $\boldsymbol{j}$、各类电动势 $\mathscr{E}$，磁场强度 $\boldsymbol{H}$ 和磁感应强度通量 Φ 等. 在实际应用中，最主要的三个物理量是电动势 $\mathscr{E}$、磁感应强度 $\boldsymbol{B}$ 和磁场强度 $\boldsymbol{H}$.

一、电磁感应定律

(1) 电磁感应现象，电能生磁，磁也能生电，法拉第通过实验发现：当通过一闭合导体回路所围面积磁通量（$\boldsymbol{B}$ 的通量）发生变化时，导体回路就会产生电流，称为感应电流，由于磁通量的变化而产生电流的现象称为电磁感应现象，此现象深刻地揭示了电与磁之间本质的内在联系.

(2) 楞次定律. 1834年，楞次提出了判定感应电流方向的方法：在闭合导体回路中，感应电流的方向总是使它所激发的磁场阻止引起感应电流的磁通量的变化，有时也可用所谓的右手定则判定简单情况下的感应电流的方向. 楞次定律的另一种表述如下：感应电流的效果总是反抗引起感应电流的原因. 利用此种表述可简单地说明电磁阻尼、电磁驱动等物理现象的物理原因. 最后要指出的是，楞次定律与能量转换与守恒律是相统一的.

(3) 法拉第电磁感应定律. 实际上，当通过导体回路中的磁通量发生变化时，导体回路将产生感应电动势，只有当导体回路闭合时，才出现感应电流，如果导体回路不闭合，此时虽无感应电流，但感应电动势仍然存在，这反映了电磁感应现象的本质. 法拉第通过实验指出：不论何种原因，可以是通过导体回路的 $\boldsymbol{B}$ 发生变化，也可以是导体回路在磁场中运动或发生形变，通过回路所围面积的磁通量发生变化，使回路产生感应电动势，其值为

$$\mathscr{E}_i = -\frac{d\Phi}{dt}$$

上式称为法拉第电磁感应定律，即 $\mathscr{E}_i$ 为磁通量 Φ 的瞬时变化率的负值，Φ 指通过导体回路的磁量，"—"号正是由楞次定律确定的，表明感应电动势 $\mathscr{E}_i$ 的方向总是与磁通量瞬时变化率的正负相反，如果导体回路的总电阻为 R，在不考虑自感的条件下，则感应电流为

$$I_i = \frac{\mathscr{E}_i}{R} = -\frac{1}{R}\frac{d\Phi}{dt}$$

由于感应电动势 $\mathscr{E}_i$ 及磁通量 Φ 都是标量，所以在应用法拉第定律时，应先规定一个任意的回路绕行正方向，然后用右手定则确定导体回路所围面积的正单位法矢量 $\boldsymbol{n}$ 的方向，这样 Φ 与 $\mathscr{E}_i$ 的正负将被完全确定. 在任何情况下，$\mathscr{E}_i$ 的正负总是与 $\frac{d\Phi}{dt}$ 的正负相反，当 $\mathscr{E}_i > 0$ 时，$\mathscr{E}_i$ 的方向与回路绕行正方向一致，否则相反.

(4) 计算一定时间内通过导体回路中任一横截面积的感应电荷 q，由于 $I_i = -\frac{1}{R}\frac{d\Phi}{dt}$，又 $I_i = \frac{dq}{dt}$，故

$$q = \int_{t_1}^{t_2} I_i\,dt = -\frac{1}{R}\int_{\Phi_1}^{\Phi_2} d\Phi = -\frac{1}{R}(\Phi_2 - \Phi_1).$$

(5) 如果回路不是单匝而是 N 匝串联的，则回路中的总感应电动势 $\mathscr{E}_i$ 应为每匝产生的感应电动势之和，即

$$\mathscr{E}_i = \mathscr{E}_{i1} + \mathscr{E}_{i2} + \cdots + \mathscr{E}_{iN} = -\frac{d\Phi}{dt}$$

式中，$\Phi = \Phi_1 + \Phi_2 + \cdots + \Phi_N$ 为全磁通或磁通匝链数，如果通过每匝线圈的磁通量均为 Φ_m，则全磁通 $\Phi = N\Phi_m$，故

$$\mathscr{E}_i = -\frac{d\Phi}{dt} = -N\frac{d\Phi_m}{dt}.$$

二、动生电动势　感生电动势

(1) 动生电动势，由于导线或线圈在磁场中运动或发生形变所产生的电动势称为动生电动势，产生动生电动势的非静电力是洛伦兹力. 对于磁场中任意形状的长为 L 的导线线圈(可以是闭合的，也可以是不闭合的)，当其运动或发生形变时，任取一矢量线元 $d\boldsymbol{l}$，设线元 $d\boldsymbol{l}$ 处导线的运动速度为 $\boldsymbol{v}$，则 $d\boldsymbol{l}$ 段导线产生的动生电动势为

$$d\mathscr{E}_i = (\boldsymbol{v} \times \boldsymbol{B}) \cdot d\boldsymbol{l}$$

整个线圈产生的动生电动势为 $\mathscr{E}_i = \int d\mathscr{E}_i = \int_L (\boldsymbol{v} \times \boldsymbol{B}) \cdot d\boldsymbol{l}$.

动生电动势只可能存在于运动的这一段导体上，运动导体为电源，其正负极由 $\boldsymbol{v} \times \boldsymbol{B}$ 的方向来确定.

(2) 感生电动势，由于磁场的变化而产生的电动势称为感生电动势，产生感生电动势的非静电力是涡旋电场形成的，感生电动势是由变化的磁场引起的. 麦克斯韦敏锐地觉察到感生电动势现象预示着有关电磁感应的新效应，他认为：产生感生电动势的非静电力是另一种电场力，这种电场是由变化的磁场产生的，即使不存在任何导体或导体回路，只要磁场随时间而发生变化，这种电场就总是存

在. 这是电磁学中最基本的规律之一. 由变化的磁场在其周围所激发的电场称为感应电场或涡旋电场,涡旋电场和静电场对电荷都有力的作用,而描述涡旋电场的电场线是闭合的,因而它不是保守力场,即

$$\oint_L \boldsymbol{E}_{旋} \cdot \mathrm{d}\boldsymbol{l} \neq 0$$

产生感生电势的非静电力是涡旋电场力,由电动势的定义及法拉第电磁感应定律知,单位正电荷沿闭合回路 L 移动一周,涡旋电场所做的功为

$$A = \oint_L \boldsymbol{E}_{旋} \cdot \mathrm{d}\boldsymbol{l} = -\frac{\mathrm{d}\Phi}{\mathrm{d}t} = -\frac{\mathrm{d}}{\mathrm{d}t}\int_S \boldsymbol{B} \cdot \mathrm{d}\boldsymbol{S} = -\int \frac{\partial \boldsymbol{B}}{\partial t} \cdot \mathrm{d}\boldsymbol{S}$$

上式表明:涡旋电场的环流等于穿过回路L所围面积S的磁通量Φ的时间变化率的负值. 在应用上述定律时,应先任意选取回路的绕行正方向,然后用右手定则确定回路 L 所围平面的正单位法矢量$\boldsymbol{n}$的方向,当$E_{旋}>0$时,$\boldsymbol{E}_{旋}$的方向与绕行正方向一致. 最后要指出,涡旋电场假设已被许多实验所证实,电子感应加速器就是一个例证.

小结:法拉第电磁感应定律.

项目	内容	说明
感应电动势	$\mathscr{E}_i = -\frac{\mathrm{d}\Phi}{\mathrm{d}t}$	负号为楞次定律在法拉第电磁感应定律中的数学表示
感应电流	$I_i = \frac{\mathscr{E}_i}{R} = -\frac{1}{R}\frac{\mathrm{d}\Phi}{\mathrm{d}t}$	
感应电荷	$q = \int_{t_1}^{t_2} I\mathrm{d}t = \frac{1}{R}\int_{\Phi_1}^{\Phi_2} -\frac{\mathrm{d}\Phi}{\mathrm{d}t}\mathrm{d}t = \frac{1}{R}\mid \Phi_2 - \Phi_1 \mid$	感应电荷仅与回路中磁通量的变化量成正比,而与磁通量的变化快慢无关

小结:动生电动势.

项目	内容	说明
动生电动势	$\mathscr{E}_i = \int(\boldsymbol{v}\times\boldsymbol{B})\cdot\mathrm{d}\boldsymbol{l}$	洛伦兹力是产生动生电动势的根本原因
计算动生电动势的一般步骤	(1) 在运动导体上任选有向线元 $\mathrm{d}\boldsymbol{l}$,$\mathrm{d}\boldsymbol{l}$ 的方向可任意选定,并确定$(\boldsymbol{v}\times\boldsymbol{B})$的方向 (2) 写出 $\mathrm{d}\boldsymbol{l}$ 上产生的动生电动势 $\mathrm{d}\mathscr{E}_i = (\boldsymbol{v}\times\boldsymbol{B})\cdot\mathrm{d}\boldsymbol{l}$ (3) 求运动导体上产生的动生电动势 $\mathscr{E}_i = \int(\boldsymbol{v}\times\boldsymbol{B})\cdot\mathrm{d}\boldsymbol{l}$	若 $\mathscr{E}_i>0$,$\mathscr{E}_i$ 与 $\mathrm{d}\boldsymbol{l}$ 方向相同; 若 $\mathscr{E}_i<0$,$\mathscr{E}_i$ 与 $\mathrm{d}\boldsymbol{l}$ 方向相反

小结:感生电动势、感生电场.

项目	内容	说明
感生电动势	$\mathscr{E}_i = \oint_L \boldsymbol{E}_k\cdot\mathrm{d}\boldsymbol{l} = -\int_S \frac{\partial\boldsymbol{B}}{\partial t}\cdot\mathrm{d}\boldsymbol{S}$	感生电场力是产生感生电动势的根本原因
感生电场	感生电场的电场线闭合,其环流不为零,感生电场是非保守力场.	只要存在变化的磁场,整个空间(不管该处是否存在磁场,是否有导体或介质)就有感生电场

例 1 如图 8-1 所示,一长直导线载有 5 A 的直流电,附近有一个与它共面的矩形线圈,其中$l = 20$ cm,$a = 10$ cm,$b = 20$ cm,线圈共有 $N = 1000$ 匝,以 $v = 3\ \mathrm{m\cdot s^{-1}}$ 的速度水平离开长直导线.

(1) 试求在图示位置线圈里的感应电动势的大小和方向；

(2) 若线圈不动，而长直导线通有交变电流 $I = 5\sin 100\pi t(\mathrm{A})$，线圈中的感应电动势是多少？

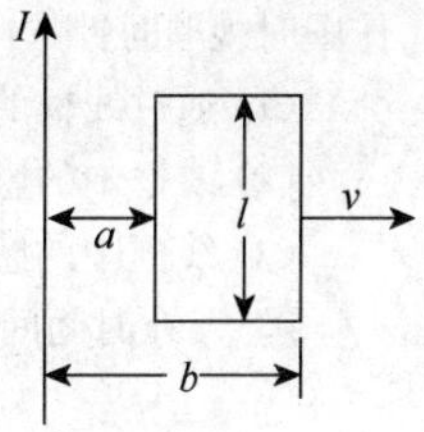

图 8-1

解 (1) 设回路的绕行方向为顺时针方向，则回路在任意 t 时刻的磁通量为

$$\Phi = \int \boldsymbol{B} \cdot \mathrm{d}\boldsymbol{S} = \int_{a+vt}^{b+vt} \frac{\mu_0 I}{2\pi r} l \, \mathrm{d}r = \frac{\mu_0 \pi l}{2\pi} \ln \frac{b+vt}{a+vt}$$

回路中的感应电动势为

$$\mathscr{E}_\mathrm{i} = -N \frac{\mathrm{d}\Phi}{\mathrm{d}t} = \frac{N\mu_0 H v(b-a)}{2\pi(a+vt)(b+vt)}$$

当 $t = 0$ 时，有

$$\mathscr{E}_\mathrm{i} = 3\ \mathrm{mV}$$

其方向为顺时针方向.

(2) 线圈不动，回路在任意 t 时刻的磁通量为

$$\Phi = \int_a^b \frac{\mu_0 I}{2\pi r} l \, \mathrm{d}r = \frac{\mu_0 I l}{2\pi} \ln \frac{b}{a} = \frac{\mu_0 l}{2\pi}(5\sin 100\pi t) \ln \frac{b}{a},$$

回路中的感应电动势为

$$\begin{aligned}\mathscr{E}_\mathrm{i} &= -N \frac{\mathrm{d}\Phi}{\mathrm{d}t} = -\frac{N\mu_0 l}{2\pi}(5 \times 100\pi \cos 100\pi t) \ln \frac{b}{a} \\ &= -1\,000 \times \frac{4\pi \times 10^{-7} \times 0.2}{2\pi} \times 5 \times 100\pi \left(\ln \frac{20}{10}\right) \cos 100\pi t \\ &= -0.043\,6\cos 100\pi t(\mathrm{V}),\end{aligned}$$

若 $\mathscr{E}_\mathrm{i} > 0$，感应电动势方向与回路绕向相同；否则，方向相反.

三、自感和互感

1. 自感　自感电动势

(1) 自感系数定义：设通过回路的电流为 I，由毕奥-萨伐尔定律可知，这电流在空间任意一点产生的 $\boldsymbol{B}$ 的大小与 I 成正比，所以通过回路本身的磁通量与 I 成正比，即

$$\Phi = LI$$

式中，L 定义为自感系数或自感，L 与回路的大小、形状、磁介质有关（当回路无铁磁质时，L 与 I 无关）. 在 SI 中，L 的单位为亨利，记作 H.

(2) 自感电动势. 自感电动势记为

$$\mathscr{E}_L = -L \frac{\mathrm{d}I}{\mathrm{d}t}.$$

温馨提示 (1) 自感系数 L 在数值上等于回路中电流为 1 个单位时通过回路的磁通量. (2) 回路中自感系数在数值上等于电流随时间变化为 1 个单位时回路中自感电动势的大小.

例 2 如图 8-2 所示，一面积为 5 cm×10 cm 的线框，在与一均匀磁场 $B = 0.1$ T 相垂直的平面中匀速运动，速度 $v = 2\ \mathrm{cm} \cdot \mathrm{s}^{-1}$，已知线框的电阻 $R = 1\ \Omega$. 若取线框前沿与磁场接触时刻为 $t = 0$，

作图时视顺时针指向的感应电动势为正值.试求：

(1) 通过线框的磁通量 $\Phi(t)$ 的函数及曲线；

(2) 线框中的感应电动势 $\mathscr{E}_i(t)$ 的函数及曲线；

(3) 线框中的感应电流 $I_i(t)$ 的函数及曲线.

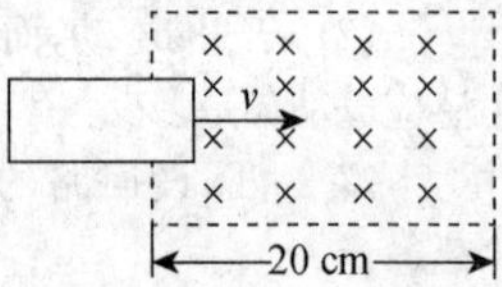

图 8-2

解 在时间间隔 0～5 s 内，线框中的磁通量为

$$\Phi(t)=BS=bvtl=10^{-4}t(\mathrm{Wb})$$

则线框中的感应电动势和感应电流分别为

$$\mathscr{E}_i(t)=-\frac{\mathrm{d}\Phi}{\mathrm{d}t}=-Blv=-10^{-4}\ \mathrm{V},$$

$$I_i(t)=\frac{\mathscr{E}_i}{R}=-10^{-4}\ \mathrm{A},$$

在 5～10 s 内，线框中的磁通量为

$$\Phi(t)=\Phi_0=BS_0=5\times10^{-4}(\mathrm{Wb}),$$

则线框中的感应电动势和感应电流分别为

$$\mathscr{E}_i(t)=0, I_i(t)=0,$$

在 10～15 s 内，线框中的磁通量为

$$\Phi(t)=\Phi_0-Blvt=5\times10^{-4}-10^{-4}t(\mathrm{Wb}),$$

则线框中的感应电动势和感应电流分别为

$$\mathscr{E}_i(t)=-\frac{\mathrm{d}\Phi}{\mathrm{d}t}=10^{-4}\ \mathrm{V}, I_i(t)=10^{-4}\ \mathrm{A}.$$

$\Phi(t)$、$\mathscr{E}_i(t)$、$I_i(t)$ 曲线如图 8-3 所示.

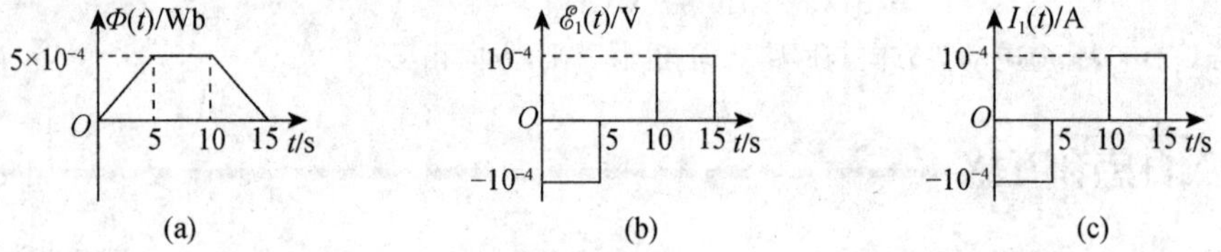

图 8-3

2. 互感　互感电动势

设有两个固定的闭合回路 L_1 和 L_2，当回路 L_1 中的电流 $I_1=I_1(t)$ 随时间而发生变化时，它所激发的变化磁场会在与它相邻的另一回路 L_2 中产生感应电动势，同样，回路 L_2 中的电流 $I_2=I_2(t)$ 随时间而变化时，也会在回路 L_1 中产生感应电动势，这种现象叫作互感，所产生的感应电动势称为互感电动势，用 $\mathscr{E}_M$ 表示，有

$$\mathscr{E}_{M1}=-\frac{\mathrm{d}\Phi_{12}}{\mathrm{d}t}=-M\frac{\mathrm{d}I_2}{\mathrm{d}t}$$

$$\mathscr{E}_{M2}=-\frac{\mathrm{d}\Phi_{21}}{\mathrm{d}t}=-M\frac{\mathrm{d}I_1}{\mathrm{d}t}$$

式中，M 为表示两线圈间互感强弱的物理量，称为互感系数，简称互感，其计算式为

$$M=\frac{\Phi_{21}}{I_1}=\frac{\Phi_{12}}{I_2}$$

互感 M 由线圈的几何形状、大小、匝数、相对位置及其周围所存在的磁介质的特性等决定.

小结：自感与互感.

物理量	内容	说明
自感电动势	$\mathscr{E}_i = -L\dfrac{dI}{dt}$	负号表示自感电动势将反抗回路中电流的变化
自感系数(自感)	$L=\dfrac{\Phi}{I}$	自感 L 与回路的形状、大小、位置、匝数以及周围磁介质(设介质是非铁磁性的)及其分布有关，而与回路中的电流无关
互感电动势	$\mathscr{E}_{21} = -M\dfrac{dI_1}{dt}$ $\mathscr{E}_{12} = -M\dfrac{dI_2}{dt}$	负号表示：在一个回路中所引起的互感电动势，要反抗另一个回路中电流的变化
互感系数(互感)	$M=\dfrac{\Phi_{21}}{I_1}=\dfrac{\Phi_{12}}{I_2}$	互感 M 与两个回路的大小、形状、匝数、相对位置以及周围的磁介质有关，而与回路中的电流无关

例 3 设在一长度 l 为 1 m，横截面积 S 为 10 cm^2，密绕有 $N_1=1000$ 匝线圈的长直螺线管中部再绕有 $N_2=20$ 匝的线圈，如图 8-4 所示.

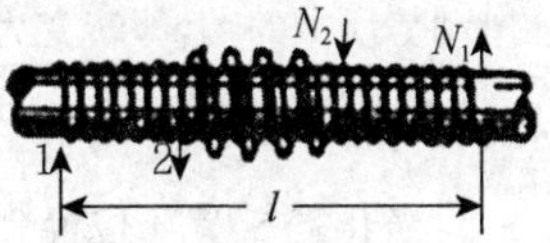

图 8-4

(1) 试计算这两个共轴螺线管的互感系数.

(2) 如果在回路 1 中电流随时间的变化率为 10 A·s^{-1}，求在回路 2 中所引起的互感电动势.

解 (1) 如果在长直螺线管上通过的电流为 I_1，则螺线管中部的磁感应强度为

$$B=\mu_0\frac{N_1I_1}{l}$$

穿过 N_2 匝线圈的总磁通量为

$$\Phi_{21}=BSN_2=\mu_0\frac{N_1I_1SN_2}{l}$$

根据互感系数的定义，得

$$M=\frac{\Phi_{21}}{I_1}=\mu_0\frac{N_1N_2S}{l}$$

把已知的 $l=1$ m，$S=10$ cm^2，$N_1=1000$，$N_2=20$ 和 $\mu_0=12.57\times10^{-7}$ H·m^{-1} 代入上式，得

$$M=\frac{12.57\times10^{-7}\times1000\times20\times10\times10^{-4}}{1}\text{H}=2.51\times10^{-5}\ \text{H}.$$

(2) 在回路 2 中所引起的互感电动势为

$$\begin{aligned}\mathscr{E}_{21}&=-M\frac{dI_1}{dt}=-2.51\times10^{-5}\times10\ \text{V}\\&=-2.51\times10^{-4}\ \text{V}.\end{aligned}$$

四、RL 电路

由闭合电路的欧姆定律得

$$\mathscr{E}-L\frac{dI}{dt}=RI$$

五、磁场的能量　磁场能量密度

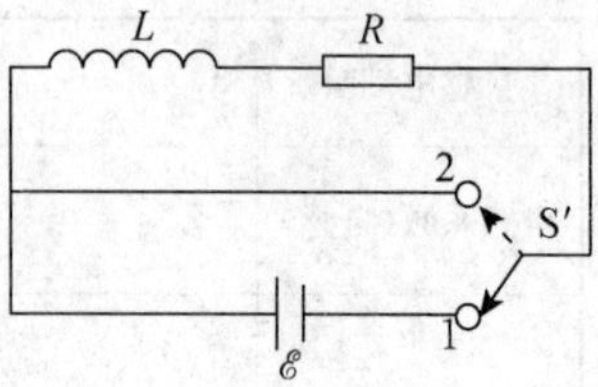

图 8-5

如图 8-5 所示，当 S′ 置于位置 1 时，电流满足微分方程

$$\mathscr{E}-L\frac{\mathrm{d}I}{\mathrm{d}l}=IR$$

上式各项乘以 $I\mathrm{d}t$，再积分得

$$\int_0^t \mathscr{E}I\mathrm{d}t=\frac{1}{2}LI^2+\int_0^t I^2R\mathrm{d}t$$

式中，$\int_0^t \mathscr{E}I\mathrm{d}t$ 为电源 $\mathscr{E}$ 所做的功，即电源提供的能量；$\frac{1}{2}LI^2$ 为电源反抗自感电动势所做的功；$\int_0^t I^2R\mathrm{d}t$ 为回路电阻上所释放的焦耳热.

从能量的角度上讲，电源供给的能量分成两部分：一部分转化为焦耳热，另一部转化为反抗自感电动势所做的功，即转变为另一种形式的能量（线圈中的磁能）. 线圈贮存的磁能为

$$W_m=\frac{1}{2}LI^2$$

当开关 S′ 置于位置 2 时，电阻 R 上释放的热量（单位为焦耳）为

$$Q=\int_0^\infty I^2R\mathrm{d}t=\int_0^\infty I_0^2\mathrm{e}^{-\frac{2R}{L}}\mathrm{d}t=\frac{1}{2}LI_0^2$$

即 R 上释放的热量正好与线圈中所贮存的磁能相等.

磁场中单位体积的磁能称为磁能密度，即 $\omega_m=\frac{1}{2}BH=\frac{1}{2}\mu H^2$，此式具有普遍意义.

磁场能量定域于磁场中，所以任意磁场的总能量为

$$W_m=\int \mathrm{d}W_m-\int \omega_m\mathrm{d}V=\int_V \frac{1}{2}BH\mathrm{d}V$$

其中积分遍及整个磁场分布的空间.

小结：磁场的能量.

物理量	内容	说明
载流线圈的自感磁能	$W_m=\frac{1}{2}LI^2$	通过计算磁场的能量就可以求得回路的自感，这是计算自感很重要的一种方法
磁场的能量密度	$W_m=\frac{1}{2}\frac{B^2}{\mu}=\frac{1}{2}\mu H^2=\frac{1}{2}BH$	
磁场的能量	$W_m=\int_V W_m\mathrm{d}V$	积分遍及磁场存在的整个空间

六、位移电流　电磁场基本方程的积分形式

1. 位移电流　全电流安培环路定理

电位移矢量的时间变化率称为位移电流密度 j_d，电位移通量 Ψ 的时间变化率称为位移电流. 因此有

$$I_d=\frac{\mathrm{d}\Psi}{\mathrm{d}t}=\int_S \frac{\partial \boldsymbol{D}}{\partial t}\cdot \mathrm{d}\boldsymbol{S}$$

$$\boldsymbol{j}_d = \frac{\partial \boldsymbol{D}}{\partial t}$$

传导电流与位移电流之和称为全电流，表达式为 $I_s = I_c + I_d = \int_S (\boldsymbol{j}_c + \boldsymbol{j}_d) \cdot d\boldsymbol{S}$.

全电流安培环路定理为$\int_l \boldsymbol{H} \cdot d\boldsymbol{l} = I_c + I_d = I_c + \frac{d\Psi}{dt} = \int_S \left(\boldsymbol{j}_c + \frac{\partial \boldsymbol{D}}{\partial t}\right) \cdot d\boldsymbol{S}$.

温馨提示 在任何磁场中，磁场强度沿任意封闭曲线的线积分等于通过该闭合曲线为边界所围面积的全电流.

小结：位移电流.

项目	内容	说明
位移电流	$I_d = \frac{d\Psi}{dt} = \int_S \frac{\partial \boldsymbol{D}}{\partial t} \cdot d\boldsymbol{S}$	电位移通量对时间的变化率等效于一种电流，称作位移电流
位移电流密度	$\boldsymbol{j}_d = \frac{\partial \boldsymbol{D}}{\partial t}$	电位移 $\boldsymbol{D}$ 的时间变化率，称为位移电流密度
全电流安培环路定理	$\oint_L \boldsymbol{H} \cdot d\boldsymbol{l} = \int_S \left(\boldsymbol{j}_c + \frac{\partial \boldsymbol{D}}{\partial t}\right) \cdot d\boldsymbol{S}$	变化的电场将在其周围空间激发磁场

2. 麦克斯韦方程组

麦克斯韦将电场和磁场的各种基本规律进行归纳总结后，提出了麦克斯韦方程组.

(1) 高斯定理，最基本的电场和场源的关系. 表达式为

$$\oint_S \boldsymbol{D} \cdot d\boldsymbol{S} = \int_V \rho dV = q.$$

(2) 法拉第电磁感应定律，说明变化的磁场产生电场. 表达式为

$$\oint_l \boldsymbol{E} \cdot d\boldsymbol{l} = -\int_S \frac{\partial \boldsymbol{B}}{\partial t} \cdot d\boldsymbol{S}.$$

(3) 磁通连续定理，表达式为

$$\oint_S \boldsymbol{B} \cdot d\boldsymbol{S} = 0.$$

(4) 普遍的安培环路定理，说明磁场由运动电荷或变化的电场产生. 表达式为

$$\oint_l \boldsymbol{H} \cdot d\boldsymbol{l} = \int_S \left(\boldsymbol{j}_c + \frac{\partial \boldsymbol{D}}{\partial t}\right) d\boldsymbol{S}.$$

小结：麦克斯韦电磁场方程组的积分形式.

项目	内容	说明
麦克斯韦方程组	$\oint_S \boldsymbol{D} \cdot d\boldsymbol{S} = \sum_i q_i$ $\oint_l \boldsymbol{E} \cdot d\boldsymbol{l} = -\int_S \frac{\partial \boldsymbol{B}}{\partial t} \cdot d\boldsymbol{S}$ $\oint_S \boldsymbol{B} \cdot d\boldsymbol{S} = 0$ $\oint_l \boldsymbol{H} \cdot d\boldsymbol{l} = \int_S \left(\boldsymbol{j}_c + \frac{\partial \boldsymbol{D}}{\partial t}\right) \cdot d\boldsymbol{S}$	变化的磁场可以激发涡旋电场，变化的电场可以激发涡旋磁场；变化的磁场和变化的电场相互依存、相互激发，从而组成一个统一的电磁场

课后习题全解

8-1 解题过程 当矩形线圈远离载流导线运动时,在载流导线的周围分布有磁场,并且磁感应强度的大小随着距离导线越远越小,感应电流产生条件是在闭合线圈中有变化的磁通量,而线圈运动时有变化的磁通量,于是产生了感应电流,方向为顺时针,本题选(B).

8-2 解题过程 根据法拉第电磁感应定律,闭合线圈中磁通量变化便会产生感应电流,而本环是绝缘体,不会产生电流,所以本题选(A).

8-3 解题过程 由于线圈 1、2 之间相互感应,故它们之间的互感系数相同,即 $M_{12}=M_{21}$,但题中 $\left|\frac{\mathrm{d}i_1}{\mathrm{d}t}\right|<\left|\frac{\mathrm{d}i_2}{\mathrm{d}t}\right|$,说明 i_2 中比 i_1 中磁通量变化快,所以线圈 2 中产生的电动势就大,即 $\mathscr{E}_{12}>\mathscr{E}_{21}$,本题选(D).

8-4 解题过程 位移电流实质相当于电流在运动,即电流在周围形成变化的电场而不是定向运动的电荷,本题选(A).

8-5 解题过程 感应电场不是保守场,线圈中的自感系数由线圈匝数、自身材料等决定,与回路中电流大小、磁通量大小无关,本题选(B).

8-6 知识点窍 法拉第电磁感应定律:$\mathscr{E}=-N\frac{\mathrm{d}\Phi}{\mathrm{d}t}$.

逻辑推理 由于线圈中有 N 匝相同的回路,所以该线圈的感应电动势应为各匝回路感应电动势的代数和,此时的法拉第电磁感应定律通常写成 $\mathscr{E}=-N\frac{\mathrm{d}\Phi}{\mathrm{d}t}=-\frac{\mathrm{d}\Psi}{\mathrm{d}t}$.

解题过程 根据法拉第电磁感应定律,有

$$\mathscr{E}=-N\frac{\mathrm{d}\Phi}{\mathrm{d}t}=-100\times(8.0\times10^{-5}\times100\pi)\cos(100\pi)\,\mathrm{V}$$
$$=-0.8\pi\cos(100\pi)\,\mathrm{V}\approx2.51\ \mathrm{V}.$$

8-7 知识点窍 无限长直导线的磁场分布:$B=\frac{\mu_0 I}{2\pi r}$;

磁通量定义式:$\Phi=\int_S \boldsymbol{B}\cdot\mathrm{d}\boldsymbol{S}$;

磁场叠加原理:$\boldsymbol{B}=\boldsymbol{B}_1+\boldsymbol{B}_2$;

法拉第电磁感应定律:$\mathscr{E}=-\frac{\mathrm{d}\Phi}{\mathrm{d}t}$.

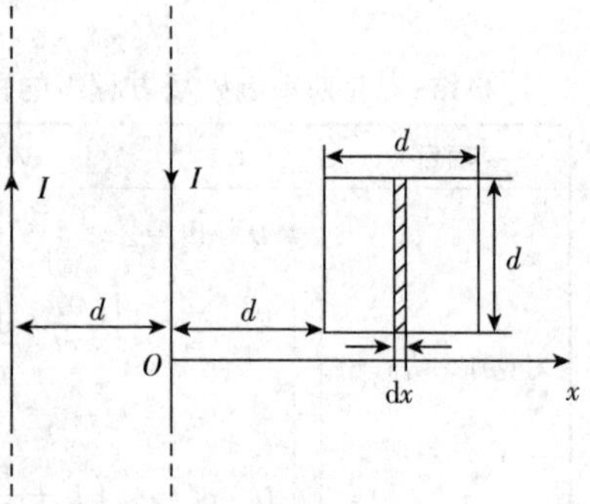

图解 8-7

逻辑推理 线圈所在位置的磁感应强度可由无限长直载流导线的磁场分布规律和磁场叠加原理求出,但磁感应强度 B 是 x 的函数,即 $B=B(x)$,穿过线圈回路的磁通量 $\Phi(t)$ 可利用微元法通过积分求得,最后对 $\Phi(t)$ 求时间的导数,即是线圈的感应电动势.

解题过程 建立如图解 8-7 所示的坐标系，线圈的感应电动势等于两直导线分别对线圈产生的电动势之和.

左边直导线对线圈产生的电动势 $\mathscr{E}_1$ 为

$$\Phi_1=\int \mathrm{d}\Phi_1=\int_d^{2d}\frac{\mu_0 Id}{2\pi(x+d)}\mathrm{d}x=\frac{\mu_0 Id}{2\pi}\ln\frac{3}{2}$$

$$\mathscr{E}_1=-\frac{\mathrm{d}\Phi_1}{\mathrm{d}t}=\left(-\frac{\mu_0 d}{2\pi}\ln\frac{3}{2}\right)\frac{\mathrm{d}I}{\mathrm{d}t}$$

因为两直导线电流方向相反，故右边直导线对线圈产生的电动势 $\mathscr{E}_2$ 为

$$\Phi_2=\int \mathrm{d}\Phi_2=\int_d^{2d}\frac{\mu_0 Id}{2\pi x}\mathrm{d}x=-\frac{\mu_0 Id}{2\pi}\ln 2$$

$$\mathscr{E}_2=-\frac{\mathrm{d}\Phi_2}{\mathrm{d}t}=\left(\frac{\mu_0 d}{2\pi}\ln 2\right)\frac{\mathrm{d}I}{\mathrm{d}t}$$

则线圈的总电动势为

$$\mathscr{E}=\mathscr{E}_1+\mathscr{E}_2=\left(\frac{\mu_0 d}{2\pi}\ln 2\right)\frac{\mathrm{d}I}{\mathrm{d}t}-\left(\frac{\mu_0 d}{2\pi}\ln\frac{3}{2}\right)\frac{\mathrm{d}I}{\mathrm{d}t}=\left(\frac{\mu_0 d}{2\pi}\ln\frac{4}{3}\right)\frac{\mathrm{d}I}{\mathrm{d}t}.$$

8-8 解题过程 当线圈的平面很快转到与 $\boldsymbol{B}$ 平行的方向时，该过程磁通量变化量为 $\Delta\Phi$，则产生的感应电荷为

$$q=\frac{\Delta\Phi}{R_{总}}=\frac{NBS}{R+R_{\mathrm{i}}}$$

于是可以得出磁感应强度为

$$B=\frac{q_0(R+R_{\mathrm{i}})}{NS}=0.050\ \mathrm{T}.$$

8-9 解题过程 单位时间内磁通量改变为

$$\frac{\Delta\Phi}{\Delta t}=BS\cdot\Delta v=0.1\times1.4\times10^{-4}\times\frac{180}{60}\ \mathrm{V}=4.2\times10^{-5}\ \mathrm{V},$$

$$\mathscr{E}=n\cdot\frac{\Delta\Phi}{\Delta t}=400\times4.2\times10^{-5}\ \mathrm{V}=0.168\ \mathrm{V}.$$

8-10 逻辑推理 (1) 线圈所在位置的磁感强度可由公式 $B=\frac{\mu_0 I}{2\pi r}$ 计算，由此可求出磁链 Ψ 及平均感应电动势 $\overline{\mathscr{E}}=\left|\frac{\Delta\Psi}{\Delta t}\right|$.

(2) 通过截面的电荷可由公式 $q=I\Delta t=\frac{\overline{\mathscr{E}}}{R}\cdot\Delta t$ 求出.

解题过程 (1) 线圈在始、末两位置的磁感应强度分别为

$$B_1=\frac{\mu_0 I}{2\pi r_1},B_2=\frac{\mu_0 I}{2\pi r_2},$$

穿过线圈的磁链为

$$\Psi_1=NB_1S=\frac{N\mu_0 IS}{2\pi r_1},\Psi_2=\frac{N\mu_0 IS}{2\pi r_2},$$

线圈的平均感应电动势为 $\overline{\mathscr{E}}=\left|\frac{\Delta\Psi}{\Delta t}\right|=\frac{N\mu_0 IS}{2\pi\Delta t}\left(\frac{1}{r_1}-\frac{1}{r_2}\right)=1.11\times10^{-8}\ \mathrm{V}$，电动势的指向为顺时针方向.

(2) 通过导线横截面的电荷为

$$q=\frac{|\Delta\Psi|}{R}=\frac{|\mathscr{E}|}{R}\cdot\Delta t=1.11\times10^{-8}\ \mathrm{C}.$$

8-11 知识点窍 法拉第电磁感应定律：$\mathscr{E}=-\frac{\mathrm{d}\Phi}{\mathrm{d}t}$.

逻辑推理 设构造一个闭合回路，如图解 8-11 所示，写出穿过回路的磁通量 $\Phi=\Phi(x)$，再利用法拉第电磁感应定律求出感应电动势.

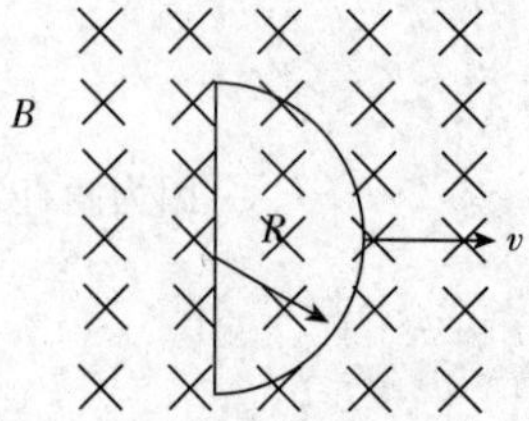

图解 8-11

解题过程 **解法一** 构造如图解 8-11 所示的闭合回路，参照教材中习题 8-11 图，其中半圆弧 $\overset{\frown}{OP}$ 向右滑动，则

$$\Phi=\left(2R\cdot x+\frac{1}{2}\pi R^2\right)B$$

所以

$$\mathscr{E}=-\frac{\mathrm{d}\Phi}{\mathrm{d}t}=-2RB\frac{\mathrm{d}x}{\mathrm{d}t}=-2RBv$$

由于静止的⊏形轨道上的电动势为零，则

$$\mathscr{E}=-2RvB$$

只由半圆弧产生且 P 端电势高.

解法二 利用动生电动势公式 $\mathrm{d}\mathscr{E}=(\boldsymbol{v}\times\boldsymbol{B})\cdot\mathrm{d}\boldsymbol{l}$ 求解.

在导体上任取导线元 $\mathrm{d}\boldsymbol{l}$，则

$$\mathrm{d}\mathscr{E}=(\boldsymbol{v}\times\boldsymbol{B})\cdot\mathrm{d}\boldsymbol{l}=vB\sin90^\circ\cos\theta\mathrm{d}l=vB\cos\theta R\mathrm{d}\theta$$

所以

$$\mathscr{E}=\int\mathrm{d}\mathscr{E}=vBR\int_{-\frac{\pi}{2}}^{\frac{\pi}{2}}\cos\theta\mathrm{d}\theta=2RvB$$

由 $\boldsymbol{v}\times\boldsymbol{B}$ 指向可知，P 端电势高.

8-12 逻辑推理 棒两端的电势差相当于端压，其大小与开路情况的电动势相等，但方向相反，即：$U_{AB}=-\mathscr{E}_{AB}$. 因此利用求动生电动势的公式 $\mathscr{E}=\int\mathrm{d}\mathscr{E}=\int(\boldsymbol{v}\times\boldsymbol{B})\cdot\mathrm{d}\boldsymbol{l}$ 可求出棒两端的电势差.

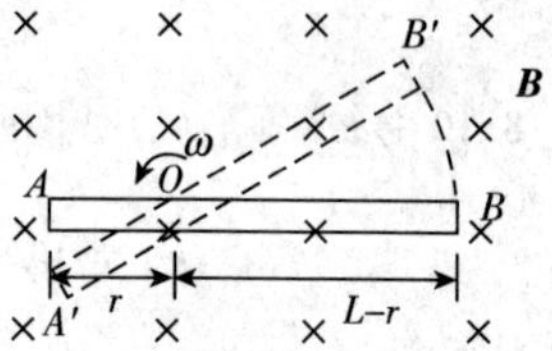

图解 8-12

解题过程 **解法一** 如图解 8-12 所示，点 O 为支点，$AO=r$，$OB=L-r$，则

$$\mathrm{d}\mathscr{E}=(\boldsymbol{v}\times\boldsymbol{B})\cdot\mathrm{d}\boldsymbol{l}=-\omega lB\mathrm{d}l$$

所以

$$\mathscr{E}_{AB}=\int\mathrm{d}\mathscr{E}=\int_{-r}^{L-r}-\omega lB\mathrm{d}l=-\frac{1}{2}\omega BL(L-2r),$$

因此棒两端的电势差为

$$U_{AB}=-\mathscr{E}_{AB}=\frac{1}{2}\omega BL(L-2r)$$

当 $L>2r$ 时，A 端电势高.

解法二 t 时间内棒 B 端扫过的面积为 $S=\frac{1}{2}(L-r)^2\omega t$，则

$$\mathscr{E}_{BO}=-\frac{\mathrm{d}\Phi}{\mathrm{d}t}=-\frac{\mathrm{d}}{\mathrm{d}t}\left[B\frac{1}{2}(L-r)^2\omega t\right]=-\frac{1}{2}B\omega(L-r)^2$$

同理 $$\mathscr{E}_{AO}=-\frac{1}{2}B\omega r^2$$

则 $$U_{AB}=\mathscr{E}_{AO}-\mathscr{E}_{BO}=-\frac{1}{2}B\omega r^2+\frac{1}{2}\omega(L-r)^2=\frac{1}{2}\omega BL(L-2r).$$

8-13 逻辑推理 参考教材习题 8-13 图，由对称性可知，导体 OP 旋转至任何位置时产生的电动势都相同. 本题可直接由公式 $\mathscr{E}=\int_l(\boldsymbol{v}\times\boldsymbol{B})\cdot\mathrm{d}\boldsymbol{l}$ 求解.

解题过程 **解法一** 建 Ox 坐标系，在棒上取微元 $\mathrm{d}x$，其速度 $v=\omega x\cos\alpha$，由于 $\boldsymbol{v}\perp\boldsymbol{B}$，所以 $\boldsymbol{v}$ 的方向水平向右，且

$$|\boldsymbol{v}\times\boldsymbol{B}|=vB=\omega x\cos\alpha\cdot B$$

$$(\boldsymbol{v}\times\boldsymbol{B})\cdot\mathrm{d}\boldsymbol{x}=\omega xB\cos\alpha\cdot\mathrm{d}x\cdot\cos\alpha=\omega xB\cos^2\alpha\mathrm{d}x$$

所以 OP 棒产生的感应电动势为

$$\mathscr{E}=\int(\boldsymbol{v}\times\boldsymbol{B})\cdot\mathrm{d}\boldsymbol{x}=\int_0^L\omega xB\cos^2\alpha\mathrm{d}x=\frac{1}{2}\omega BL^2\cos^2\alpha=\frac{1}{2}\omega BL^2\sin^2\theta$$

由 $\boldsymbol{v}\times\boldsymbol{B}$ 的方向可知 P 端电势高.

解法二 构造闭合回路 $OPQO$，则当 OP 绕 OQ 旋转时，穿过整个回路的磁通量 $\Phi=0$ 不变，即回路的感应电动势 $\mathscr{E}=\frac{\mathrm{d}\Phi}{\mathrm{d}t}=0$，即

$$\mathscr{E}_{OP}+\mathscr{E}_{PQ}+\mathscr{E}_{QO}=0,$$

式中 $\mathscr{E}_{QO}=0$，所以

$$\mathscr{E}_{OP}=-\mathscr{E}_{PQ}=\mathscr{E}_{QP}=\frac{B\cdot\pi(PQ)^2}{T}=\frac{B\pi(PQ)^2}{2\pi}\cdot\omega=\frac{1}{2}B\omega L^2\sin^2\theta,$$

方向为 $Q\rightarrow P$，即 P 端电势高

8-14 逻辑推理 参考教材习题 8-14 图，在棒上取微元 $\mathrm{d}x$，该处的磁感应强度可由公式 $B=\frac{\mu_0 I}{2\pi x}$ 求得，再利用动生电动势的公式对整个金属杆进行积分，可求出棒中的感生电动势.

解题过程 由右手螺旋法则，导线在右侧的磁感应强度的方向是垂直纸面向里，大小为 $B=\frac{\mu_0 I}{2\pi x}$.

建 Ox 坐标系，在金属杆上取微线元 $x\sim x+\mathrm{d}x$，其产生的电动势为 $\mathrm{d}\mathscr{E}=(\boldsymbol{v}\times\boldsymbol{B})\cdot\mathrm{d}\boldsymbol{x}$，所以整个金属杆产生的电动势为

$$\mathscr{E}=\int\mathrm{d}\mathscr{E}=\int_L(\boldsymbol{v}\times\boldsymbol{B})\cdot\mathrm{d}\boldsymbol{x}=-\int_{0.1\,\mathrm{m}}^{1.1\,\mathrm{m}}v\cdot\frac{\mu_0 I}{2\pi x}\cdot\mathrm{d}x$$

$$=-\frac{\mu_0 Iv}{2\pi}\ln 11=-3.84\times 10^{-5}\ \mathrm{V},$$

式中负号表示电动势的方向由 B 指向 A，A 端电势高.

8-15 逻辑推理 建立图解 8-15 所示坐标，取面积元 $\mathrm{d}S=l_2\mathrm{d}x$，穿过该面元的磁通量为 $\mathrm{d}\Phi=B\cdot\mathrm{d}S$，式中 $B=\frac{\mu_0 I}{2\pi x}$，穿过整个线框的磁通量为 $\Phi=\int\mathrm{d}\Phi=\int_d^{d+l}Bl_2\mathrm{d}x=\int_d^{d+l}\frac{\mu_0 I_2}{2\pi x}\mathrm{d}x$，再对 Φ 求导，即可求出感应电动势.

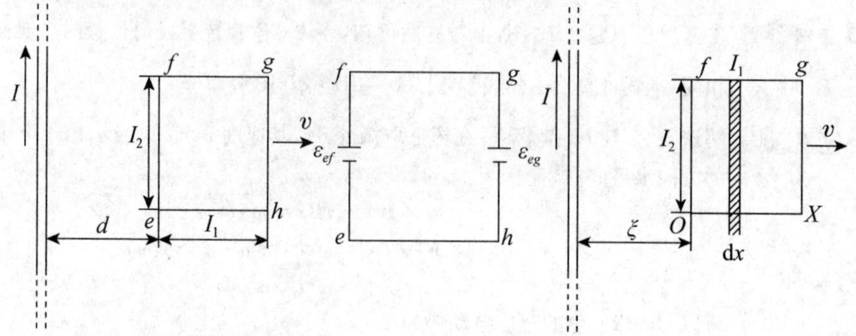

(a)　　(b)　　(c)

图解 8-15

解题过程 导线在其右侧的磁感应强度为 $B=\frac{\mu_0 I}{2\pi x}$，方向垂直纸面向里. 建立如图解 8-15 所示的坐标系，对于 $x\sim x+\mathrm{d}x$ 的微元 $\mathrm{d}S=l_2\mathrm{d}x$，则 $\mathrm{d}\Phi=B\cdot\mathrm{d}S=\frac{\mu_0 I}{2\pi x}\cdot l_2\mathrm{d}x$，所以通过整个线框的磁通量为

$$\Phi=\int\mathrm{d}\Phi=\int_{\mathrm{d}}^{d+l_1}\frac{\mu_0 Il_2}{2\pi x}\mathrm{d}x=\frac{\mu_0 Il_2}{2\pi}\cdot\ln\frac{d+l_1}{d}$$

线框的感应电动势为

$$\mathscr{E}=-\frac{\mathrm{d}\Phi}{\mathrm{d}t}=-\frac{\mu_0 Il_2}{2\pi}\cdot\left(\frac{1}{d+l_1}-\frac{1}{d}\right)v=\frac{\mu_0 Il_1l_2v}{2\pi d(d+l_1)}$$

由 $\mathscr{E}>0$ 可知，线框中的电动势为顺时针方向.

此时也可通过动生电动势进行计算，即

$$\mathscr{E}=\mathscr{E}_{\mathrm{ef}}-\mathscr{E}_{gh}=vl_2(B_{ef}-B_{gh})$$

式中 $B_{ef}=\frac{\mu_0 I}{2\pi d}$，$B_{gh}=\frac{\mu_0 I}{2\pi(d+l_1)}$，所以

$$\mathscr{E}=\frac{\mu_0 Il_2v}{2\pi}\left(\frac{1}{d}-\frac{1}{d+l_1}\right)=\frac{\mu_0 Il_1l_2v}{2\pi d(d+l_1)}.$$

8-16 知识点窍 自由落体运动速度公式：$v=\sqrt{2gh}$；

法拉第电磁感应定律：$\mathscr{E}=-\frac{\mathrm{d}\Phi}{\mathrm{d}t}$；

安培定律：$\boldsymbol{F}_{\mathrm{A}}=\int I\cdot(\mathrm{d}\boldsymbol{l}\times\boldsymbol{B})$.

逻辑推理 参见教材习题 8-16 图，线框的运动可分为 3 个阶段：在进入磁场前，线圈作自由落体

运动;在一条边进入磁场的过程中,线框内有感应电动势及感应电流,线框在重力和安培力作用下作变加速直线运动;线框完全进入磁场后,磁通量不再发生变化,此时无感应电动势和感应电流,线框只受重力作用,作匀加速直线运动,其初速度可由第二阶段末速度给出.

解题过程 (1) $0 \leqslant t \leqslant t_1$,线框作自由落体运动,其速度与时间的关系为

$$v = gt \quad (t \leqslant t_1)$$

末速度为 $v_1 = \sqrt{2gh}$, $t_1 = \sqrt{\frac{2h}{g}}$.

(2) $t_1 \leqslant t \leqslant t_2$; $I = \frac{\mathscr{E}}{R} = \frac{1}{R} \cdot \frac{\mathrm{d}\Phi}{\mathrm{d}t} = \frac{1}{R} \cdot \frac{\mathrm{d}(B \cdot ly)}{\mathrm{d}t} = \frac{Bl \cdot v}{R}$

线框受到向上的安培力为 $F_A = BIl = \frac{B^2 l^2 v}{R}$,

由牛顿第二定律有 $mg - \frac{B^2 l^2 v}{R} = m\frac{\mathrm{d}v}{\mathrm{d}t}$,

令 $k = \frac{B^2 l^2}{mR}$,上式变为

$$\frac{\mathrm{d}v}{g - kv} = \mathrm{d}t$$

两边积分得 $\int_{v_1}^{v} \frac{\mathrm{d}v}{g - kv} = \int_{t_1}^{t} \mathrm{d}t$; $\ln \frac{g - kv}{g - kv_1} = -k(t - t_1)$,

所以 $v = \frac{1}{k}[g - (g - kv_1)\mathrm{e}^{-k(t-t_1)}]$.

(3) $t \geqslant t_2$ 时,线圈的磁通量不随时间变化,这时线圈不受磁场力作用而仅受重力作用,将作自由落体运动,故

$$v = v_2 + g(t - t_2)$$
$$= \frac{1}{k}[g - (g - kv_1)]\mathrm{e}^{-k(t_2 - t_1)} + g(t - t_2)].$$

8-17 逻辑推理 已知导线截面半径 r 及回路半径 R,由电阻定律可求出图形回路的电阻 $R' = \rho \cdot \frac{2\pi R}{\pi r^2}$,回路的感应电动势为 $\mathscr{E} = -\frac{\mathrm{d}\Phi}{\mathrm{d}t} = -\frac{S\mathrm{d}B}{\mathrm{d}t}$,感应电流为 $I = \frac{\mathscr{E}}{R'}$,再利用密度与体积、质量的关系即可得出待证结论.

解题过程 通过回路的磁通为 $\Phi = SB$. 因 B 在随时间变化,故回路中有感应电动势. 由法拉第感应定律得

$$\mathscr{E} = -\frac{\mathrm{d}\Phi}{\mathrm{d}t} = -\frac{S\mathrm{d}B}{\mathrm{d}t} = -\frac{S\mathrm{d}B}{\mathrm{d}t} = -\frac{\pi R^2 \mathrm{d}B}{\mathrm{d}t}$$

又因为回路的电阻为 $R' = \rho\frac{l}{S} = \rho\frac{2\pi R}{\pi r^2} = \rho\frac{2R}{r^2}$,所以,回路的感应电流为

$$I = \frac{|\varepsilon|}{R'} = \frac{\pi R^2 \frac{\mathrm{d}B}{\mathrm{d}t}}{\rho \cdot \frac{2R}{r^2}} = \frac{\pi R r^2}{2\rho} \cdot \frac{\mathrm{d}B}{\mathrm{d}t} \qquad ①$$

密度为

$$d = \frac{m}{V} = \frac{m}{2\pi R \cdot \pi r^2} \qquad ②$$

将式 ② 代入式 ① 得 $I = \frac{m}{4\pi\rho d}\frac{dB}{dt}$.

结论得证.

8-18 知识点窍 感生电动势公式：$\mathscr{E} = \oint \boldsymbol{E}_k \cdot d\boldsymbol{l} = -\int_S \frac{\partial \boldsymbol{B}}{\partial t} \cdot d\boldsymbol{S}$.

逻辑推理 无限长直螺线管内磁场具有柱对称性，其横截面的磁场分布如图解 8-19 所示，其激发的感生电场也具有柱对称性. 考虑感生电场的电场线为闭合曲线，因而感生电场的电场线是一系列以螺线管中心轴为圆心的同心圆. 同圆周上各点的电场强度 E_k 的大小相等、方向沿圆周的切线方向. 据此可由公式 $\mathscr{E} = -\frac{d\Phi}{dt}$ 及 $\mathscr{E} = \oint \boldsymbol{E}_k \cdot d\boldsymbol{l}$ 求出感生电场的分布.

解题过程 任取一电场线为闭合回路 l（半径为 r 的圆），取顺时针方向为回路正向，由法拉第电磁感应定律得

$$\mathscr{E} = -\frac{d\Phi}{dt} = -S\frac{dB}{dt} = -\pi r^2 \frac{dB}{dt} \qquad ①$$

由电势定义得

$$\mathscr{E} = \int \boldsymbol{E}_k \cdot d\boldsymbol{l}. \qquad ②$$

(1) 当 $r < R$ 时，$\mathscr{E} = E_k 2\pi r$，解得 ③

$$E_k = -\frac{r}{2}\frac{dB}{dt} \qquad ④$$

当 $r > R$ 时，$\mathscr{E} = E_k \cdot 2\pi r$，由式 ①、式 ②、式 ④ 得

$$E_k = -\frac{R^2}{2r} \cdot \frac{dB}{dt}$$

由于 $\frac{dB}{dt} > 0$，故电场线的绕向为逆时针.

(2) 由于 $r = 5.0\ \text{cm} > R$，即所求点在螺线管外，因此

$$\frac{d\Phi}{dt} = \pi R^2 \frac{dB}{dt}$$

而 $\mathscr{E} = 2\pi r E_k$，所以

$$E_k = -\frac{R^2}{2r} \cdot \frac{dB}{dt}$$

将已知数据代入上式得

$$E_k = -4.0 \times 10^{-5}\ \text{V} \cdot \text{m}^{-1},$$

负号表示电场线的绕向是逆时针的.

8-19 逻辑推理 由磁场分布的柱对称性可知感生电场也具有柱对称性，即感生电场的电场线是一系列以圆柱形轴线上各点为圆心的同心圆，同心圆上各点的电场强度 E_k 大小相等，方向沿圆的切向，据此可利用 $\mathscr{E} = \oint \boldsymbol{E}_k \cdot d\boldsymbol{l}$ 及 $\mathscr{E} = -\frac{d\Phi}{dt}$ 证明此题.

解题过程 如图解 8-19 所示，选择半径 OP、QO 及金棒 PQ 为闭合回路，则该回路产生的电动势

为

$\mathscr{E}=\oint \boldsymbol{E}_k\cdot d\boldsymbol{l}=\int_{OP}\boldsymbol{E}_k\cdot d\boldsymbol{l}+\int_{PQ}\boldsymbol{E}_k\cdot d\boldsymbol{l}+\int_{QO}\boldsymbol{E}_k\cdot d\boldsymbol{l}$,对于半径 OP 和 QO 段,$\boldsymbol{E}_k\perp d\boldsymbol{l}$,故 $\boldsymbol{E}_k\cdot d\boldsymbol{l}=0$. 所以

$$\mathscr{E}=\int_{PQ}\boldsymbol{E}_k\cdot d\boldsymbol{l}$$

即闭合回路 $OPQO$ 产生的感应电动势等于棒 PQ 产生的感应电动势. 再由法拉第电磁感应定律得回路 $OPQO$ 产生的电动势(即棒 PQ 产生的感应电动势)为

$$\mathscr{E}=\left|-\frac{d\Phi}{dt}\right|=S\frac{dB}{dt}=\frac{dB}{dt}\cdot\frac{l}{2}\cdot\sqrt{R^2-\left(\frac{l}{2}\right)^2}.$$

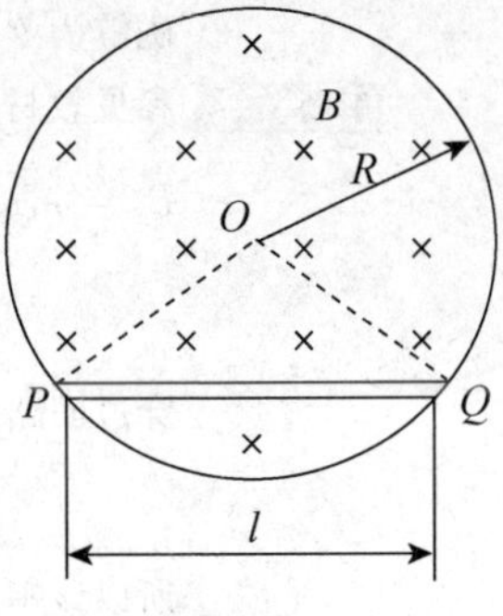

图解 8-19

8-20 知识点窍 安培环路定理:$\oint \boldsymbol{B}\cdot d\boldsymbol{l}=\mu_0\sum I$;

磁链定义:$\Psi=N\Phi=N\int_S \boldsymbol{B}\cdot d\boldsymbol{S}$;

自感系数定义:$L=\dfrac{\Psi}{I}$.

逻辑推理 设有电流 I 通过线圈,由安培环路定理求出环内的磁场分布 $B=B(r)$,进而由磁链定义式求出穿过自身回路的磁链 $\Psi=N\Phi$,代入自感系数的定义式即可.

解题过程 设有电流 I 通过线圈,由对称性可知,磁场只集中在螺绕环内,且磁感线应为同心圆. 在同一圆形磁感线上各点 B 的大小相等、方向沿切向. 据此在环内取半径为 $r(R_1<r<R_2)$ 的同心圆为环路,由安培环路定理可得

$$\oint \boldsymbol{B}\cdot d\boldsymbol{l}=2\pi r\cdot B=\mu_0 NI$$

所以

$$B=\frac{\mu_0 NI}{2\pi r}$$

如图解 8-20 所示,取截面元 $dS=h dr$,则

$$d\Phi=BdS=Bh\,dr$$

穿过一匝线圈的磁通量为 $\Phi=\int d\Phi=\int_{R_1}^{R_2}\dfrac{\mu_0 NIh}{2\pi r}dr$,

穿过回路的磁链为 $\Psi=N\Phi=\dfrac{\mu_0 N^2 Ih}{2\pi}\cdot\ln\dfrac{R_2}{R_1}$,

所以螺绕环的自感为 $L=\dfrac{\Psi}{I}=\dfrac{\mu_0 N^2 h}{2\pi}\ln\dfrac{R_2}{R_1}$.

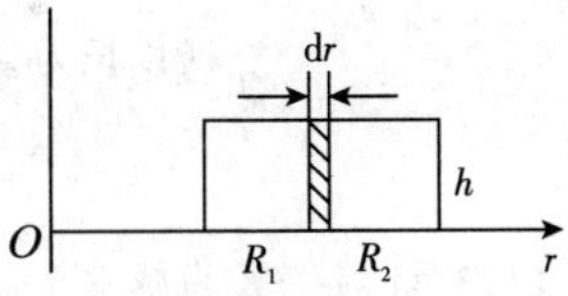

图解 8-20

8-21 知识点窍 长直螺线管内的磁感应强度:$B=\mu nI$;磁链的定义:$\Psi=N\Phi$;

磁通量的定义:$\Phi=\int \boldsymbol{B}\cdot d\boldsymbol{S}$;自感定义:$L=\dfrac{\Psi}{I}$.

逻辑推理 在螺线管内部存在两种介质,其内部的磁感应强度分别为 $B_1=\mu_1 nI=\mu_1\dfrac{N}{l}I$, $B_2=\mu_2\dfrac{N}{l}I$,由此可求出穿过一匝线圈的磁通量为 $\Phi=B_1S_1+B_2S_2$,穿过回路的

磁链为$\Psi = N\Phi$,代入自感定义式即可.

解题过程 参见教材习题 8-21 图,设回路中有电流 I,则在两种介质中的磁感应强度分别为

$B_1 = \mu_1 nI = \mu_1 \dfrac{N}{l} I, B_2 = \mu_2 \dfrac{N}{l} I$,穿过一匝线圈的磁通量为

$$\Phi = B_1 S_1 + B_2 S_2 = \frac{NI}{l}(\mu_1 S_1 + \mu_2 S_2)$$

穿过回路的磁链为

$$\Psi = N\Phi = \frac{N^2 I}{l}(\mu_1 S_1 + \mu_2 S_2)$$

所以该螺线管的自感为

$$L = \frac{\Psi}{I} = \frac{N^2}{l}(\mu_1 S_1 + \mu_2 S_2).$$

8-22 逻辑推理 由长直载流导线的磁场分布及磁场叠加原理求出两导线之间的磁场分布规律 $B = B(r)$. 由此利用磁通量的定义式求出长为 l 的一对导线之间(图解 8-22 中阴影部分) 的磁通量,代入自感定义式求出对应的自感.

解题过程 建立一维坐标系 Or,如图解 8-22 所示. 由长直载流导线的磁场分布规律及磁场叠加原理,可得两导线之间任意一点的磁感应强度为

$$B = \frac{\mu_0 I}{2\pi r} + \frac{\mu_0 I}{2\pi(d-r)}$$

穿过阴影部分的磁通量为

$$\Phi = \int_S \boldsymbol{B} \cdot \mathrm{d}\boldsymbol{S} = \int_a^{d-a} \frac{\mu_0 Il}{2\pi}\left(\frac{1}{r} + \frac{1}{d-r}\right)\mathrm{d}r = \frac{\mu_0 Il}{\pi}\ln\frac{d-a}{a}$$

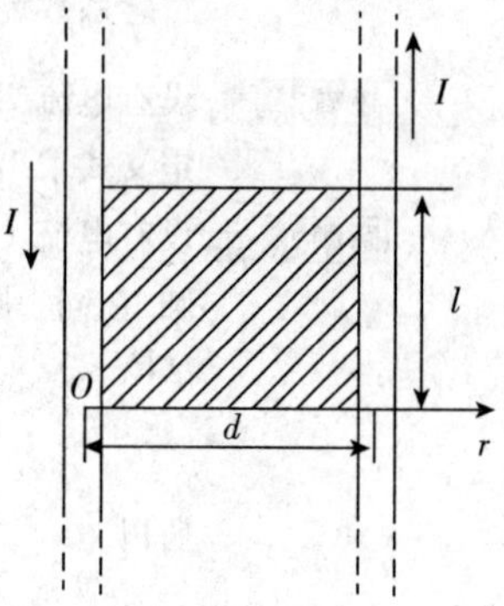

图解 8-22

所以长为 l 的一对导线的自感为

$$L = \frac{\Phi}{I} = \frac{\mu_0 l}{\pi}\ln\frac{d-a}{a}.$$

8-23 知识点窍 自感定义式:$L = \dfrac{\Phi}{I}$.

逻辑推理 参见教材习题 8-23 图,线圈 AB 和 $A'B'$ 绕在同一纸筒上,纸筒内的磁通量由两个线圈共同产生. 对于题中所述(1)、(2) 两种不同的接法,线圈中的电流方向不尽相同. 对于接法(1):A 和 A' 相接时,两线圈电流方向相反,纸筒内磁通量互相抵消,即 $\Phi = 0$; 对于接法(2):A' 和 B 相接时,两线圈中的电流方向相同,穿过一组线圈,磁通量为 2Φ,总磁通量为 4Φ,故由 $L = \dfrac{\Phi}{I}$ 可求出对应的自感.

解题过程 (1) A 和 A' 连接. 设想电流由 B 流入,由 B' 流出,AB 和 $A'B'$ 中的电流绕行方向相反,通过回路的总磁通量也相反,故穿过整个回路的磁通量为 $\Phi_1 = 2\Phi - 2\Phi = 0$,所以 $L_1 = 0$.

(2) A' 和 B 连接. 设想有电流 I 从 A 流入，从 B' 流出，AB 和 $A'B'$ 线圈中电流流向相同，故穿过整个回路的磁通量为 $\Phi_2 = 2\Phi + 2\Phi = 4\Phi$，所以

$$L_2 = \frac{\Phi_2}{I} = \frac{4\Phi}{I} = 4L.$$

8-24 逻辑推理 参见教材习题8-24图，设线圈B中有电流 I，则在线圈A中心处的磁感应强度可由公式 $B = \frac{N_B \mu_0 I}{2R_B}$ 给出，由于线圈A很小，其所在处的磁场可视为是均匀的，因而穿过线圈A的磁通量 $\Phi \approx BS_A$，其磁链为 $\Psi = N_A \Phi = N_A BS_A$，代入互感定义式 $M = \frac{\Psi_A}{I}$ 即可.

解题过程 (1) 设线圈B有电流 I 流过，它在圆心处产生的磁感应强度为 $B_0 = \frac{N_B \mu_0 I}{2R_B}$，穿过线圈A的磁链为

$$\Psi_A = N_A \Phi = N_A B_0 S_A = \frac{N_A N_B \mu_0 I S_A}{2R_B}$$

所以两线圈的互感为

$$M = \frac{\Psi_A}{I} = \frac{N_A N_B \mu_0 S_A}{2R_B} = 6.28 \times 10^{-6}\ \text{H}.$$

(2) 当 $\frac{\mathrm{d}I_B}{\mathrm{d}t} = -50\ \text{A} \cdot \text{s}^{-1}$ 时，线圈A中的感应电动势为

$$\mathscr{E}_A = -M \frac{\mathrm{d}I_B}{\mathrm{d}t} = 3.14 \times 10^{-4}\ \text{V},$$

感应电动势的方向和线圈B中的电流方向相同.

8-25 知识点窍 圆形载流导线轴线上的磁感强度：$B = \frac{\mu_0 IR^2}{2(R^2 + d^2)^{3/2}}$；

互感定义式：$M = \frac{\Psi}{I}$.

逻辑推理 参见教材习题8-25图，由圆形载流导线轴线上的磁感应强度公式可近似求出线圈C所围面积的磁场(近似为均匀磁场)，再由磁链定义式求出穿过线圈A的磁链，代入互感定义式即可求出两线圈的互感.

解题过程 线圈A在线圈C处产生的磁感应强度为

$$B = \frac{\mu_0 IR^2}{2(R^2 + d^2)^{3/2}} \text{(}I\text{ 为线圈 A 中的电流)}.$$

(1) 线圈C为单匝，穿过线圈C的磁链为 $\Psi = BS_C$，此时两线圈的互感为

$$M = \frac{\Psi}{I} = \frac{BS_C}{I} = \frac{\mu_0 R^2 S_C}{2(R^2 + d^2)^{3/2}} = \frac{\mu_0 R^2 \pi r^2}{2(R^2 + d^2)^{3/2}}.$$

(2) 线圈C为 N 匝，穿过线圈C的磁链为

$$\Psi = NBS_C$$

此时两线圈的互感为

$$M_N = N \cdot M = \frac{N\mu_0 \pi R^2 r^2}{2(R^2 + d^2)^{3/2}}.$$

8-26 知识点窍 环形螺线管内部的磁感强度：$B = \mu_0 \mu_r nI$；

法拉第电磁感应定律：$\mathscr{E}=-\dfrac{\mathrm{d}\Psi}{\mathrm{d}t}$;

电流公式：$I=\dfrac{\mathscr{E}}{R}=\dfrac{\Delta q}{\Delta t}$.

逻辑推理 参见教材习题 8-26 图，当螺绕环 A 通电 I_1 时，穿过线圈 C 的磁链为 $\Psi=N_C BS=N_C u_0\mu_r nI_1 S$，开关突然开启后，磁链的变化量为 $\Delta\Psi=0-\Psi=-N_C u_0\mu_r nI_1$，线圈 C 产生的感应电动势为 $\mathscr{E}=-\dfrac{\Delta\Psi}{\Delta t}$，感应电流为 $I=\dfrac{\mathscr{E}}{R}=\dfrac{\Delta q}{\Delta t}$，即 $-\dfrac{\Delta\Psi}{R}=\Delta q$. 联立以上各式可求出铁磁质中的 B 及 μ_r.

解题过程 A 中通电 I_1 时，穿过线圈 C 的磁链为

$$\Psi=N_C\Phi=N_C\cdot BS$$

开关突然开启后，电流变为零，穿过线圈 C 的磁链也变为零. 线圈 C 产生的感应电动势为

$$\mathscr{E}=-\frac{\Delta\Psi}{\Delta t}=-\frac{0-\Psi}{\Delta t}=\frac{N_C BS}{\Delta t}$$

线圈 C 产生的感应电流为 $I=\dfrac{\mathscr{E}}{R}=\dfrac{\Delta q}{\Delta t}$，即

$$\frac{N_C BS}{R\Delta t}=\frac{\Delta q}{\Delta t}$$

所以铁磁质内的磁感应强度为

$$B=\frac{R\cdot\Delta q}{N_C S}=0.10\ \mathrm{T},$$

再由 $B=\mu_0\mu_r nI_1$，得 $\mu_r=\dfrac{B}{\mu_0 nI_1}=199$.

8-27 **逻辑推理** (1) 由公式 $B=\mu_0 nI$ 可求出螺线管内部的磁感应强度，再由 $\Psi=N\Phi=NBS$ 及 $L=\dfrac{\Psi}{I}$ 求出自感 L，代入公式 $W_m=\dfrac{1}{2}LI^2$ 就可求螺线管中贮存的磁能，再由 $w_m=\dfrac{W_m}{V}$ 可求出磁能密度.

(2) 由 RL 电路中的电流变化规律 $I=\dfrac{\varepsilon}{R}(1-e^{-\frac{R}{L}t})$ 可知 $I_m=\dfrac{\mathscr{E}}{R}$，所以“最大磁能的一半”即 $\dfrac{1}{2}LI^2=\dfrac{1}{2}\left(\dfrac{1}{2}LI_m^2\right)$，由此得出 $I=\dfrac{\sqrt{2}}{2}I_m=\dfrac{\sqrt{2}}{2}\dfrac{\mathscr{E}}{R}$，亦即 $\dfrac{\mathscr{E}}{R}(1-e^{-\frac{R}{L}t})=\dfrac{\sqrt{2}}{2}\dfrac{\mathscr{E}}{R}$，由此可解出 t.

解题过程 (1) 由于 $B=\mu_0 nI=\dfrac{\mu_0 NI}{l}$，所以

$$\Psi=N\Phi=NBS=\frac{\mu_0 N^2 IS}{l}$$

线圈的自感为 $$L=\frac{\Psi}{I}=\frac{\mu_0 N^2 S}{l}$$

线圈中电流稳定后，$I=\dfrac{\mathscr{E}}{R}$，所以线圈中贮存的磁能为

$$W_m = \frac{1}{2}LI^2 = \frac{\mu_0 N^2 S\varepsilon^2}{2lR^2} = 3.28 \times 10^{-5}\ \text{J},$$

忽略边缘效应，螺线管内的磁能密度为

$$w_m = \frac{W_m}{V} = \frac{W_m}{Sl} = 4.17\ \text{J} \cdot \text{m}^{-3}.$$

(2) 由 RL 电路的电流变化规律 $I = \frac{\mathscr{E}}{R}(1 - e^{-\frac{R}{L}t})$ 可知，$I_m = \frac{\mathscr{E}}{R}$，由题意知

$$\frac{1}{2}LI^2 = \frac{1}{2}\left(\frac{1}{2}LI_m^2\right)$$

即 $$I = \frac{\sqrt{2}}{2}I_m = \frac{\sqrt{2}}{2}\frac{\mathscr{E}}{R},$$

所以有 $$I = \frac{\mathscr{E}}{R}(1 - e^{-\frac{R}{L}t}) = \frac{\sqrt{2}}{2}\frac{\mathscr{E}}{R},$$

解得 $$t = -\frac{L}{R}\ln\left(1 - \frac{\sqrt{2}}{2}\right) = \frac{L}{R}\ln(2 + \sqrt{2}) = 1.56 \times 10^{-4}\ \text{s}.$$

8-28 知识点窍 安培环路定理：$\oint \boldsymbol{B} \cdot d\boldsymbol{l} = \mu \sum I$；磁场能量密度：$w_m = \frac{W_m}{V} = \frac{1}{2}\frac{B^2}{\mu}$；

磁场能量公式：$W_m = \int_V w_m dV$.

逻辑推理 由安培环路定理可求出导线内部的磁感应强度 $B = B(r)$，将 $B = B(r)$ 代入 $w_m = \frac{1}{2}\frac{B^2}{\mu}$ 中可求出磁场能量密度. 再由 $W_m = \int_V W_m dV$ 求出单位长度导线内贮存的磁能.

解题过程 考虑导线(视为圆柱体)的轴对称性，在导线内部取半径为 $r(r < R)$ 的同心圆为积分环路. 由安培环路定理得 $\oint \boldsymbol{B} \cdot d\boldsymbol{l} = B \cdot 2\pi r = \frac{\mu_0 I}{\pi R^2} \cdot \pi r^2$，所以

$$B = \frac{\mu_0 Ir}{2\pi R^2}(r < R)$$

导线内磁能密度为 $$w_m = \frac{1}{2}\frac{B^2}{\mu_0} = \frac{\mu_0 I^2 r^2}{8\pi^2 R^4}(r < R),$$

根据圆柱形导体的轴对称性，取半径为 r、厚度为 dr 的单位长度薄圆柱壳，其体积为 $dV = 2\pi r dr$. 该体积元内的磁能为

$$dW_m = w_m dV = \frac{\mu_0 I^2 r^3 dr}{4\pi R^4}$$

所以单位长度导线内贮存的磁能为

$$W_m = \int dW_m = \int_0^R \frac{\mu_0 I^2 r^3}{4\pi R^4}dr = \frac{\mu_0 I^2}{16\pi}.$$

结论得证.

8-29 知识点窍 通过计算导线自感，计算磁场强度.

解题过程 由题 8-22 知 $L = \frac{\mu_0 l}{\pi}\ln\frac{d-a}{a}$，因此

$$W_m = \frac{1}{2}LI^2 = \frac{\mu_0 I^2 6}{2\pi}\ln\frac{d-a}{a}$$

加大导线之间距离，即 d 变大，因此 W_m 变大.

8-30 解题过程 根据题中已知条件可以知道，设磁场体积为 $V_{磁}$，则

$$W_{能}=\frac{B^2V_{磁}}{2\mu_0}$$

所以得出 $$V_{磁}=\frac{2\mu_0W_{能}}{B^2}=9\ \mathrm{m^3},$$

而 $W_{能}=\frac{1}{2}I^2L_{自}$，可以得出

$$L_{自}=\frac{2W_{能}}{I^2}=\frac{2\times1000\times3600}{(500)^2}\mathrm{H}=29\ \mathrm{H}.$$

8-31 解题过程 由题意知中子的磁能密度为

$$w=\frac{B^2}{2\mu_0}=3.9\times10^{21}\ \mathrm{J\cdot m^{-3}}.$$

8-32 知识点窍 电场能量密度公式：$w_e=\frac{1}{2}\varepsilon_0E^2$；

磁场能量密度公式：$w_m=\frac{1}{2}\frac{B^2}{\mu_0}$.

逻辑推理 由于已知 $w_e=w_m$，将相应的公式代入即可求出电场强度 E.

解题过程 按题意知 $$w_e=w_m,$$

即 $$\frac{1}{2}\varepsilon_0E^2=\frac{1}{2}\frac{B^2}{\mu_0},$$

所以 $$E=\frac{B}{\sqrt{\varepsilon_0\mu_0}}=1.51\times10^8\ \mathrm{V\cdot m^{-1}}.$$

8-33 知识点窍 位移电流公式：$I_d=\int_S\boldsymbol{j}_d\cdot\mathrm{d}\boldsymbol{S}$.

逻辑推理 按麦克斯韦位移电流的假设，在有电容器的电路中，在电容器极板表面中断了传导电流 I_c，可以由位移电流 I_d 继续下去，两者一起构成电流的连续性，即：$I_d=I_c$.

解题过程 忽略边缘效应，电容器内电场的空间分布是均匀的，因此板间的位移电流为

$$I_d=\int_S\boldsymbol{j}_d\cdot\mathrm{d}\boldsymbol{S}=j_d\cdot\pi R^2$$

即 $$j_d=\frac{I_d}{\pi R^2},$$

由于 $I_d=I_c$，所以位移电流密度为

$$j_d=\frac{I_d}{\pi R^2}=\frac{I_c}{\pi R^2}=15.9\ \mathrm{A\cdot m^{-2}}.$$